网易云课堂
五星好评课程

GROWING DATA HEROS
WITH PYTHON

Python
全栈数据工程师养成攻略

视频讲解版

张宏伦 编著

人 民 邮 电 出 版 社
北 京

图书在版编目（CIP）数据

Python全栈数据工程师养成攻略 : 视频讲解版 / 张宏伦编著. -- 北京 : 人民邮电出版社, 2017.11(2022.7 重印)
ISBN 978-7-115-46869-7

Ⅰ. ①P… Ⅱ. ①张… Ⅲ. ①软件工具－程序设计 Ⅳ. ①TP311.561

中国版本图书馆CIP数据核字(2017)第224338号

内 容 提 要

本书以 Python 为主，结合其他多门编程语言，从数据的获取、存储、分析和可视化等方面，全面地介绍如何实现一些小而美的数据应用。本书共 12 章，第 1 章介绍编程之前的准备工作；第 2 章介绍 Python 中最为核心和常用的语法；第 3 章介绍如何使用 Python 编写爬虫并获取数据；第 4 章介绍如何使用 Python 操作 MySQL 数据库并存储数据；第 5 章介绍如何在 R 语言中使用 ggplot2 绘制静态可视化图形；第 6 章介绍自然语言理解的相关内容以及如何使用 Python 处理文本数据；第 7 章介绍 HTML、CSS、JavaScript 等前端基础；第 8 章介绍 JQuery、ThinkPHP、Flask 等进阶内容；第 9 章介绍 ECharts、D3、Processing 等动态数据可视化工具；第 10 章和第 11 章分别介绍 Python 在机器学习和深度学习中的应用；第 12 章介绍如何通过一个好的故事将自己的数据成果分享和展示给他人。

本书适用于有一定编程基础，希望了解数据分析、人工智能等知识领域，进一步提升个人技术能力的社会各界人士。

◆ 编　　著　张宏伦
　责任编辑　刘　博
　责任印制　陈　犇
◆ 人民邮电出版社出版发行　　北京市丰台区成寿寺路 11 号
　邮编　100164　　电子邮件　315@ptpress.com.cn
　网址　https://www.ptpress.com.cn
　涿州市京南印刷厂印刷
◆ 开本：800×1000　1/16
　印张：17　　　　2017 年 11 月第 1 版
　字数：453 千字　　2022 年 7 月河北第 3 次印刷

定价：59.80 元

读者服务热线：(010)81055256　印装质量热线：(010)81055316
反盗版热线：(010)81055315
广告经营许可证：京东市监广登字 20170147 号

前言

随着数据时代的到来，越来越多的人对如何使用数据和挖掘数据价值产生了浓厚兴趣和迫切需求。他们来自于互联网、公共服务、新闻、法律、医疗、设计等不同行业，正在不断地接触和使用日益增长的数据。掌握如何进行数据获取、存储、分析和可视化等技术，对他们当下的工作和未来的发展都能起到重要的作用。

我是一名数据爱好者，乐于不断学习，喜欢挑战自己。在参加了多项数据领域的大型赛事之后，萌生了将自己的经历和经验进行整理总结，并分享给其他广大数据爱好者的想法。我希望这份总结基于理论但不囿于理论，以数据为核心并涵盖尽可能多的领域，注重实战项目和编程能力，帮助对数据感兴趣却不知从何下手的读者概览各方面内容，快速理解掌握相关技能，有所收获并动手实践起来，先全面了解，再深入钻研。

序言 暖个场子

Python是一门简单易学、功能强大的编程语言，在数据领域中也提供了丰富而完善的支持，可以非常方便地完成各种和数据相关的任务，如处理图片、文本和音频，以及实现经典的机器学习和深度学习模型等。因此本书将以Python为主，结合其他多门编程语言，从数据的获取、存储、分析和可视化等方面，全面讲解如何实现一些小而美的数据应用，让每个人都可以独立自主地达成一些数据成就。

本书首先介绍了替读者预热的准备内容。第1章讨论数据工程的概念和各种编程语言的特点，带领读者在个人计算机上搭建好Python编程环境，并概览了日常生活中数据的组织结构和常见类型。第2章介绍Python中最为核心和常用的语法，使得即便是之前没有接触过编程的新手，也能快速掌握Python的使用方法，通过Python完成一些简单的任务，如处理文本数据并进行词频统计。

第3章介绍网络爬虫的背景知识和实现原理，以及如何使用Python编写简单的爬虫，读者可以根据个人兴趣，从各大门户网站上获取需要的数据。第4章介绍如何在个人电脑上搭建Web环境，并以关系型数据库中的MySQL为例，讨论如何进行数据的存储，使读者可以更好、更方便地存储和管理获取到的数据。

第5章介绍另一门简单而强大的编程语言——R语言，并讨论如何在R语言中使用ggplot2绘制条形图、折线图、散点图等静态可视化图形，从而更直观地展示从数据中得到的结论。第6章介绍日常生活中最为常见和重要的文本数据以及与自然语言理解相关的研究和应用，如何通过Python中的jieba分词完成中文文本的分词、关键词提取、词性标注等任务，还介绍了词嵌入的概念以及如何训练蕴含语义的词向量。

交互网站是数据可视化的一种重要形式，因此第 7 章介绍 HTML、CSS、JavaScript 等前端基础。第 8 章则介绍一些 Web 进阶内容，包括基于 JavaScript 的前端框架 JQuery，以及如何使用 ThinkPHP 和 Flask 等后端框架实现一个涉及数据库操作的简易个人博客，使读者可以根据个人需求独立设计和完成兼具前后端的网站。第 9 章介绍 ECharts、D3、Processing 等可视化工具的使用，通过交互网站和视频等形式实现数据的更加丰富多样的动态可视化，让读者更好地感受数据的魅力。

接下来的两章选取了机器学习和深度学习两大热门领域的核心内容，为读者进一步实现数据价值的深度分析和挖掘打下坚实基础。第 10 章介绍机器学习的基本概念、常用的经典模型及其实现，并讨论了 XGBoost 模型的训练和调参技巧。第 11 章介绍深度学习的基本概念、CNN 和 RNN 等神经网络的核心思想和应用场景，并以手写数字识别模型为例，介绍如何使用 Python 中的 Keras 实现深度学习模型的定义和训练。

第 12 章介绍如何通过一个好的故事，将自己的数据成果分享和展示给他人，以及如何制作有内容、有颜值的 PPT，使读者在提升自我各方面技术能力的同时，能够有意识地培养和锻炼自己的演讲和交流能力。

在编写本书时，我的妻子、亲人和好友给予了很多帮助，在此非常感谢你们的支持。

希望拿到这本书的每个人，都能感受数据之美，并通过挖掘数据价值，爱上数据。

由于作者水平有限，书中难免存在一些错误或不准确的地方，恳请各位读者不吝斧正。相关意见和建议可以通过知乎“张宏伦”、微信公众号“宏伦工作室”进行反馈，也可以向邮箱 zhanghonglun@sjtu.edu.cn 发送邮件，期待收到各位读者宝贵的意见和建议。书中全部视频也可通过网易云课堂观看。

扫描关注
微信公众号

扫描访问网易
云课堂配套课程

目录

第 1 章　写在前面　1

1.1　数据工程和编程语言　1
1.1.1　如何玩转数据　1
1.1.2　关于编程语言　3
1.2　带好装备——Python 和 Sublime　4
1.2.1　Python　4
1.2.2　Sublime　5
1.2.3　运行 Python 代码的方法　6
1.2.4　Hello World　7
1.3　数据结构和常见类型　7
1.3.1　数据的结构　8
1.3.2　数据的类型　8

第 2 章　学会 Python　10

2.1　Python 基础语法　10
2.1.1　Python 的特点　10
2.1.2　中文编码　10
2.1.3　变量　11
2.1.4　注释　14
2.1.5　保留名　14
2.1.6　行和缩进　15
2.1.7　运算符　15
2.1.8　条件　15
2.1.9　循环　16
2.1.10　时间　18
2.1.11　文件　19
2.1.12　异常　19
2.1.13　函数　20
2.1.14　补充内容　20
2.2　实战：西游记用字统计　21
2.2.1　数据　21
2.2.2　目标　21
2.2.3　步骤　21
2.2.4　总结　23

第 3 章　获取数据　24

3.1　HTTP 请求和 Chrome　24
3.1.1　访问一个链接　24
3.1.2　Chrome 浏览器　25
3.1.3　HTTP　27
3.1.4　URL 类型　28
3.2　使用 Python 获取数据　29
3.2.1　urllib2　29
3.2.2　GET 请求　29
3.2.3　POST 请求　30
3.2.4　处理返回结果　30
3.3　实战：爬取豆瓣电影　31
3.3.1　确定目标　31
3.3.2　通用思路　32
3.3.3　寻找链接　32
3.3.4　代码实现　34
3.3.5　补充内容　38

第 4 章　存储数据　40

4.1　使用 XAMP 搭建 Web 环境　40
4.1.1　Web 环境　40
4.1.2　偏好设置　41

4.1.3 Hello World 43
4.2 MySQL 使用方法 44
4.2.1 基本概念 44
4.2.2 命令行 44
4.2.3 Web 工具 44
4.2.4 本地软件 47
4.3 使用 Python 操作数据库 49
4.3.1 MySQLdb 49
4.3.2 建立连接 49
4.3.3 执行操作 50
4.3.4 关闭连接 52
4.3.5 扩展内容 52

第 5 章 静态可视化 53

5.1 在 R 中进行可视化 53
5.1.1 下载和安装 53
5.1.2 R 语言基础 54
5.1.3 ggplot2 59
5.1.4 R 语言学习笔记 59
5.2 掌握 ggplot2 数据可视化 59
5.2.1 图形种类 59
5.2.2 基本语法 60
5.2.3 条形图 61
5.2.4 折线图 61
5.2.5 描述数据分布 62
5.2.6 分面 62
5.2.7 R 语言数据可视化 62
5.3 实战：Diamonds 数据集探索 63
5.3.1 查看数据 63
5.3.2 价格和克拉 64
5.3.3 价格分布 64
5.3.4 纯净度分布 65
5.3.5 价格概率分布 65
5.3.6 不同切工下的价格分布 65
5.3.7 坐标变换 66
5.3.8 标题和坐标轴标签 66

第 6 章 自然语言理解 67

6.1 走近自然语言理解 67
6.1.1 概念 67
6.1.2 内容 67
6.1.3 应用 68
6.2 使用 jieba 分词处理中文 70
6.2.1 jieba 中文分词 70
6.2.2 中文分词 70
6.2.3 关键词提取 72
6.2.4 词性标注 73
6.3 词嵌入的概念和实现 73
6.3.1 语言的表示 73
6.3.2 训练词向量 75
6.3.3 代码实现 75

第 7 章 Web 基础 78

7.1 网页的骨骼：HTML 78
7.1.1 HTML 是什么 78
7.1.2 基本结构 78
7.1.3 常用标签 79
7.1.4 标签的属性 82
7.1.5 注释 83
7.1.6 表单 83
7.1.7 颜色 84
7.1.8 DOM 85
7.1.9 HTML5 86
7.1.10 补充内容 86
7.2 网页的血肉：CSS 86
7.2.1 CSS 是什么 87
7.2.2 基本结构 87
7.2.3 使用 CSS 87
7.2.4 常用选择器 89
7.2.5 常用样式 91
7.2.6 CSS3 94
7.2.7 CSS 实例 97
7.2.8 补充学习 98

7.3 网页的关节：JS 99
7.3.1 JS 是什么 99
7.3.2 使用 JS 99
7.3.3 JS 基础 100
7.3.4 补充学习 103

第 8 章 Web 进阶 104

8.1 比 JS 更方便的 JQuery 104
8.1.1 引入 JQuery 104
8.1.2 语法 105
8.1.3 选择器 106
8.1.4 事件 107
8.1.5 直接操作 108
8.1.6 AJAX 请求 112
8.1.7 补充学习 113
8.2 实战：你竟是这样的月饼 113
8.2.1 项目简介 113
8.2.2 首页实现 115
8.2.3 月饼页实现 128
8.2.4 项目总结 133
8.3 基于 ThinkPHP 的简易个人博客 134
8.3.1 ThinkPHP 是什么 134
8.3.2 个人博客 134
8.3.3 下载和初始化 134
8.3.4 MVC 135
8.3.5 数据库配置 136
8.3.6 控制器、函数和渲染模板 137
8.3.7 U 函数和页面跳转 139
8.3.8 表单实现和数据处理 141
8.3.9 读取数据并渲染 142
8.3.10 项目总结 145
8.4 基于 Flask 的简易个人博客 146
8.4.1 Flask 是什么 146
8.4.2 项目准备 147
8.4.3 渲染模板 149
8.4.4 操作数据库 150
8.4.5 完善其他页面 152
8.4.6 项目总结 155

第 9 章 动态可视化 157

9.1 使用 ECharts 制作交互图形 157
9.1.1 ECharts 是什么 157
9.1.2 引入 Echarts 158
9.1.3 准备一个画板 158
9.1.4 绘制 ECharts 图形 158
9.1.5 使用其他主题 160
9.1.6 配置项手册 160
9.1.7 开始探索 164
9.2 实战：再谈豆瓣电影数据分析 164
9.2.1 项目成果 164
9.2.2 数据获取 164
9.2.3 数据清洗和存储 167
9.2.4 数据分析 168
9.2.5 数据可视化 168
9.2.6 项目总结 171
9.3 数据可视化之魅 D3 172
9.3.1 D3 是什么 172
9.3.2 D3 核心思想 172
9.3.3 一个简单的例子 173
9.3.4 深入理解 D3 177
9.3.5 开始探索 180
9.4 实战：星战电影知识图谱 181
9.4.1 项目成果 181
9.4.2 数据获取 182
9.4.3 数据分析 182
9.4.4 数据可视化 183
9.4.5 项目总结 184
9.5 艺术家爱用的 Processing 185
9.5.1 Processing 是什么 185
9.5.2 一个简单的例子 186
9.5.3 Processing 基础 186
9.5.4 更多内容 189
9.6 实战：上海地铁的一天 189
9.6.1 项目成果 189

9.6.2 项目数据 189
9.6.3 项目思路 190
9.6.4 项目实现 190
9.6.5 项目总结 197

第10章 机器学习 198

10.1 明白一些基本概念 198
10.1.1 机器学习是什么 198
10.1.2 学习的种类 199
10.1.3 两大痛点 202
10.1.4 学习的流程 203
10.1.5 代码实现 205
10.2 常用经典模型及实现 206
10.2.1 线性回归 206
10.2.2 Logistic 回归 206
10.2.3 贝叶斯 207
10.2.4 K 近邻 207
10.2.5 决策树 207
10.2.6 支持向量机 209
10.2.7 K-Means 209
10.2.8 神经网络 210
10.2.9 代码实现 210
10.3 调参比赛大杀器 XGBoost 213
10.3.1 为什么要调参 214
10.3.2 XGBoost 是什么 214
10.3.3 XGBoost 安装 214
10.3.4 XGBoost 模型参数 215
10.3.5 XGBoost 调参实战 216
10.3.6 总结 227
10.4 实战：微额借款用户人品预测 227
10.4.1 项目背景 227
10.4.2 数据概况 228
10.4.3 缺失值处理 228
10.4.4 特征工程 229
10.4.5 特征选择 230
10.4.6 模型设计 231
10.4.7 项目总结 232

第11章 深度学习 233

11.1 初探 Deep Learning 233
11.1.1 深度学习是什么 233
11.1.2 神经元模型 234
11.1.3 全连接层 235
11.1.4 代码实现 236
11.2 用于处理图像的 CNN 237
11.2.1 CNN 是什么 238
11.2.2 CNN 核心内容 239
11.2.3 CNN 使用方法 241
11.2.4 CNN 模型训练 242
11.2.5 代码实现 242
11.3 用于处理序列的 RNN 242
11.3.1 RNN 是什么 242
11.3.2 RNN 模型结构 243
11.3.3 LSTM 244
11.3.4 RNN 使用方法 246
11.3.5 代码实现 246
11.4 实战：多种手写数字识别模型 246
11.4.1 手写数字数据集 247
11.4.2 全连接层 248
11.4.3 CNN 实现 252
11.4.4 RNN 实现 253
11.4.5 实战总结 254

第12章 数据的故事 256

12.1 如何讲一个好的故事 256
12.1.1 为什么要做 PPT 256
12.1.2 讲一个好的故事 256
12.1.3 用颜值加分 257
12.1.4 总结 258
12.2 实战：有内容有颜值的分享 258
12.2.1 SODA 258
12.2.2 公益云图 260
12.2.3 上海 BOT 262
12.2.4 总结 263

第 1 章 写在前面

1.1 数据工程和编程语言

数据工程和编程语言

近年来大数据（BigData）的概念火得不行，之前流行的互联网+，换成大数据+后又成就了一大批创业公司。政府部门对大数据战略部署同样重视，各种大数据产业园和科技区如雨后春笋般火热发展。很多不同行业的人言必称大数据，时常把大数据时代的 4 个 V 和 3 种思维[1]挂在嘴边，但他们心里所说的和实际所做的，大多只是大数据领域上层应用中的一个子集，即基于数据做一些统计、分析和展示，甚至很多时候数据并不满足“大”的特征。

当然，这本书的目的并不是探讨大数据的知识体系和技术架构，而是从个人角度出发，介绍如何在时间有限（可能你并不是大数据领域的专业从事人员）和资源有限（可能你只有一台笔记本电脑可以运行程序）的条件下，实现一些个人能力足以完成的、简单而有趣的数据工程和数据应用。这本书的读者可能已经具备一定的编程基础，也有可能之前未曾接触过任何代码，在经过恰当的学习和足够的练习之后，都可以拿出自己的笔记本电脑，独立实现让人惊艳的数据成果和作品。

1.1.1 如何玩转数据

在进行一项数据工程之前，首先需要考虑并解决一些问题，想清楚这些问题的答案比直接撸起袖子写代码更为重要。

1. 获取

我们的数据从何而来？巧妇难为无米之炊，如果希望做出有价值、有意义的成果，所用数

1 参见《大数据时代》，[英]维克托·迈尔-舍恩伯格 肯尼思·库克耶◎著，盛杨燕 周涛◎译

据的数量和质量都应得到保证。理想情况下自然是别人准备好数据提供给我们，但现实情况往往是需要我们自己去获取。如果不具备大规模部署传感器和海量用户上传数据等采集数据的能力，那么通过爬虫从已有网站上获取结构化数据则是唯一的解决途径。因此需要考虑并解决的问题包括以下几点，我需要哪方面的数据？哪些网站已经具备了这些数据？我需要从这些网站分别采集哪些数据？多大的数据量才能满足我的需求？数据是一次获取即可，还是需要持续更新？如果需要持续更新，应当达到怎样的更新频率？

2. 存储

我们需要把获取的数据存储下来，以便进一步使用。不同的数据量和数据类型，可能适合于不同的存储方案。对于数据量较少、后续处理较简单的情况，可以将数据存储到静态文件中，如 txt、csv、json 等格式文件。这种方法读写都十分方便，并且易于数据的复制和共享。对于数据量较大、后续处理较复杂的情况，可以将数据存储到一些通用而且成熟的开源数据库中，如 MySQL、PostgreSQL 等关系型数据库，以及 MongoDB、Neo4j 等非关系型数据库（NoSQL）。这种方法更为稳定且易于维护，支持数据的 Create、Update、Read、Delete 等后续操作。如果有部署 Web 网站应用的需求，那么将数据库作为后端数据存储则是更好的选择。因此需要考虑并解决的问题包括：我有多大数据量需要存储？后续处理是否复杂？数据是否会持续更新？我应该选择哪种数据存储方案？

3. 分析

在经过必要的清洗工作之后，我们希望从数据中挖掘出感兴趣的价值和结论。一方面可以进行一些简单的计算汇总工作，从不同维度聚合出对应的结果；另一方面也可以从统计学或机器学习的角度出发，分析数据不同字段之间的关联，同时训练一些分类或聚类[2]的模型，用以解决实际应用问题。不同类型的数据，如文本、数值和类别值等，所涉及的数据分析方法可能完全不同。因此需要考虑并解决的问题包括：我的数据属于何种类型？我希望从数据中挖掘出哪些价值？我希望通过数据完成哪些任务？我应当选择哪些分析技术和算法模型？

4. 可视化

用数据可视化的方法表达和展示所得结论。正所谓一图胜千言，枯燥的数据和苍白的语言也许并不足以承载数据的价值，而借助图形、色彩、布局等视觉元素则能更生动、更丰富、更全面地诠释数据的灵魂。我们既可以使用散点图、折线图、柱状图等经典图形，也可以大开脑洞去尝试一些天马行空的表达形式，充分探索组织图形、色彩和布局等内容的可能性。因此需要考虑并解决的问题包括：我需要展示哪些数据和结论？哪种图形和表现形式最能满足我的需求？可视化

---

2 分类和聚类的概念参见第 10 章机器学习

是选择静态图片、交互网站，还是动态视频？

如果以上 4 个步骤的问题都已经想清楚，那么恭喜你，可以按照你的想法开始玩转数据了。通过获取、存储、分析和可视化，将原始数据逐步提升为信息、知识和价值，这便是玩转数据最大的魅力和乐趣所在。

1.1.2 关于编程语言

哪种编程语言最好，最适合做数据工程？如果真要讨论起来，这将是一个永远没有结论的哲学问题。既然无法给这个问题一个合适的答案，不如将单选题变为多选题，毕竟只学习一门语言可能远远不够。以全栈数据工程师为目标，我们应当各方面内容都有所涉足，同时具备自己最为擅长和习惯使用的一至两门语言。

C++和 Java 这两门语言最好熟悉其一，从而了解编程语法的基本内容和面向对象的编程思想。熟悉的要求是指不用完全掌握和精通，在需要用到的时候查一查，能够快速回想起相关内容即可。很多人会发现，掌握一门语言之后，再去学其他语言便能很快上手，因为不同语言之间的编程思想都是基本相通的。

Python 是一门简单好用而且功能强大的语言，也是笔者使用最多、最为熟悉的一门语言。Python 的强大之处在于其具备极为丰富的功能包，从前端到后端，从软件到硬件，从机器学习到自然语言理解，几乎无所不包、全栈通吃。同时对语法的约束和限制也没有 C++、Java 那样严格，因此非常适合新手学习。有一句经典的玩笑话，“Python 大法好，除了炒菜别的都可以干”。

R 是一门统计分析语言，和 Python 类似，具有数量众多且功能强大的包，以及庞大而活跃的用户社区。近年来 R 的学习门槛和成本都在不断降低，可以用于进行专业的统计分析和图形绘制，极力推荐同时掌握 Python 和 R。

除此之外，还有和 Web 网站开发相关的一些语言，如前端的 HTML、CSS 和 JavaScript，后端的 PHP、NodeJS 等。在这些语言的基础上还衍生出了丰富的封装和框架[3]，便于用户更快、更好地进行开发。就像 Python 的功能包难以全部掌握一样，和 Web 网站开发相关的封装和框架更是难以全部熟悉。

笔者个人习惯于使用 Python 获取数据并写入文件或数据库中，结合 Python 和 R 进行数据分析和挖掘。至于数据可视化部分，则使用 R 绘制静态图形，基于 Web 网站实现动态交互可视化。

本书的后续章节将以 Python 为主，完整地介绍如何进行数据的获取、存储、分析和可视化，以个人能力独立完成一些有趣的事情。

---

3 如果将原始语言理解成木材，那么封装和框架便是造好的轮子，可以大大节省开发时间

1.2 带好装备——Python 和 Sublime

带好装备 Python 和 Sublim

在正式撸起袖子开始写代码之前，需要做好一些准备工作。对我们而言，最为重要的两件装备，便是编程语言和编辑器。

1.2.1 Python

Python 是一门语法简单但功能强大的编程语言，也是笔者使用最多、最为熟悉的一门语言。Python 中有很多方便好用的功能包，使用这些包，可以用 Python 来做很多有意思的事情。

1. 下载和安装

在 Mac 和 Linux 操作系统上一般会默认自带 Python，Windows 上如果没有的话，可以访问地址（https://www.python.org/），下载并安装 Python。当然，除了手动安装 Python 之外，更推荐使用下面将会介绍到的 Anaconda。

Python 的主流版本有 2.7 和 3.5 两种，语法和内容上存在很多不同。虽然 3.5 更新一些，但 3.5 对 2.7 向下并不兼容，很多在 2.7 中可以使用的包，在 3.5 中无法正常运行，因此 2.7 完全过渡到 3.5 仍需要一段时间。现阶段推荐使用 2.7 版本，熟练掌握 2.7 的用法，即使若干年后再切换至成熟之后的 3.5 版本，也并非难事。

2. pip

pip 是 Python 的包管理工具，有了 pip 之后，安装或者删除某个 Python 包，如用于数值计算的 numpy，只需要在系统命令行[4]中输入 pip install numpy 或 pip uninstall numpy 即可，而不用费力去网上查找和下载。

以下文章链接提供了在 Windows 或 Mac 上安装 pip 的操作过程。当然，除了手动安装 pip 之外，更推荐使用下面将会介绍到的 Anaconda。

- Windows，（http://www.tuicool.com/articles/eiM3Er3/）
- Mac，（http://www.xuebuyuan.com/593678.html）

3. Anaconda

除了手动安装 Python 和 pip 之外，更好、更方便的选择是安装一个类似 Anaconda 这样的编程组合套餐。Anaconda 包含了 Python 和一些常用的包，以及用于管理包的 pip，这意味着只要安装了 Anaconda，我们所需的软件就一气呵成地全部装好了，类似肯德基的外带全家

4 Mac 中的命令行即终端，Windows 中的命令行即 CMD

桶。在浏览器中访问链接（https://www.continuum.io/downloads）下载和安装 Anaconda，安装完毕后，即可正常使用 Python。

1.2.2 Sublime

某些语言可能会有自己专用的编辑器和编程环境，如 Java 的 Eclipse 等。这类专用编辑器可以在编写该门语言的代码时，提供提示和快速补全等，或者具备一些语言对应的特殊功能。但笔者更习惯使用并推荐给读者的是一款通用、简单而且强大的文本编辑器——SublimeText。它可以打开任意类型的文本文件，可以用它编写任何语言的代码，如 Python 和 R，甚至用 Latex 写论文也是没问题的。

1. 下载和安装

Sublime Text 有 2 和 3 两个版本，自然是对应 Python 的 2.7 和 3.5。同样推荐大家使用 Sublime Text 2 即可，因为其不需要激活或注册，可直接使用，功能也完全可以满足需求。虽然定期会出现激活提醒的弹窗，但直接关闭即可，并不影响使用。在浏览器中访问链接（http://www.sublimetext.com/2），并根据你的操作系统选择相应版本，下载并安装即可。

安装完成后即可使用 Sublime Text，它主要有以下两点好处。

（1）支持非常多的扩展插件，每个插件都可以让 Sublime Text 的功能变得更加强大。

（2）代码中的不同地方会用不同的颜色高亮显示，增强可读性和编程体验。

2. 安装插件

SublimeText 之所以功能强大，是因为其提供了相当多的功能插件。在 SublimeText 中安装插件之前，需要做一些准备工作。打开 Sublime Text 之后，按 Ctrl+`组合键调出 Sublime Text 的命令行，其中`在键盘上 1、2、3 等数字键的左边，Sublime Text 的软件界面底部将出现一行灰色的输入框。访问链接（https://packagecontrol.io/installation#st2），复制 Sublime Text 2 标签页中的代码，将其粘贴至刚才出现的命令行中并按回车键，Sublime Text 将运行一些安装工作。运行完毕后重启 Sublime Text，如果在 Preferences 中能看到 Package Control 一项，则说明准备工作已经完成了。

接下来，按 Ctrl+Shift+P 组合键调出 Package Control，如果是 Mac，则使用 Command+Shift+P[5]，或者直接在 Preferences 中单击 Package Control。输入 install，在提示选项中单击 Install Package，然后在列表中查找需要的插件并单击安装即可。如果是卸载插件，则在刚才的 Package Control 中，输入 remove 并单击 Remove Package，然后选择需要删除的插

5 本书中涉及 Ctrl 键的大部分地方，如果是 Mac 则对应 Command 键

件即可。

3. 使用和操作

打开 Sublime Text 之后，可以直接将文件夹拖入 Sublime Text 的软件界面中，文件夹会自动加入 Sublime Text 左半部分的 FOLDERS，在这里可以方便地查看文件夹的目录结构和内容。

在文件夹上右击鼠标，会弹出“新建文件”“重命名文件夹”“新建文件夹”“删除文件夹”“在文件夹中查找”“将文件夹从项目中移除”6 个子菜单。其中“删除文件夹”会在系统目录中同时删除该文件夹，而“将文件夹从项目中移除”只是将该文件夹从 SublimeText 的 FOLDERS 中移除，系统目录中的文件夹依旧保留。

1.2.3 运行 Python 代码的方法

一般来说，运行 Python 代码的方法主要有以下 3 种。

（1）在系统命令行中输入 Python，进入 Python 提供的交互编程环境，如图 1-1 所示。其优点是可以交互式执行代码，每敲一行代码后按回车键即可运行，已经生成的变量和函数[6]也保存在编程环境中。缺点是无法修改历史代码并重新运行，代码编辑上也存在诸多不变。因此，这一方法多用于探索和尝试，例如，忘记了某个函数的用法，可以在交互编程环境中运行代码进行尝试。

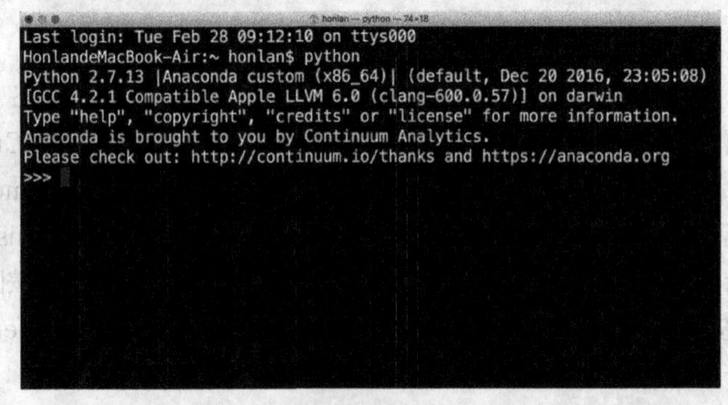

图 1-1 Python 交互编程环境

（2）使用 IPython Notebook 等交互编程工具。IPython Notebook[7]对 Python 内核进行了一层 Web 封装，从而提供了基于 Web 界面的友好交互编程环境，操作上更灵活、更方便，

6 变量和函数的概念参见第 2 章

7 IPython Notebook 的更多内容参见 10.3 节

功能上更自由、更强大，可以便捷地管理文件和项目、交互式进行编程、分块编辑代码并多次运行、轻松实现代码与他人的分享，因此对于编程新手而言也是非常理想的选择。

（3）在 Sublime Text 等编辑器中编写代码，编写完毕后直接在编辑器中运行。例如，按 Ctrl+B 组合键可在 Sublime Text 中运行代码。也可以在编写完毕后打开命令行，切换到代码所在目录，输入 python code.py，其中 code.py 是需要运行的代码。

笔者个人更习惯和青睐第三种方法，因为可以享受一气呵成写完所有代码并运行的畅快，当然更主要的原因是 Sublime Text 提供了非常舒适和便捷的编程体验。

1.2.4 Hello World

程序员之间有个不成文的规定，即但凡学点什么新东西都得先来一个 Hello World。在 Sublime Text 中按 Ctrl+N 组合键新建一个文件，输入以下代码之后，按下 Ctrl+S 组合键保存。文件名任意，后缀名为 py，如 test.py，保存时记得选择保存的路径。

```
print 'Hello World'
```

保存完毕后，按下 Ctrl+B 组合键运行写好的代码，即可看到打印出来的文本内容，如图 1-2 所示。

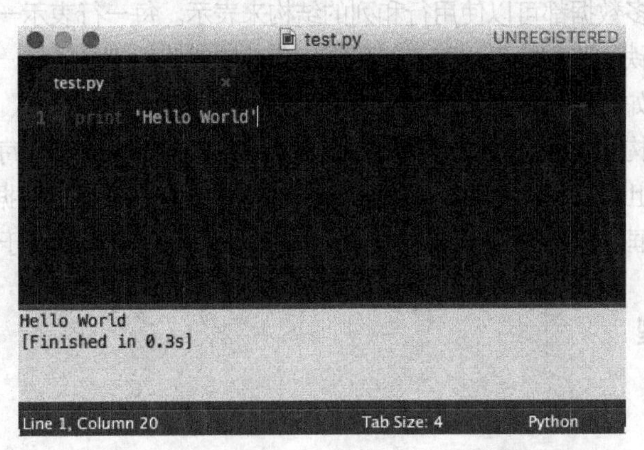

图 1-2 在 Sublime Text 中打印 Hello World

1.3 数据结构和常见类型

在正式开始编程之前，为了进一步加强对数据的理解和把握，先了解在日常生活中，数据大多呈现的结构，以及常见的数据类型。

解读数据结构和类型

1.3.1 数据的结构

在数据技术（Data Technology，DT）时代，我们的日常生活中随时随地都会产生、接触和使用到各式各样的数据，它们的结构和形式具备很多共性。以地铁数据为例，可以将其分为静态数据和动态数据两大类。

- 静态数据：包括线路信息和站点信息等，例如，一共有哪几条地铁线路，每条线路包含哪些站点，各个站点的名称、首末班车时间等信息。这类数据一般不包含时间戳，更新频率较低，数据量整体较小。
- 动态数据：主要是地铁的刷卡记录，乘客在进站和出站时的刷卡操作都会产生一条刷卡数据，里面记录了乘客的地铁卡 ID、刷卡站点、刷卡时间、刷卡费用等信息。这类数据一般包含时间戳，用于表明数据产生的时间，并且不断产生、不断积累，往往蕴含巨大的潜在价值。

以上提到的时间戳是怎样的一个概念呢？时间戳是指从 1970 年 1 月 1 日 0 时 0 分 0 秒到某一时刻之间所经历的秒数，可以为整数或浮点数。对于同一个时刻，不同的人会有不同的表述方式，例如“2017 年 1 月 1 日 15 时”和“17 年元旦下午 3 点”，即不同格式的时间文本，因此无法统一和计算。通过时间戳的概念，可以使用整数或浮点数来表示任意一个时刻，从而便于代码运算和比较两个时刻之间的时间差。

日常生活中的大多数据都可以使用行和列的结构来表示。每一行表示一条记录，或者称为一项观测。例如，在地铁线路数据里，每一行代表一条地铁线路的记录；每一列表示一个字段，或者称为一项属性。例如，在地铁线路数据里，每行记录可能包含线路名称、运营时间、线路颜色等字段。这种数据结构称为关系型数据，通常会包含一行表头，用于说明每列字段的意义和数值类型，可以用二维数组或二维表的概念来表示。Excel 中的表格、关系型数据库，如 MySQL 中的数据表、R 中的数据框、Python 中 pandas 包提供的 Dataframe 等，都属于这种数据结构。

1.3.2 数据的类型

1. txt

txt 是最常见的文本数据类型，或许也是我们大多数人第一次使用电脑所接触的文件类型。txt 中存放的是纯文本，可以记录任意文本内容，每行的长度是可变的，文件的总行数也是任意的，因此读写起来非常自由，但也给进一步使用代码处理带来了不便，毕竟机器更擅长处理结构化数据，而不是非结构化数据。

2. csv

csv（Comma Separated Values）即逗号分隔值，里面存放的依旧是文本内容，但是以一种定义好的结构进行了组织。可以将 csv 理解为一种文本形式的二维表，每一行代表一条记录，每条记录的字段数量是一致的，字段之间以逗号分隔。当然也可以使用其他符号分隔，例如，制表符分隔则对应 tsv（Tab Separated Values）。csv 可以包含一行表头，用于说明每个字段的名称和意义。因此 csv 和 Excel 中的表格、关系型数据库中的数据表都是类似的。以下是一个简单的例子，表头说明了每行记录包含 id、name、gender、age 共 4 个字段。

```
id,name,gender,age
1,Honlan,male,24
2,Baby,female,22
```

3. json

json 是一种非常通用的数据类型，里面存放的依旧是文本内容，只不过是以键值对的形式进行了组织，在前端和后端等多种应用场景、多门编程语言中都可以加载使用。就像用字典查单词一样，将 json 文本解析后，即可用键（key）查找对应的值（value）。如果将 csv 理解为 Python 中的二维数组，即嵌套的列表，就可以将 json 理解为 Python 中的字典。以下是一个简单的例子，这段 json 文本对应一条用户记录，包含 id、name、gender 和 age 共 4 个键。

```
{
    "id": 1,
    "name": "Honlan",
    "gender": "male",
    "age": 24
}
```

总地来说，txt、csv 和 json 中存放的都是纯文本内容，不同的只是文本的组织结构，以及文件命名时分别使用.txt、.csv 和.json 作为后缀名。在使用 Python 对以上三类文本数据进行操作和处理时，涉及的思路和步骤也会稍有不同。

4. sql

sql 是关系型数据库文件，以最常用的 MySQL 为例，MySQL 中的数据库和数据表都可以导出为.sql 文件用于数据备份，而.sql 文件也可以导入已有的数据库和数据表用于数据恢复。相对于 txt、csv、json 等文本数据，数据库功能更强大、应用场景更丰富，当然也会要求更高的学习成本。本书后续章节会介绍如何使用 MAMP 和 WAMP 等软件在个人电脑上搭建 Web 环境，里面包括了 Web 服务器 Apache 和关系型数据库 MySQL，并详细介绍如何操作和使用 MySQL 数据库。

第 2 章

学会 Python

2.1 Python 基础语法

Python 简单易学，但又博大精深。在掌握 Python 语法的基础上，还需要尽可能多地熟悉一些常用的 Python 包。人生苦短，学海无涯，让我们先来了解 Python 中最基础但也最核心的内容。

2.1.1 Python 的特点

先学会基本语法（1）

- 属于解释型语言，无需编译即可运行。
- 提供了交互式命令行。
- 支持面向对象的编程思想。
- 良好的跨平台兼容性，在 Windows、Mac、Linux 上都可以运行。
- 简单好用易学，扩展包丰富，功能强大。

2.1.2 中文编码

很多人在读取数据时会出现乱码，归根结底都是字符集的编码问题。Linux 和 Mac 默认的编码集是 UTF-8，而 Windows 则是 ASCII。如果写入数据时使用的编码字符集，和读取数据时使用的解码字符集不同，则会出现乱码问题。

如果在使用 Python 处理数据时出现了类似 can't decode 之类的错误，多半属于编码问题。推荐在写入和读取数据时都使用 UTF-8 编码，这是一种更为全面而且通用的字符集。除此之外，代码文件名称、文件目录路径、数据库名和数据表名等，也建议使用英文字母组合，尽量不要使用中文字符，避免编码问题以及其他不可预知的错误。

（http://www.cnblogs.com/huxi/archive/2010/12/05/1897271.html）是一篇参考文章，比较详细地介绍了 Python 中文编码涉及的内容和知识点，推荐阅读并了解。

推荐在 Python 代码的头部加入以下内容，表示声明了使用 UTF-8 字符集。

```
# coding:utf8
```

出现 can’t decode 之类的错误时，尝试在头部添加以下代码，在很多情况下能够快速解决问题，但是在某些场合，也可能会导致一些潜在问题。

```
import sys
reload(sys)
sys.setdefaultencoding("utf8")
```

2.1.3 变量

变量是编程语言中最重要的概念。Python 中的变量可以看作一个个容器，里面存放着我们需要用到的值，可存、可取、可更新。Python 对变量名的要求和其他语言一样，可以包括英文、数字以及下画线，但不能以数字开头，变量名区分大小写。当然，推荐变量名用纯英文即可，并且取一些有意义的名称，便于理解和区分每个变量的作用。

因为 Python 是一门弱类型的编程语言，所以在声明变量时无需指定其类型。Python 中的变量主要包括数值、字符串、列表、元组和字典。

1. 数值

数值即我们常识中的数字，包括整型和浮点型，分别对应整数和浮点数，浮点数精度更高。print 是 Python 提供的一项常用操作，可以将变量打印出来以供查看，用逗号分隔表示同时打印多个变量。

```
# 整型
a = 1
# 浮点型
b = 2.1
print a, b
```

2. 字符串

字符串即我们经常接触到的文本，可以往里面放任意长度的内容，在 Python 代码中需要用单引号或双引号括起来。应当注意，中文和中文符号只能出现在字符串内，如果在下面第三行中使用了中文输入法的逗号，Python 将会报错。

```
c = 'Hello'
d = '你好'
print c, d
```

使用+可以拼接两个字符串，得到的是两个字符串首尾相连后的结果。

```
print c + d
```

使用 len()函数可以得到字符串的长度。可以将函数理解为一台加工的机器，入口放进去一个变量，经过一系列处理，出口的地方便会产生一个新的变量，即我们所需的结果。

```
print len('Hello World')
```

使用切片操作可以访问字符串中的某个字符或某个片段，就如同从一条队伍中选出一个人或连续的几个人一样。

```
# 位置下标从 0 开始
c = 'Hello World'
# 打印结果为 H，下标为 0 表示第一个字符
print c[0]
# 打印结果为 d，下标为负数表示从后往前数
# 所以-1 表示倒数第一个字符
print c[-1]
# 使用:返回一个片段，冒号前后分别为开始下标和结束下标
# 包括开始下标，但不包括结束下标
# 因此 c[1:5]表示，返回下标从 1 到 4 的片段，即第二个到第五个字符
print c[1:5]
# 冒号前后的下标同样可以使用负数
# 或者不提供，表示从最左端开始或一直到最右端
print c[1:-1], c[:5], c[3:]
```

3. 列表

列表好比一条队伍，里面依次存放着多个变量，所以列表的概念和字符串类似。但字符串中的每个元素都是字符，而列表中的每个元素可以是任意类型的变量，并且变量类型可以不完全一致，甚至列表中可以嵌套列表，所以列表的概念更为广义和通用。

```
# 使用[]定义一个空列表，使用 append()向列表尾部添加一个元素
# 如果要添加到首部，就用 prepend()好了
a = []
a.append(1)
a.append(2.1)
a.append('Hello')
print a
```

类似地，使用 len()函数可以获得列表的长度，即列表中元素的个数。

```
print len(a)
```

列表元素的按下标访问、切片和赋值等操作，与字符串都是类似的。

```
print a[1], a[-1]
a[1] = 100
print a
```

使用 del()函数删除列表中的某个元素。

```
del a[0]
print a
```

4. 元组

元组和列表类似，唯一的不同是元组中的元素在初始化之后不能再更改，因此可以理解为一个只读的列表。例如：

```
# 使用()定义一个元组
a = (1, 2.1, 'Hello')
# 尝试修改元组中的元素会报错
 a[0] = 100
```

5. 字典

字典是一种极为重要的变量类型。在字典中可以使用一个键（key）来操作相应的值（value），即一种键值对的数据组织形式，好比一本英语词典一样。例如：

```
# 使用{}定义一个字典
a = {}
# 使用 key 来赋值 value
a['k1'] = 1
a['k2'] = 2.1
a['k3'] = 'Hello'
```

总结一下字典和列表的不同：列表是一条站好的队伍，其中的元素是有序的，所以用下标来进行赋值和访问等操作；字典是站在一起的一堆人，其中的元素是无序的，所以只有喊出某个人的名字（key），才能知道他 / 她长什么样（value）。

```
# 也可以在定义字典和列表中同时赋值
```

```
li = [1, 2.1, 'Hello']
di = {'k1': 1, 'k2': 2.1, 'k3': 'Hello'}
```

使用 has_key()函数判断字典中是否存在某个 key，然后执行不同的处理。例如，已经存在这个 key 了，则更新对应的 value，否则赋一个初始化值。返回结果以逻辑值表示，True 为真表示存在，False 为假表示不存在。

```
print di.has_key('k4')
```

如果操作不存在的 key，Python 将会报错。在赋值时，如果 key 已经存在，则会用新的 value 覆盖已有的 value。

2.1.4 注释

被注释的代码将不会运行，就像读书笔记一样，可以看作是写给自己和他人阅读的一些标注和说明，用于提高代码的可读性。

```
# 这里是单行注释

'''
这里是
很多行
注释
'''
```

在 Sublime Text 中，选中需要注释的单行或者多行内容，按 Ctrl+/组合键即可进行注释。

2.1.5 保留名

在 Python 中，有一些字符串具备某些特殊含义，称为保留名，如 import、class 等。在选取变量名时，应注意避开这些保留名。

```
# 以下变量赋值将报错
import = 1
```

2.1.6 行和缩进

在 Python 中，代码块的边界不是通过大括号等符号进行显式划分，而是通过行的缩进隐含的。连续相同缩进水平的代码处于同一个代码块，在使用 for、while、if、try 等语法时，需要注意每行代码的缩进量，缩进量存在问题除了会报错外，甚至可能会完全改变代码的运行逻辑。

2.1.7 运算符

运算符的作用是在已有变量的基础上进行一些原子操作，从而生成新的变量，主要有以下几大类。需要注意的是，在代码中输入这些运算符时需要使用英文输入法。

- 算术运算符：+（加）、-（减）、*（乘）、/（除）、%（取余）。
- 比较运算符：==（等于）、!=（不等于）、>（大于）、<（小于）、>=（大于等于）、<=（小于等于）。
- 赋值运算符：=（赋值）、+=（加赋值）、-=（减赋值）、*=（乘赋值）、/=（除赋值）、%=（取余赋值）。
- 逻辑运算符：and（与）、or（或）、not（非）。

```
a = 1
b = 2
print a + b
print a == b
# 等价于 a = a + 3
a += 3
print a
c = True
d = False
print c and d, c or d, not c
```

2.1.8 条件

先学会基本语法（2）

在编写代码时，经常需要根据某些条件进行判断，并根据判断结果是否成立执行不同分支的后续处理，这里的是否成立便是逻辑值中的 True 和 False。

```
a = 1
```

```
# 单个条件
if a == 1:
    print 11111
# 处理条件不成立的分支
if a == 2:
    print 22222
else:
    print 33333
# 多个条件，加多少个都可以
if a == 1:
    print 11111
elif a == 2:
    print 22222
else:
    print 33333
```

需要注意的是，只要出现了 if 和 elif，就需要加上相应的判断条件，并且严格注意代码的缩进。在 Sublime Text 中输入 if 会出现相应提示，按回车键可快速补全代码，换行时，光标也会自动跳到合适的缩进处。

2.1.9 循环

如果需要打印 1~100 的 100 个数，自然不能傻傻地写 100 行 print 代码，而应该用循环来处理类似的重复性工作。

1. while 循环

while 循环的基本思想是，只要某一条件成立，就不断执行循环体里的代码，直到该条件不再成立，条件是否成立同样是使用逻辑值来表示。

```
flag = 1
while flag < 10:
    print flag
    # 一定要记得在循环体里修改条件变量
    # 否则可能导致死循环
    flag += 1
```

2. for 循环

for 循环的循环次数一般是事先定好的，将一个条件变量从某个起始值开始，一直迭代到某个终止值后结束。

```
# x从0开始，一直到9结束，即不包括后面的数字
for x in xrange(0, 10):
    print x
```

可以用 for 循环方便地遍历之前提到的列表和字典。因为遍历是将目标中的所有数据都处理一次，因此可以用循环的思想来实现。

```
li = [1, 2.1, 'Hello']
dict = {'k1': 1, 'k2': 2.1, 'k3': 'Hello'}
# 遍历列表，这里的item只是一个临时变量，取别的名称也行
for item in li:
    print item
# 遍历字典的全部key，这里的key也只是一个临时变量，名称不重要
for key in dict.keys():
    print key
# 遍历字典的全部value，这里的value也只是一个临时变量，名称不重要
for value in dict.values():
    print value
# 同时遍历key和value
for key, value in dict.items():
    print key, value
```

3. 循环控制

循环控制是指在循环的过程中，根据某些条件的当前状态，选择性地控制或改变循环原本的流程，主要包括 3 种：pass、continue、break。

pass 表示什么也不做，只是占据一行代码的位置；continue 表示立即退出本轮循环，不运行本轮循环的后续代码，并继续执行接下来的循环；break 表示立即退出整个循环，后续循环不再执行。

```
for x in xrange(0, 10):
    if x == 5:
        pass
    else:
        print x
```

```
for x in xrange(0, 10):
    if x == 5:
        continue
    print x
for x in xrange(0, 10):
    if x == 5:
        break
    print x
```

2.1.10 时间

在处理数据时，很多地方都会涉及时间，例如，数据产生的时间，即之前提及的时间戳概念。为什么需要时间戳这样一个概念？因为对于同一个时刻，不同人的描述可能不同，毕竟文本表达的形式千变万化，而时间戳使时刻的表示得到了统一，每个时刻只能用唯一的整数或浮点数来表示，也便于计算时间差之类的数值处理。

```
import time

# 来看一下当前时刻的时间戳
t = time.time()
print t, type(t)
```

关于时间戳，最常见的处理便是时间戳和时间文本之间的相互转换，例如，将“2016-10-01 10:00:00”转为时间戳。

```
import time
# 时间文本转时间戳，精确到秒
a = '2016-10-01 10:00:00'
a = int(time.mktime(time.strptime(a, '%Y-%m-%d %H:%M:%S')))
print a
# 时间戳转时间文本
b = int(time.time())
b = time.strftime('%Y-%m-%d %H:%M:%S', time.localtime(b))
print b
```

其中%Y、%m 等都是时间格式模板，前者表示 4 位的年份，后者表示两位的月份。

2.1.11 文件

先学会基本语法（3）

文件操作包括向文件中写内容，以及从文件中读内容。可以使用 open() 函数打开一个文件，打开时需要指定相应的操作模式。

```
# 写文件
# 重新写模式，打开文件时会将文件内容清空
fw = open('data.txt', 'w')
# a 为追加写模式，打开文件后保留原始内容，继续写入
for x in xrange(0, 10):
    # 将整数转成文本再写入
    fw.write(str(x))
    # 也可以每次写入之后换行，\n 为转义字符，表示换行
    # fw.write(str(x) + '\n')
fw.close()
# 读文件
fr = open('data.txt', 'r')
# 一行一行地读，line 只是个临时变量，取别的名称也行
for line in fr:
    print line
    # 如果每行后面有换行，可以将换行符去掉，使内容更紧凑
    # strip()可以去掉字符串两端的空白字符
    # print line.strip()
# 关闭文件
fr.close()
```

2.1.12 异常

Python 代码中可能会出现一些可以预知的错误，我们称之为异常，如字典访问的 key 不存在、除数为 0 等。如果对这类潜在错误不加处理，发生问题时，Python 会报错并退出，可能之前跑了很久的程序又要重头再来。因此，需要对可能出现的异常进行捕捉和处理。异常的结构由 try、except、else、finally 四部分组成。在 Sublime Text 中输出 try 会出现相应的提示，按回车键可快速补全。

```
try:
    # 尝试执行这些代码
```

```
    print 1 / 0
except Exception, e:
    # 如果出现异常就进行处理
    # e 为出现的异常
    print e
else:
    # try 中的代码没有出错
    # 可以执行后续工作了
    print '没有出错'
finally:
    #  无论是否出错，都会执行的代码
    print ' 一定会执行'
```

2.1.13 函数

函数的作用是将代码模块化，把可重用的代码封装成一个函数，这样在需要使用时，只需调用写好的函数即可，而不用重新写一遍代码。就像购买了一台榨汁机，每次想喝果汁时，只需要把水果丢进去处理即可。

函数的使用包括两个部分，函数的定义和函数的调用。除此之外，函数可以接受一个或多个变量作为参数，参数之间以逗号分开，为函数的功能提供更多的灵活性。需要注意的是，定义和调用部分的参数应当一一对应，除非在定义时为某些参数提供了默认值。

```
# 定义函数
def hello(name1, name2):
    print 'Hello' + name1 + ' ' + name2
# 调用函数
hello('Python', 'JavaScript')
```

2.1.14 补充内容

以上介绍的，都是 Python 中最基础和最核心的内容，掌握这些内容之后便可继续学习后续章节。当然，如果希望更系统地学习 Python，可以参考以下链接，虽然学习时间更长、成本更高，但 Python 的知识能掌握得更全面、更深入。

- 菜鸟 Python 教程，（http://www.runoob.com/python/python-tutorial.html）
- 廖雪峰 Python 教程，（http://www.liaoxuefeng.com/wiki/0014316089557264a6b348958f449949df42a6d3a2e542c000/）

2.2 实战：西游记用字统计

实战 西游记用字统计

这一节将通过一个简单的实战项目，来巩固之前学习的 Python 基础语法。

2.2.1 数据

实战项目中使用的数据可以在笔者的 Github 上找到（https://github.com/Honlan/fullstack-data-engineer）。将整个项目下载并解压之后，里面的 data 文件夹中便包含了本书用到的全部数据和文件，codes 文件夹中包含了全部实战项目对应的完整代码。什么是 Github 呢？可以把它理解成受欢迎的程序员社交场所，来自全世界的人都在 Github 上开发、维护和共享代码。

这次将用到 xyj.txt，里面是小说巨著《西游记》的文本内容，使用 UTF-8 编码，文件大小为 2.2MB。凝聚了吴承恩大师毕生心血的作品，如今用 2MB 左右的空间就可以将其全部存储下来，这正是信息时代带来的进步和巨变。

2.2.2 目标

使用 Python 读取《西游记》的文本内容，并进行以下统计。

- 共出现了多少个不同的汉字。
- 每个汉字分别出现了多少次。
- 哪些汉字出现得最为频繁。

在 xyj.txt 的同级目录下新建一个 py 文件，然后开始实战。

2.2.3 步骤

（1）定义一个读文件，读取准备好的 xyj.txt。

```
fr = open('xyj.txt', 'r')
```

（2）准备一个列表 characters 和一个字典 stat，分别用来记录出现的汉字和每个汉字出现的次数。

```
characters = []
stat = {}
```

（3）遍历读文件中的每一行，并进行统计。统计结果显示，《西游记》中共出现了 4 511

个不同的汉字。

```
for line in fr:
    # 去掉每一行两边的空白
    line = line.strip()
    # 如果为空行则跳过该轮循环
    if len(line) == 0:
        continue

    # 将文本转为 unicode，便于处理汉字
    line = unicode(line)

    # 遍历该行的每一个字
    for x in xrange(0, len(line)):
        # 去掉标点符号和空白符
        if line[x] in [' ', '\t', '\n', '。', '，', '(', ')', '（', '）',
'：', '□', '？', '！', '《', '》', '、', '；', '“', '”', '……']:
            continue
        # 尚未记录在 characters 中
        if not line[x] in characters:
            characters.append(line[x])
        # 尚未记录在 stat 中
        if not stat.has_key(line[x]):
            stat[line[x]] = 0

        # 汉字出现次数加 1
        stat[line[x]] += 1

print len(characters)
print len(stat)
```

（4）对 stat 按值进行排序，即按照每个汉字出现的次数降序排序。排序之后会得到一个列表，因为字典是无序的，而列表是有序的。

```
# lambda 生成一个临时函数
# d 表示字典的每一对键值对，d[0]为 key，d[1]为 value
# reverse 为 True 表示降序排序
stat = sorted(stat.items(), key=lambda d:d[1], reverse = True)
```

（5）定义一个写文件，将统计和排序结果写入文件。

```
fw = open('result.csv', 'w')
for item in stat:
    # 进行字符串拼接之前，需要将 int 转为 str
    fw.write(item[0] + ',' + str(item[1]) + '\n')
```

（6）关闭读文件和写文件。

```
fr.close()
fw.close()
```

完整代码可以参考 codes 文件夹中的 5_xyj.py。

2.2.4 总结

通过这样一个简单项目，我们温习了 Python 中的读文件和写文件操作、列表和字典的使用、字典的排序等内容。Python 的功能很强大，打开你的脑洞，去学习新的包，用 Python 实现一些你能想到的事情。

第 3 章

获取数据

3.1 HTTP 请求和 Chrome

HTTP 请求和 Chrome

我们在浏览网页时，网页上显示的文字和图片等数据从何而来？为了弄清这一点，需要首先了解什么是 HTTP。

3.1.1 访问一个链接

首先在浏览器中访问以下网页链接：http://kaoshi.edu.sina.com.cn/college/scorelist?tab=batch&wl=1&local=2&batch=&syear=2013

这是由新浪教育提供的一个高考信息查询网站。

每个网页链接，或者称作 URL，通常由以下形式组成：

协议://域名:端口/路由?参数

- 协议：数据传输使用的协议，如 HTTP。
- 域名：所访问服务器的域名，如 kaoshi.edu.sina.com.cn，如果没有域名，则为服务器 IP。
- 端口：链接使用的端口，HTTP 的默认端口是 80，可以省略。
- 路由：不同的路由会请求不同的功能。例如，college/scorelist 请求的是查看大学的分数线列表这一功能。
- 参数：请求数据时提供的参数，参数的 key 和 value 由“=”连接，参数之间以“&”分隔，例如，(tab=batch&wl=1&local=2&batch=&syear=2013) 指定返回 2013 年的数据。

可以在命令行中使用 ping 访问某一个 URL，测试其是否能正常连接，并且查看域名对应的 IP。

```
ping kaoshi.edu.sina.com.cn
```

在浏览器中访问一个 URL，就能看到对应网页上的文字和图片等内容。这一过程主要包括以下几个步骤，其中的数据传输大多是基于 HTTP 实现的。

- 浏览器向所访问的服务器请求指定的 URL。
- 服务器根据 URL 返回相应的数据。
- 浏览器加载返回的数据，经渲染后以网页的形式呈现给用户。

3.1.2 Chrome 浏览器

在正式介绍 HTTP 之前，先了解 Chrome 浏览器，以了解一些必须掌握的背景知识。

Chrome 是一款优秀的浏览器，渲染效果和调试功能都非常强大。在 Chrome 浏览器中打开网页后，在页面上右击鼠标，可以找到“显示网页源代码（View Source）”和“检查（Inspect）”两项功能。前者可以查看网页的静态源代码，后者则提供了相当强大的调试功能。

以之前访问的新浪教育网页为例，在网页的某一个元素，如页面顶部的“新浪首页”上，右击并选择“检查”之后会出现图 3-1 所示界面，即 Chrome 提供的“开发者工具（Developer Tools）”，默认显示在 Elements 标签页上，并且高亮显示右击元素对应的代码。

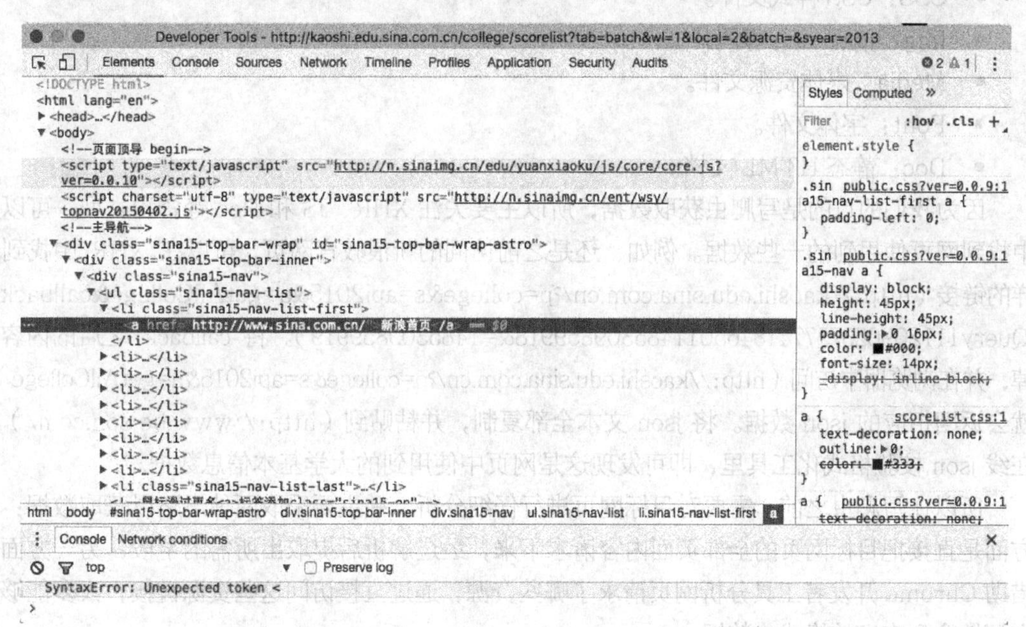

图 3-1 Chrome 开发者工具界面

开发者工具包括 Elements、Console、Sources、Network 等多个标签页，分别提供了以下功能。

- Elements：显示网页经过渲染之后的结构，可以任意调整和修改网页元素，并即时显示修改结果。
- Console：打印变量信息，用于代码调试，网页运行过程中产生的警告和报错也会出现在这里。
- Sources：查看网页使用到的全部资源文件。
- Network：查看网页请求的各类资源文件及其对应的请求时间。

Network 标签页会记录网页在渲染过程中请求的各类资源文件及其对应的请求时间。大多数网页只在一开始加载时请求各类资源文件，加载完毕后不再请求；也有一些网页在加载完毕后仍定时请求一些资源，用于动态更新页面上的内容。所访问的网页使用了哪些资源？用户浏览的过程中网页做了哪些事情？这些问题都可以在 Network 标签页中找到答案。

Network 标签页中请求的资源文件主要分为以下几大类。

- All：不加筛选条件，即请求的全部资源文件。
- XHR：异步请求的数据。
- JS：JS 代码文件。
- CSS：CSS 样式文件。
- Img：jpg、png 等图片文件。
- Media：媒体资源文件。
- Font：字体文件。
- Doc：静态 HTML 文档。

因为我们的目的是写爬虫获取数据，所以主要关注 XHR、JS 和 Doc 等资源类型，可以从中找到网页使用到的一些数据。例如，还是之前访问的新浪教育网页，可以在 XHR 中找到这样的链接（http://kaoshi.edu.sina.com.cn/?p=college&s=api2015&a=getAllCollege&callback=jQuery1112090237577418465011485309859918&=1485309859919）。将 callback 之后的内容去掉，并在浏览器中访问（http://kaoshi.edu.sina.com.cn/?p=college&s=api2015&a=getAllCollege），就会返回相应的 json 数据。将 json 文本全部复制，并粘贴到（http://www.bejson.com/）等在线 json 校验格式化工具里，即可发现这是网页中使用到的大学基本信息数据。

所以在写爬虫之前，需要对目标网页进行仔细分析，并主要采取两种思路以获取数据：一方面是直接把目标网页的全部页面内容请求下来，经过解析后提取出所需的字段；另一方面是借助 Chrome 开发者工具分析网页请求了哪些资源，通过直接访问这些资源链接，大多能够更方便地拿到丰富的格式化数据。

3.1.3 HTTP

掌握了和 Chrome 浏览器相关的内容，我们明白了如何分析一个网页请求了哪些资源。接下来介绍 HTTP，因为互联网上传输的大多数资源都是基于 HTTP 进行的。

HTTP 是目前最通用的 Web 传输协议。在我们的日常生活中，无论是用电脑看网站，还是用手机玩游戏，客户端和服务端[8]之间的数据传输大多都是基于 HTTP。数据包按照 HTTP 定义的规范和格式在客户端和服务端之间传输，从而实现数据的交互和请求。HTTP 中最常见的两类请求分别是 GET 和 POST。

GET 请求，顾名思义，就是去服务端拿数据。在 GET 请求中可以包含或不包含参数，如果包含参数，则参数直接写在 URL 中，因此是显式可见的。链接形式为所访问的服务加上参数，例如,之前提到的（http://kaoshi.edu.sina.com.cn/?p=college&s=api2015&a=getAllCollege）就是一个 GET 请求，前半部分链接说明我们要访问的服务是新浪提供的考试信息，后半部分的参数指明了我们需要进行的操作是获取全部大学的信息数据。这里的 p、s、a 都是该网站定义好的参数，通过给这些参数赋予相应的取值，即可得到符合要求的数据。

POST 请求一般包含参数，向服务端提交 URL 和请求参数，服务端根据所请求的 URL 和所提供的参数返回相应的数据。一个数据包由头部（header）和主体（body）两部分组成，所请求的 URL 即记录在头部内。因为在 POST 请求中，参数并不是直接写在 URL 中，而是提供在数据包的主体中，所以不是显式可见的，故相对 GET 请求而言更加安全。

在浏览器中访问链接（http://shuju.wdzj.com/plat-info-59.html），这是网贷之家提供的关于陆金所的相关数据。

网贷之家是一个互联网金融的门户网站，在上面可以了解到各家互联网公司的基本信息和历史数据。当我们在网页上访问以上链接时，可以对应地在 Network 中找到这样一项请求（http://shuju.wdzj.com/plat-info-target.html）图 3-2 是与之对应的 Chrome 开发者工具界面。从图中可以看出这一请求的类型是 POST，所提交的参数也可以在 FormData 中找到，一共指定了 wdzjPlatId、type、target1 和 target2 四个参数，分别对应互联网金融公司的 ID、数据汇总类型、指标 1 和指标 2。所以我们发现，通过这样的一个 POST 请求并结合其他的参数组合，即可得到网贷之家上全部互联网公司的各项历史指标数据。

如果尝试直接在浏览器中访问（http://shuju.wdzj.com/plat-info-target.html?）（wdzjPlatId=59&type=1&target1=19&target2=20），即将 POST 请求拼接成一个 URL，像 GET 请求那样把参数直接写在 URL 中进行访问，请求将被网贷之家服务端拒绝，浏览器将报错，无法获得正确的数据，从这个例子可以看出，POST 请求和 GET 请求的不同。

---

8 客户端即我们的手机和电脑等终端，服务端即 App 或网站等服务提供方

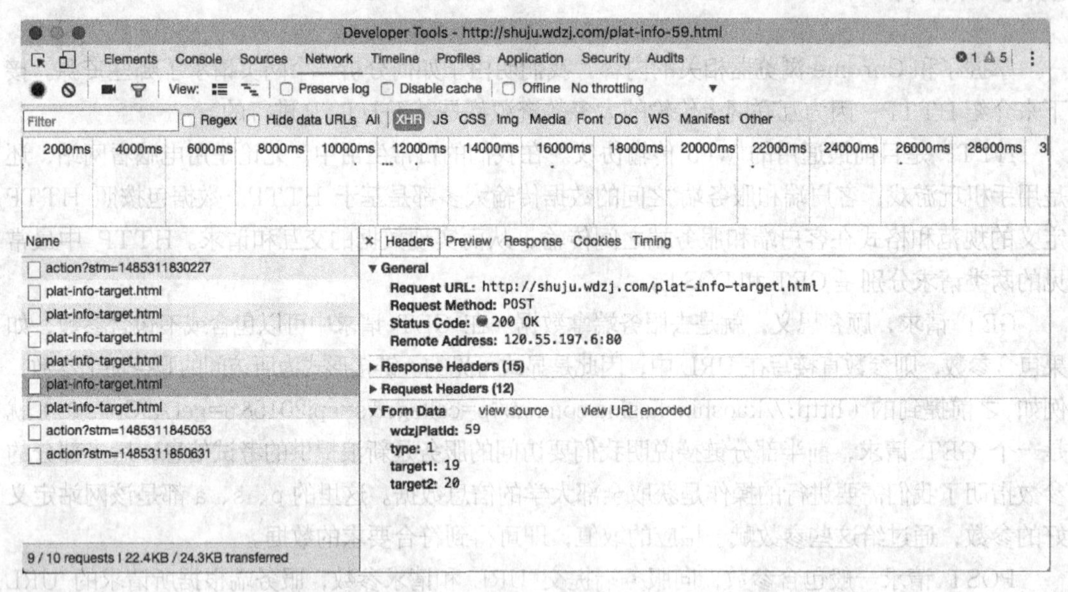

图 3-2　网贷之家陆金所页面发起的 POST 请求

3.1.4　URL 类型

回过头来总结下之前访问过的几个 URL 链接，同样是在浏览器中直接访问，有的 URL 返回经过渲染后的复杂内容，以网页的形式呈现给用户；有的 URL 仅返回 json 文本数据，也许只有程序员才会感兴趣。因此，可以将 URL 大致分为以下两大类。

- HTML：返回 HTML 结构化页面，经浏览器渲染后呈现给用户，通常是多个资源文件融合后的结果，如（http://kaoshi.edu.sina.com.cn/college/scorelist?tab=batch&wl=1&local=2&batch=&syear=2013）。
- API：Application Programming Interfaces，即应用编程接口。这类 URL 多为开发者设计，被请求后可以提供某些服务和功能，最常见的即根据指定的参数返回相应的数据，如（http://kaoshi. edu.sina.com.cn/?p=college&s=api2015&a=getAllCollege）。

为了获取数据，对于以上两大类 URL，在用代码写爬虫时会采取不同的处理方法。能找到所需的 API 是最好的，因为 API 返回的 json 数据可以直接解析为格式化数据，更加便于处理。如果只有 HTML，就需要详细分析渲染后的页面，在弄清楚网页代码结构之后，通过一些解析工具从网页内容中提取出需要的字段数据。

3.2 使用 Python 获取数据

使用 urllib2 获取数据

我们知道，HTTP 主要包括 GET 请求和 POST 请求两种。对于给定的 URL，既可以使用浏览器访问，也可以使用代码请求。所以爬虫的基本思想即使用代码模拟浏览器请求目标链接，并对服务端返回的数据进行处理和存储，从而快速批量地获取数据。

3.2.1 urllib2

主要使用 Python2.7 中提供的 urllib2 包来获取数据，官方文档为（https://docs.python.org/2/library/urllib2.html）。urllib2 包提供了和 HTTP 请求相关的函数，包括发起请求、建立连接、读取回复等。如果嫌官方文档太长太啰嗦、看起来麻烦的话，就直接忽略，跟着本书操作即可。

3.2.2 GET 请求

以网页链接（http://kaoshi.edu.sina.com.cn/college/scorelist?tab=batch&wl=1&local=2&batch=&syear=2013）为例，实践如何使用 Python 发起 GET 请求。主要代码如下，所返回的 result 中即包含了网页的内容，可以将其打印出来查看。

```
# 导入需要的库
import  urllib2
import  urllib

# 定义一个字符串变量，保存要访问的链接
url='http://kaoshi.edu.sina.com.cn/college/scorelist?tab=batch&wl=1&local=
2&batch=&sy ear=2013'

# 发起请求
request = urllib2.Request(url=url)
# 打开连接
# 超过 20 秒未响应则超时
response = urllib2.urlopen(request, timeout=20)
# 读取返回内容
result = response.read()
```

3.2.3 POST 请求

以网页链接（http://shuju.wdzj.com/plat-info-target.html）为例，再实践如何用 Python 发起 POST 请求。主要代码如下，所返回的 result 中即包含了请求的数据，可以将其打印出来查看。

```
# 导入需要的库
import  urllib2
import  urllib

# 定义一个字符串变量，保存要访问的链接
url = 'http://shuju.wdzj.com/plat-info-target.html'

# 将参数进行编码，以字典形式组织参数
data = urllib.urlencode({
     'target1': 19,
     'target2': 20,
     'type': 1,
     'wdzjPlatId': 59
})

# 发起请求
request = urllib2.Request(url)
# 建立一个 opener
opener = urllib2.build_opener(urllib2.HTTPCookieProcessor())
# 打开连接
response = opener.open(request, data)
# 读取返回内容
result = response.read()
```

完整代码可以参考 codes 文件夹中的 7_get_post_with_python.py。

3.2.4 处理返回结果

我们已经知道如何使用 Python 发起 GET 和 POST 请求，并得到了相应的返回结果，接下来要做的即对返回数据进行处理。URL 主要有 HTML 和 API 两大类，前者以文本形式返回经渲染后的复杂页面，通常是结构化的 HTML 代码，后者则以文本形式返回 json 格式的字符串，相对而言更容易处理。因此，需要对不同类型返回的结果，相应地采取不同的处理方法。

1. HTML

当返回结果是 HTML 页面的文本内容时，需要借助一些工具进行解析，将纯文本转为结构化的 HTML 对象。最常用的工具是 BeautifulSoup，它也是一个 Python 包，提供了解析 HTML 文本、查找和选择 HTML 元素、提取元素内容和属性等功能。考虑到 BeautifulSoup 的使用涉及 HTML 和 CSS 等内容，让我们先跳过这一块，等后续章节中介绍完相关基础知识后再回过头来讲解。

2. API

当返回结果是 json 格式的字符串时，处理则相对容易得多。可以使用 Python 中的 json 包，方便地将 json 字符串加载为 Python 中的字典，再进行后续处理，如选择字典中的有用数据并进行存储。

```
import json

# result 是刚才读取的返回结果，是一个 json 格式的字符串
result = json.loads(result)
# result 现在是一个字典了
print type(result)
```

3.3 实战：爬取豆瓣电影

掌握了通过爬虫获取数据的基本原理和代码实现之后，下面通过实战项目巩固相应内容。

实战 爬取豆瓣电影数据（1）

3.3.1 确定目标

在写爬虫之前应当想清楚以下问题：我需要哪方面的数据？哪些网站已经具备了这些数据？我需要从这些网站分别采集哪些数据？多大的数据量才能满足我的需求？数据是一次获取即可，还是需要持续更新？如果需要持续更新，应该达到怎样的更新频率？

很多网站经常都是大家爬取数据的对象，如提供住房信息的链家网、提供书评和影评信息的豆瓣网、提供餐饮生活娱乐信息的大众点评网。当然，这些网站之所以能够比较容易地被我们爬取，也是因为它们采取了内容开放的运营态度，没有采用过多的反爬机制。

一个有点意思的名词叫作“三月爬虫”，即在三月份左右频繁出现的大量小规模爬虫。这

些爬虫从何而来？因为差不多在每年的这个时候，很多学生都要做课设项目了，那么没有数据怎么办呢？只能自己动手、丰衣足食，写爬虫获取数据了。

其实爬虫和反爬虫之间就好比矛与盾的关系，我们可以花更多的心思、时间和成本去爬取数据，数据运营方同样可以花更多的技术、金钱和人力以保护数据。运营方识别代码请求并禁止，我们可以伪装成浏览器 ；运营方对 IP 频繁请求采取限制，我们可以使用 IP 代理池；运营方要求登录并输入复杂验证码，我们同样可以模拟登录并想出相应的破解办法。总而言之，没有一定能爬到的数据，也没有一定爬不到的数据，无非是攻守双方的博弈，看谁下的功夫更深、投入成本更多。

当然，上一节中介绍的都是最基础的爬取方法，所针对的也是采取开放运营态度，或者暂未采取反爬机制的网站，方法虽简单，但对相当多数的网站仍是适用的。至于爬虫的进一步深入研究，则需要花费更多时间去学习，这也是为什么有专业的爬虫工程师这一职称了。

在本次的实战项目中，我们需要获取豆瓣电影上的电影数据，数据量自然是越多越好，每条数据应当包含电影名称、导演、演员、类型、 片长、语言、上映时间、上映地区、评分等信息，以便在获取数据并存储之后可以进行后续分析和展示。

3.3.2 通用思路

写爬虫时一般会遵循以下通用思路：首先得找到一个汇总页，以链家网为例，可以是首页或搜索页，在汇总页中是一条条房源，以列表形式依次排列，可能一页会安排几十条房源，看完之后可以通过翻页功能跳转至下一页，从而浏览全部房源；汇总页中的每一个链接都对应一条房源的详情页，点进去即可查看房源的详细信息，这些详情页都使用相同的模板渲染，只不过渲染时使用了不同的数据，因此十分便于批量获取，只要对详情页的页面结构进行分析和提取即可。

当然，以上讨论的二层结构是最理想的情况，实际应用中未必能找到这样一个能直接涵盖并通往全部详情页的汇总页，因此三层、四层乃至更复杂的结构也完全可能出现。例如，从链家网的首页开始，先下钻到城市，再深入地区，接着按户型进行分类，最后才能找到对应的房源。其实我们会发现，每一层结构都对应着最终详情页的一个字段，如房源的城市、地区、户型等信息，多层结构无非是对二层结构按照若干字段进行了逐层聚合，所以只要理清楚网站数据的整理结构，接下来的代码工作都是类似的。

3.3.3 寻找链接

回到本次的实战项目上，访问豆瓣电影的首页（https://movie.douban.com/），尝试一番，看该如何寻找之前提及的汇总页和详情页。

我们首先看到网页提供了一个“正在热映”模块，展示当前正在上映的一些电影。由于我们希望尽可能多地获取电影数据，当然包括历史电影，所以这块忽略不计。

接下来的内容中有一个按电影标签进行筛选的模块，如图 3-3 所示，可以根据热门、最新、经典、可播放等标签显示相应的电影。按热度排序、按时间排序和按评价排序意义不大，我们希望获得尽可能多的电影数据全集，对如何排序并不关心。再往下有个“加载更多”的按钮，发现每次点击之后，页面上就会出现更多对应标签的电影，说明网页相应地又向服务端请求了更多数据。

图 3-3　豆瓣电影首页按标签选电影

所以爬取的基本思路有了：首先获得全部的电影标签，然后针对每个标签不断地请求相应的电影数据，最后从每部电影的详情页获取所需的字段。使用 Chrome 开发者工具找出应当请求哪些链接，打开开发者工具之后，刷新豆瓣电影首页，会发现在 Network 的 XHR 中有链接（https://movie.douban. com/j/search_tags?type=movie）从名字上看似乎是返回电影标签，在浏览器中访问果不其然，得到了以下内容。

```
{"tags":["热门","最新","经典","可播放"," 豆瓣高分","冷门佳片","华语","欧美","韩国
"," 日本","动作", "喜剧","爱情","科幻","悬疑","恐怖","动画"]}
```

说明这是一个 GET 类型的 API，返回一个 json 格式字符串，如果在 Python 中加载成字典，则包含一个键 tags，对应的值是一个列表，里面的每一项都是一个电影标签。

我们还顺便发现了另一个 GET 类 API：（https://movie.douban.com/j/search_subjects?type=movie&tag=热门&sort=recommend&page_limit=20&page_start=0），可以根据提供的标签、排序方法、每页数量、每页开始编号等参数返回相应的电影数据，这里是按推荐程度排名，从 0 号开始，返回热门标签下的 20 条电影数据。在浏览器中访问以上链接，得到的也是一个 json 格式字符串，同样转成 Python 字典再处理即可。如果单击"加载更多"按钮，会发现网页将继续请求这个 API，不同的只是 page_start 不断增加，通过改变开始编号即可请求到新的数据。

设计代码实现的过程为：针对每个标签，使用以上第二个 API 不断请求数据，如果请求结果中包含数据，则将 page_start 增加 20 再继续，直到返回结果为空，说明这一标签下的电影数据已经全部拿到。

3.3.4 代码实现

实战 爬取豆瓣电影数据（2）

我们已经掌握了如何用 Python 发起 GET 和 POST 请求，所以接下来的工作为编写代码实现以上讨论的获取思路。

```
# 加载库
import urllib
import urllib2
import json
from bs4 import BeautifulSoup

# 获取所有标签
url = 'https://movie.douban.com/j/search_tags?type=movie'
request = urllib2.Request(url=url)
response = urllib2.urlopen(request, timeout=20)
result = response.read()
# 加载json为字典
result = json.loads(result)
tags = result['tags']

# 定义一个列表存储电影的基本信息
movies = []
# 处理每个tag
```

```
for tag in tags:
    start = 0
    # 不断请求，直到返回结果为空
    while True:
        # 拼接需要请求的链接，包括标签和开始编号
        url = 'https://movie.douban.com/j/search_subjects?type=movie&tag=' +
tag + '&sort=recommend&page_limit=20&page_start=' + str(start)
        print url
        request = urllib2.Request(url=url)
        response = urllib2.urlopen(request, timeout=20)
        result = response.read()
        result = json.loads(result)

        #  先在浏览器中访问 API，观察返回 json 的结构
        #  然后在 Python 中取出需要的值
        result = result['subjects']

        #  返回结果为空，说明已经没有数据了
        #  完成一个标签的处理，退出循环
        if len(result) == 0:
            break

        #  将每一条数据都加入 movies
        for item in result:
            movies.append(item)

        #  使用循环记得修改条件
        #  这里需要修改 start
        start += 20

# 看看一共获取了多少电影
print len(movies)
```

以上代码运行完毕之后，列表 movies 中即包含了全部的电影数据，其中的每一项都是一个字典，包含评分 rate、电影标题 title、详情页链接 URL、是否可播放 playable、封面图片链接 cover、电影的豆瓣编号 id、是否为新电影 is_new 等字段。

除了以上基本字段，我们还希望获取每部电影的更多信息，因此需要进一步爬取各部电影

对应的详情页。图 3-4 是《疯狂动物城》的豆瓣电影详情页，其中的导演、编剧、主演、类型、语言、片长、简介等，都是值得进一步爬取的字段。

疯狂动物城 Zootopia (2016)
导演: 拜伦·霍华德 / 瑞奇·摩尔 / 杰拉德·布什
编剧: 拜伦·霍华德 / 瑞奇·摩尔 / 杰拉德·布什 / 吉姆·里尔顿 / 乔西·特立尼达 / 菲尔·约翰斯顿 / 珍妮弗·李
主演: 金妮弗·古德温 / 杰森·贝特曼 / 伊德里斯·艾尔巴 / 珍妮·斯蕾特 / 内特·托伦斯 / 更多...
类型: 喜剧 / 动作 / 动画 / 冒险
制片国家/地区: 美国
语言: 英语 / 挪威语
上映日期: 2016-03-04(中国大陆/美国)
片长: 109分钟(中国大陆) / 108分钟
又名: 优兽大都会(港) / 动物方城市(台) / 动物乌托邦 / 动物大都会 / Zootropolis
IMDb链接: tt2948356
豆瓣评分
9.2
437740人评价
5星 65.2%
4星 29.2%
3星 5.2%
2星 0.3%
1星 0.1%
好于 99% 动画片
好于 99% 喜剧片
想看
看过
评价:
写短评
写影评
+ 提问题
分享到
推荐
疯狂动物城的剧情简介 · · · · · ·
故事发生在一个所有哺乳类动物和谐共存的美好世界中，兔子朱迪（金妮弗·古德温 Ginnifer Goodwin 配音）从小就梦想着能够成为一名惩恶扬善的刑警，凭借着智慧和努力，朱迪成功的从警校中毕业进入了疯狂动物城警察局，殊不知这里是大型肉食类动物的领地，作为第一只，也是唯一的小型食草类动物，朱迪会遇到怎样的故事呢？
近日里，城中接连发生动物失踪案件，就在全部警员都致力于调查案件真相之时，朱迪却被局长（伊德瑞斯·艾尔巴 Idris Elba 配音）发配成为了一名无足轻重的交警。某日，正在执勤的兔子遇见了名为尼克（杰森·贝特曼 Jason Bateman 配音）的狐狸，两人不打不相识，之后又误打误撞的接受了寻找失踪的水獭先生的任务，如果不能在两天之内找到水獭先生，朱迪就必须自愿离开警局。朱迪找到了尼克，两人联手揭露了一个隐藏在疯狂动物城之中的惊天秘密。©豆瓣

图 3-4 《疯狂动物城》豆瓣电影详情页

由于电影详情页的 URL 类型属于 HTML，即访问后返回经浏览器渲染的网页内容，所以需要更加复杂的处理方法。BeautifulSoup 包提供了解析 HTML 文本、查找和选择 HTML 元素、提取元素内容和属性等功能，但要求一些 HTML 和 CSS 语法基础。故此处仅以详情页中的电影简介为例，展示如何使用 BeautifulSoup 解析 HTML 文本和提取字段，其他完整内容待第 7 章中介绍完相关基础知识后再继续介绍。

```
import time

# 请求每部电影的详情页
for x in xrange(0, len(movies)):
    url = movies[x]['url']
```

```
    request = urllib2.Request(url=url)
    response = urllib2.urlopen(request, timeout=20)
    result = response.read()
    # 使用 BeautifulSoup 解析 HTML
    html = BeautifulSoup(result)
    # 提取电影简介
    # 捕捉异常，有的电影详情页中并没有简介
    try:
        # 尝试提取电影简介
        description=html.find_all("span",attrs={"property":"v:summary"})[0].
get_text()
    except Exception, e:
        # 没有提取到简介，则简介为空
        movies[x]['description'] = ''
    else:
        # 将新获取的字段填入 movies
        movies[x]['description'] = description
    finally:
        pass

    # 适当休息，避免请求频发被禁止，报 403 Forbidden 错误
    time.sleep(0.5)
```

最后，可以将获取的电影数据写入 txt 文件，以便后续使用。

```
fw = open('douban_movies.txt', 'w')

# 写入一行表头，用于说明每个字段的意义
fw.write('title^rate^url^cover^id^description\n')

for item in movies:
    #  用^作为分隔符
    #  主要是为了避免中文里可能包含逗号发生冲突
    fw.write(item['title'] + '^' + item['rate'] + '^' + item['url'] + '^' +
item['cover '] + '^' + item['id'] + '^' + item['description'] + '\n')
fw.close()
```

完整代码可以参考 codes 文件夹中的 8_douban_movie.py。

3.3.5 补充内容

本次实战其实是笔者一个 Github 项目的部分内容：(https://github.com/Honlan/data-visualize-chain)。这个项目以豆瓣电影为例，展示了如何进行数据的获取、清洗、存储、分析和可视化，与数据获取相关的代码都在 spider 文件夹下。

所以如果希望了解更多，或者对 BeautifulSoup 用法感兴趣，都可以进一步自行研究。

另外，以上代码最终获取了五千部左右的电影数据，明显少于豆瓣电影的总量，说明之前所用的 API 能获取的数据量十分有限。那应该怎么办呢？在豆瓣电影的网站上找一找，会发现页面 https://movie.douban.com/tag/，点进去之后可谓发现了一个崭新的世界，如图 3-5 所示。在这一页面中提供了各种分类标签，每个标签下的电影数量十分惊人，访问这些标签链接会发现它们都对应着单独的汇总页，并且支持翻页功能。所以只要按照之前所讲的通用思路，逐层获取相应的数据，类似地写代码爬取即可。

豆瓣电影标签

分类浏览 / 所有热门标签

类型 · · · · · ·

爱情(11174117)	喜剧(9279377)	动画(7115498)	剧情(7086339)
科幻(6009694)	动作(5637354)	经典(5292278)	悬疑(4602987)
青春(4185880)	犯罪(3728936)	惊悚(2919164)	文艺(2660504)
搞笑(2435739)	纪录片(2252471)	励志(2156043)	恐怖(1840159)
战争(1803521)	短片(1524676)	黑色幽默(1481339)	魔幻(1404752)
传记(1188819)	感人(1043843)	家庭(926540)	动画短片(890475)
音乐(887971)	童年(738966)	浪漫(707383)	女性(673714)
史诗(534375)	童话(446851)	西部(197935)	

国家/地区 · · · · · ·

美国(18195440)	日本(5758212)	英国(2849190)	中国(2825825)
加拿大(219113)	韩国(2458166)	法国(2427609)	印度(429646)
爱尔兰(129797)	德国(647450)	意大利(619116)	欧洲(245451)
波兰(101535)	泰国(398556)	西班牙(385613)	伊朗(136114)
墨西哥(58725)	澳大利亚(181064)	俄罗斯(167737)	丹麦(110283)
土耳其(44361)	瑞典(129305)	巴西(112884)	比利时(63808)
捷克(87168)	阿根廷(69859)	奥地利(46848)	匈牙利(40181)
新西兰(50435)	荷兰(46953)	新加坡(33127)	以色列(33869)

图 3-5　豆瓣电影按分类标签查看

当然，随着爬取数量和规模的增加，很多原本可以忽略的问题变得愈发严重，最直接的挑战便是所需的时间。之前几分钟就可以完成的获取任务，由于数据量增加到百万千万甚至上亿级别，耗费的时间成本在单机上也许是完全无法容忍的。运营商可能会采取识别代码、禁用

IP、使用验证码等多种反爬机制，在这种情况下，如果仍希望快速有效地获取海量数据，那么对爬虫工程师提出的技术要求更高，模拟浏览器、模拟登录、使用 IP 代理池、搭建和使用大规模分布式爬虫等，都是需要进一步深入了解的内容。

第 4 章 存储数据

4.1 使用 XAMP 搭建 Web 环境

现在人人都有个人计算机，在个人计算机上搭建一个 Web 环境，包括 Web 服务器和数据库等组件，对后续很多开发工作而言都是非常有用的。

用 MAMP 和 WAMP 搭建 Web 环境

4.1.1 Web 环境

为什么需要一个 Web 环境呢？在数据可视化中很重要的一部分，便是基于 Web 网站进行一些动态交互可视化，这时候便需要一个 Web 环境用以部署我们的网站项目。通常来说，一个 Web 环境中会包含以下几个组件。

- Web 服务器：如 Apache 和 Nginx，用于接收和处理 Web 请求。
- 数据库：最常用的即关系型数据库 MySQL，用于存储和读取数据。
- 后端语言：如 PHP 和 Python 等，用于开发 Web 项目。

在本地搭建并启动 Web 环境之后，可以在浏览器中访问根目录中的网站项目。根目录是可配置的，可以设置成个人计算机上任意目录下的文件夹。使用后端语言开发一个 Web 项目，将其部署在根目录下，就可以通过浏览器访问该项目，进行浏览网页、数据交互等操作，就如同访问豆瓣、链家等网站一样，不同的只是这些网站部署于互联网中可访问的服务器上，而我们的网站只能在本机[9]上访问。

当然，不用一个个单独地安装以上提及的组件，而是像 Anaconda 那样，安装一个包含全部所需内容的套件即可，即 XAMP，主要是 MAMP 和 WAMP，分别对应 Mac 和 Windows 两大常用个人计算机操作系统，根据自己的操作系统选择相应的软件并下载安装即可。

- MAMP：Mac 上的 Apache、MySQL 和 PHP：（https://www.mamp.info/en/）；

9　本机等同于本地，即 Web 服务器所在设备，如我们的个人计算机

- WAMP：Windows 上的 Apache、MySQL 和 PHP（http://www.wampserver.com/en/）。

MAMP 有普通版和升级版两种，前者免费而且功能足以满足需求，WampServer 下载时，根据系统配置选择 64bit 或 32bit 即可。

4.1.2 偏好设置

搭建环境自然会涉及不少配置项内容，或者称作软件的偏好设置，这里以 MAMP 为例讲解需要了解的设置。运行 MAMP 之后，可以看到如图 4-1 所示的软件界面，非常简单清爽，只有 3 个按钮，分别对应偏好设置、打开欢迎页面、开启/停止服务。

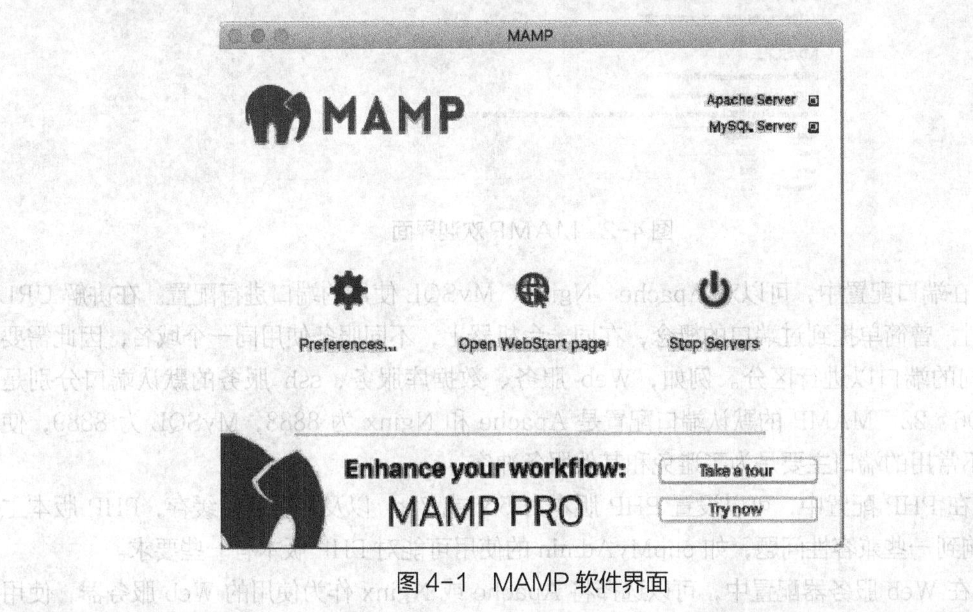

图 4-1　MAMP 软件界面

运行 MAMP 软件之后，会自动开启 Web 服务，开启成功后会在浏览器中弹出欢迎页面，相当于依次自动单击了第三个按钮和第二个按钮。欢迎页面如图 4-2 所示，可以查看 PHP 版本信息，提供了使用 phpMyAdmin 操作 MySQL 数据库的链接入口以及数据库信息，并给出了 PHP、Python、Perl 等语言连接并操作数据的样例代码。其中，phpMyAdmin 是一款基于 PHP 开发的前端数据库图形化管理工具。除此之外，可以发现欢迎页面的链接是以 localhost 开头的，此即本机 Web 服务的一个别名，和 movie.douban.com 类似，但别人在他们的手机或计算机上无法通过 localhost 访问你的本机 Web 环境。

需要重点介绍的是 MAMP 软件界面中的偏好设置这一按钮，英文显示为 Preferences，单击之后可以进行 5 方面的偏好设置：开启/停止服务选项、端口配置、PHP 配置、Web 服务器配置、数据库配置。

- 在开启/停止服务选项中，可以设置每次运行 MAMP 之后是否自动开启相关服务，以及在退出 MAMP 之后是否自动关闭相关服务。

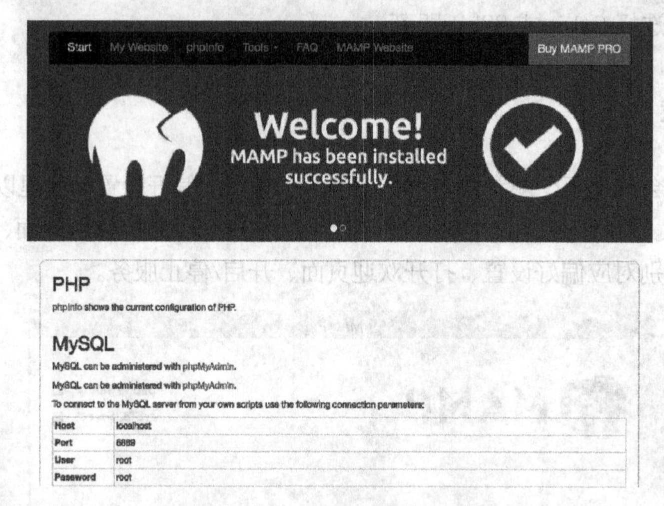

图4-2 MAMP欢迎界面

- 在端口配置中，可以对 Apache、Nginx、MySQL 使用的端口进行配置。在讲解 URL 的结构时，曾简单提到过端口的概念，在同一台机器上，不同服务使用同一个域名，因此需要使用不同的端口以进行区分。例如，Web 服务、数据库服务、ssh 服务的默认端口分别是 80、3306、22。MAMP 的默认端口配置是 Apache 和 Nginx 为 8888，MySQL 为 8889，使用一些不常用的端口主要是为了避免和其他服务冲突。
- 在 PHP 配置中，可以设置 PHP 版本为 5.x 或 7.x，以及是否启动缓存，PHP 版本主要会影响到一些兼容性问题，如 phpMyAdmin 的使用可能对 PHP 版本有一些要求。
- 在 Web 服务器配置中，可以选择将 Apache 或 Nginx 作为使用的 Web 服务器，使用默认的 Apache 即可。另外还可以在这里设置 Web 环境的根目录。例如，以用户桌面为根目录。则在浏览器中访问 localhost:8888，即可看到桌面上的全部文件，其中 8888 为 Apache 的端口。
- 在数据库配置中，可以看到当前使用的 MySQL 版本号。

以上配置内容中，最为重要的是各项服务的端口配置，以及 Web 环境的根目录设置。只有理解了这两点内容，才能弄清楚应当把 Web 项目拷贝到哪里，以及如何在浏览器中访问到我们的项目。

4.1.3 Hello World

既然讲到了新的东西，那么是时候来写个 Hello World 了。开启 Web 服务之后，在根目录中新建一个 hello.html，然后用 Sublime Text 进行编辑。HTML 的全拼是 Hyper Text Markup Language，即超文本标记语言，使用 HTML 编写并且以.html 为后缀名的文件，是 Web 网站项目中最常见的一种静态模板文件。在 hello.html 中输入以下代码，然后在浏览器中通过 localhost:8888/hello.html 访问到刚才所写的文件，并看到期待的 Hello World。

```
<html>
    <header></header>
    <body>
        <h1>Hello World</h1>
    </body>
</html>
```

当然，直接双击 hello.html，同样可以在浏览器中打开并看到 Hello World。但此时链接是以 file 开头，说明这一打开操作是通过文件系统完成的，而并非之前所用的 Web 环境。

PHP 是一种非常简单的后端语言，在 PHP 中也可以使用 HTML 语法。在根目录中新建一个 hello.php，然后用 Sublime Text 进行编辑并输入以下代码，其中第一行和第四行分别是 PHP 代码文件的头和尾，第二行用 echo 命令打印出一条文本，第三行使用 phpinfo()函数打印出当前所用 PHP 版本的一些信息，注意每行 PHP 代码需要用分号结束。编写完毕后，在浏览器中可通过 localhost:8888/hello.php 访问到 hello.php，并看到相应的打印内容。

```
<?php
    echo 'Hello World';
    phpinfo();
?>
```

以上两个例子都说明，当 Web 服务开启之后，可以通过浏览器访问根目录中的内容，并让浏览器加载和渲染 HTML、PHP 等 Web 项目文件。

在后续章节中，我们将结合实际项目进一步理解 Web 环境的作用。例如，当一个 HTML 文件中通过 AJAX 请求了同级目录中的 json 数据时，如果仅通过双击的方式运行 HTML 文件，AJAX 请求将失败；而只有在一个 Web 环境中运行这一 HTML 文件，AJAX 请求才能成功，数据才能被获取到并进一步展示。当然，如果 Web 项目中涉及了数据库的使用，则 Web 环境是更加必不可少的。

4.2 MySQL 使用方法

我们已经掌握了如何用 MAMP 或 WAMP 在个人计算机上搭建 Web 环境，其中包含了用于存储数据的关系型数据库 MySQL，现在介绍如何使用 MySQL。

MySQL 使用方法

4.2.1 基本概念

MySQL 中可以存在多个数据库（Database），每个数据库对应一个相对独立的项目。一个数据库中可以包含多个数据表（Table），不同的数据表用于存储不同用途的数据。例如，可以新建一个 chat 数据库用于存储和某一社交网站相关的数据，里面有 user 和 message 两个表，分别用于存储用户基本信息、用户之间的聊天记录。需要注意的是，数据库和数据表最好都使用英文名称。

数据表和 Excel 中的表格很类似，既有行也有列，即我们之前提及的二维表结构。以 user 表为例，每一行记录了一名用户的基本信息，每一列即用户信息的一个字段，如姓名、性别、职业等。

MySQL 涉及的操作包括新建和删除数据库，以及在一个已有的数据库中新建、清空和删除数据表。除此之外，主要就是在一个已有的数据表中对数据进行 CURD 操作，即 Create、Update、Read、Delete，分别对应插入数据、更新数据、读取数据、删除数据。接下来将介绍如何使用命令行、Web 工具、本地软件、Python 代码 4 种方法来操作 MySQL 数据库。

4.2.2 命令行

可以在命令行中输入以下命令，按回车后再输入 MySQL 数据库的密码，即可进入 MySQL 提供的交互命令行，类似 Python 的交互编程环境，每敲一行 MySQL 语句，按回车键即可执行。这种方法仅适用于单独安装的 MySQL 数据库，不适用于 MAMP 或 WAMP，而且对代码能力要求较高，故不推荐使用。

```
mysql -u root -p
```

4.2.3 Web 工具

Web 工具是指在 MySQL 内核之上，基于 Web 开发出的图形化操作界面。只要在网站上点一点，即可完成对 MySQL 的各类操作。其中最为常用的一种即 phpMyAdmin，基于 PHP

开发，简单、轻量、好用，在 MAMP 或 WAMP 中也会自带 phpMyAdmin。

在 MAMP 的欢迎页面上可以找到使用 phpMyAdmin 管理 MySQL 的链接，如果没有找到，则有可能是 PHP 版本不兼容导致的，在 MAMP 偏好设置中尝试更改 PHP 的版本并重新启动服务。点击后将看到如图 4-3 所示界面，左侧中显示的是当前已存在的数据库，右侧显示了菜单栏和对应的内容。

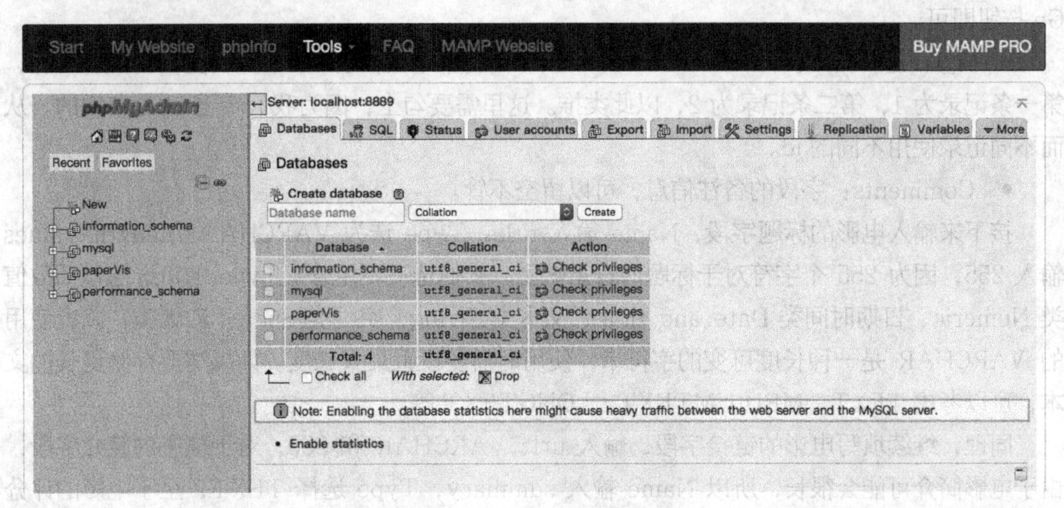

图 4-3　phpMyAdmin 首页

首先尝试如何新建数据库。默认情况下会存在 3 个数据库：information_schema、mysql 和 performance_schema，这 3 个数据库是 MySQL 自带的，不要去动它们。点击左侧中的 New，或者右侧菜单栏中的 Databases，都可以在右侧看到当前已存在数据库的一些基本信息，以及进行数据库新建操作。

输入新建数据库的名称，推荐使用全英文。这里输入 douban，因为需要将之前爬取的豆瓣电影数据存入数据库中。选择 Collation 为 utf8_general_ci，然后点击 Create 即可。

新建好数据库后，由于数据库为空，会自动跳到新建数据表的页面。给数据表取个英文名，这里输入 movie，然后选择表的列数，默认为 4，点击 Go 进入下一步。即使数据表最终不是 4 列，也没关系，多出的列会被自动忽略，列数不够同样可以继续添加，所以不用担心。

接下来需要配置每一列的详细内容，包括 Name、Type、Length/Values、Default、Collation、Attributes、Null、Index、A_I、Comments。首先填写第一个字段，每个数据表都需要一个主键即 id，不同的行具有唯一不同的 id，用于进行彼此区分。

- Name：字段的名称，纯英文，让我们输入 id。
- Type：字段的变量类型，因为 id 应当是正整数，所以使用默认的 INT 即可。
- Length/Values：字段的长度，不填的话会使用默认值，即 INT 类型的默认长度。

- Default：插入数据时，如果不提供值，字段对应的默认值，这里可以先不管。
- Collation：不填的话，则使用数据库的 Collation，否则覆盖，这里可以先不管。
- Attributes：字段的属性，这里可以先不管。
- Null：字段是否默认为空值，默认不勾选。
- Index：字段使用何种索引，这里选择 PRIMARY，即主键，如果有弹窗点击弹窗中的 Go 按钮即可。
- A_I：是否自增。Auto Increasement，即在插入数据时如果不提供值，会自动增加，第一条记录为 1，第二条记录为 2，以此类推。这里需要勾上，因为我们希望 id 是自增的，从而不同记录使用不同的 id。
- Comments：字段的备注信息，可以留空不管。

接下来输入电影的标题字段，Name 输入 title，Type 选为 VARCHAR，Length/Values 输入 255，因为 255 个字符对于标题而言足够了，其他选项不用管。Type 的可选值包括数值类 Numeric、日期时间类 Date and time、文本类 String、空间类 Spatial 四大类，以上使用的 VARCHAR 是一种长度可变的字符串，使用时需要设置最大长度。如果需要存储更长的文本，可以考虑 TEXT、MEDIUMTEXT、LONGTEXT 等。

同理，继续填写电影的链接字段，输入 url、VARCHAR 和 255；对于电影的简介字段，由于电影简介可能会很长，所以 Name 输入 summary，Type 选择 TEXT；至于电影的评分字段，由于评分可以是小数，所以 Name 输入 score，Type 选择 Numeric 类中的 FLOAT。如果需要继续增加字段，输入需要增加的列数并点击 Go，然后根据字段特征完善 Name、Type 和 Length/Values 即可。

字段信息全部填写完毕后，点击右下方的 Save，即可完成数据表的新建，左侧中会选中刚才新建的数据库和数据表，右侧中会出现新的菜单栏。点击 Browse，可以查看数据表内的数据记录，点击 Structure，可以查看数据表的结构，即各项字段的配置内容，点击 SQL，可以在当前数据表上执行 SQL 命令，点击 Insert，可以向当前数据表中插入数据记录，点击 Export 和 Import，可以分别导出和导入数据表，点击 Operations，可以进一步执行清空数据表和删除数据表等操作。

在如图 4-4 所示的 Structure 标签页中，可以查看数据表的结构，即各项字段的详细配置，并对某个字段执行修改 Change、删除 Drop 等操作。除此之外，还可以向数据表中添加若干列，以及查看数据表的空间存储情况。

如果在左侧点击某一数据库，则右侧的菜单栏相应地会变成数据库级别的操作，如查看数据库的结构，即各个数据表的基本信息，在当前数据库上执行 SQL 命令，导出和导入数据库，执行删除数据库等操作。

细心的话可以发现，每次在 phpMyAdmin 上执行相关操作之后，右侧菜单栏下都会出现相应的 SQL 命令，说明 phpMyAdmin 都是将我们的点击操作转换成了相应的 SQL 命令，然后交与 MySQL 执行。

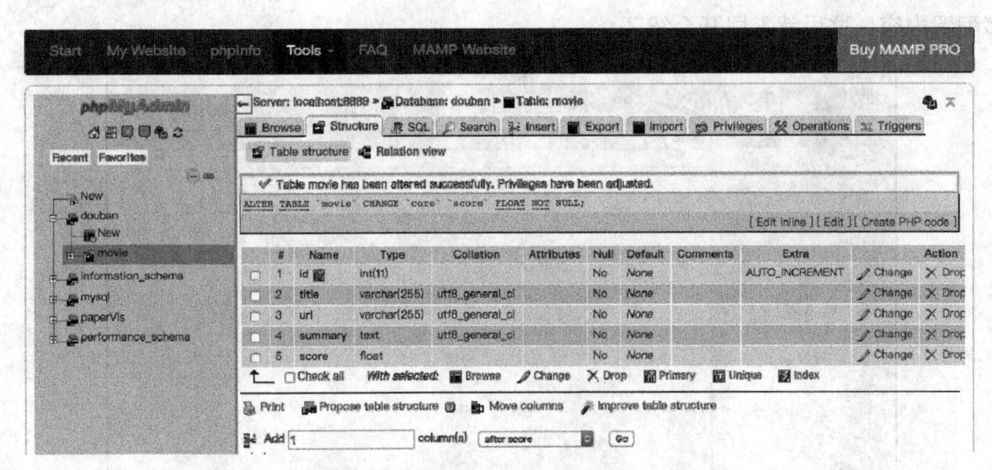

图 4-4　数据表 Structure 标签页

尝试向 movie 表中插入数据。在左侧中点击 douban 数据库中的 movie 表，选择右侧菜单栏中的 Insert，依次在 title、url、summary、score 的 Value 中填写对应的值，id 留空。如果需要同时插入两条数据，则取消勾选 ignore 并填写第二条数据的对应值。如果需要同时插入更多数据，则在底部的 Continue insertion with 后选择相应的行数，并依次填写相关数据。数据全部填写完毕后，点击页面下方的 Go，即可进行数据插入操作，在菜单栏下也可以看到对应的 INSERT 命令。之后再点击 Browse，即可查看刚插入的数据。

总而言之，phpMyAdmin 是一款简单轻量好用的 Web 工具，它提供的功能虽然有限，但都是管理 MySQL 所需的最为核心的功能，因此更容易上手，不会因为功能太多反而导致眼花缭乱。

4.2.4　本地软件

相对于 phpMyAdmin 等 Web 工具，本地数据管理软件连接更稳定、功能更强大。例如，Navicat Premium，Mac 版本的软件界面如图 4-5 所示。

Navicat 支持 MySQL、Oracle、PostgreSQL、SQLite、SQL Server、MariaDB 等多种数据库，在数据库和数据表之上还有数据连接（Connection）这一概念，因为 Navicat 可以记录并连接多个主机[10]上的数据库，而 phpMyAdmin 作为一种 Web 工具，仅能连接本地数据库。

让我们尝试新建一个连接。点击左上角的 Connection，选择 MySQL，在弹出的对话框中

10　多个主机，指既可以连接本地数据库，也可以连接云端服务器上的数据库

依次输入连接名称、主机地址、端口、用户名、密码等信息，其中基于 MAMP 安装的 MySQL 主机地址即为 localhost，点击 OK 即可新建一个连接。当然，新建连接时还可以涉及更多配置内容，这里就不展开介绍了。

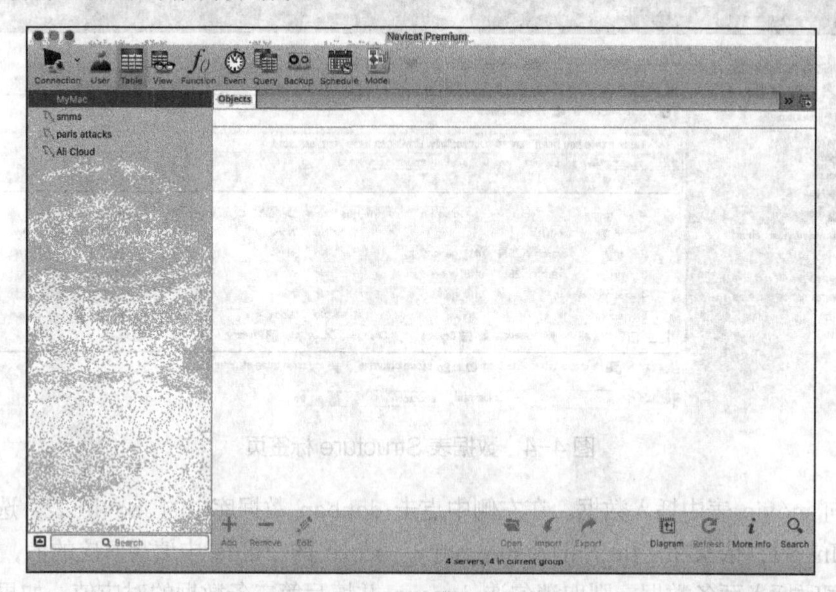

图 4-5　Navicat Premium 软件界面

新建连接后，在 Navicat 软件界面的左侧可以看到当前已存在的全部连接，双击连接名称，可以查看连接下存在的数据库，双击数据库名称，可以建立数据连接，并查看数据库下存在的数据表。在连接名、数据库名、数据表名上单击鼠标右键，都会出现一系列可执行的操作。例如，在数据库名和数据表名的右键菜单里，都有 ExecuteSQL File 和 Dump SQL File 两项，分别对应数据库级别和数据表级别的导入和导出操作。

总地来说，Navicat 功能更强大，使用门槛也更高，毕竟可点击的按钮、可配置的选项、可执行的操作都远远更多。笔者的个人习惯是，使用 phpMyAdmin 完成新建数据库、新建数据表、定义表字段等操作，因为 phpMyAdmin 简单轻量，但又足以完成这些任务；使用 Python 代码对数据表进行 CURD 操作，因为项目中涉及的数据记录可能非常多，所以用 Python 代码处理是最高效和灵活的选择；当需要导入导出大量数据，或者导入导出需要对涉及字段进行灵活配置时，使用 Navicat 完成复杂的导入导出任务。

所以，不妨首先在本机上编程并将数据库和数据表整理好，在本地 Web 环境上实现 Web 项目和数据库的交互，然后将数据库导出并导入云端服务器上的 MySQL，最后将 Web 项目也部署到服务器上，使得其他人可以通过互联网访问我们的 Web 项目，完成一次数据项目的开发。

至于如何使用 Python 来操作 MySQL 数据库，将在下一节中详细讲解。

4.3 使用 Python 操作数据库

使用 Python 操作 MySQL

我们已经熟悉了如何使用 Web 工具 phpMyAdmin 和本地软件 Navicat 操作 MySQL，下面了解如何使用 Python 操作 MySQL。

4.3.1 MySQLdb

MySQLdb 是 Python 中操作 MySQL 的功能包，在命令行中使用 pip 即可安装。

```
pip install mysql-python
```

如果可以在 Python 中 import 成功，则表示安装没有问题，否则还得继续深究。安装和配置等事情是一劳永逸的，纠结一次，受益终身，绝知此事须躬行。

```
import MySQLdb
```

4.3.2 建立连接

在 Sublime Text 中新建一个 Python 代码，首先需要 import 相关的包。

```
import MySQLdb
import MySQLdb.cursors
```

打开 MAMP 或者 WAMP 并启动 Web 服务，使 MySQL 数据库运行起来，可以访问 phpMyAdmin 管理页面以确认 MySQL 成功运行。然后，使用以下代码建立 MySQL 数据库连接，其中 host 为数据库的主机地址，可以使用 127.0.0.1 或者 localhost 表示本机，user 和 passwd 分别为数据库的用户名和密码，db 表示接下来要操作的数据库，port 和 charset 表示连接的端口和字符集。以上参数分别替换成实际值即可，这里使用之前在本机数据库中新建的 douban 数据库，得到的 cursor 变量可用于执行后续数据库操作。如果需要连接云端服务器的数据库，使用相应的配置参数即可。

```
db = MySQLdb.connect(host='127.0.0.1', user='root', passwd='root', db='douban',
port=8889, charset='utf8', cursorclass=MySQLdb.cursors.DictCursor)
db.autocommit(True)
cursor = db.cursor()
```

4.3.3 执行操作

和数据库相关的操作无非 CURD 四种，即 Create、Update、Read、Delete。要使用到的数据可以在之前提及的 Github 项目中找到，里面的 data 文件夹中除了上次使用的西游记小说外，还包括这次要用到的 douban_movie_clean.txt，其中包含一行表头，之后每一行都是一条电影数据，包括 id、title、url、cover、rate 等 15 个字段，字段之间以^分割，主要是为了避免中文内容里包括逗号导致冲突。

1. 插入数据

首先介绍如何向数据表中插入数据，以下代码读取 douban_movie_clean.txt 中的数据并逐条插入数据表中。需要注意的是，数据表的结构应当和需要插入的字段保持一致，即 movie 表应当中包含主键 id、标题 title、链接 url、评分 rate、时长 length、简介 description6 个字段。

```
# 读取数据
fr = open('douban_movie_clean.txt', 'r')

count = 0
for line in fr:
    count += 1
    # count 表示当前处理到第几行了
    print count
    # 跳过表头
    if count == 1:
        continue

    #  strip()函数可以去掉字符串两端的空白符
    #  split()函数按照给定的分割符将字符串分割为列表
    line = line.strip().split('^')
    #  插入数据，注意对齐字段
    #  execute()函数第一个参数为要执行的 SQL 命令
    #  这里用字符串格式化的方法生成一个模板
    #  %s 表示一个占位符
    #  第二个参数为需要格式化的参数，传入模板中
    cursor.execute("insert into movie(title, url, rate, length, description)
values(%s, %s, %s, %s, %s)", [line[1], line[2], line[4], line[-3], line[-1]])
```

```
# 关闭读文件
fr.close()
```

运行以上代码之后，在 phpMyAdmin 中选择 douban 数据库中的 movie 表，在 Browse 标签页下可以看到成功插入的数据。点击 SQL 标签，输入 Select count(*) from movie 并点击 Go 执行 SQL 命令，可以统计数据表中一共有多少条数据记录。

2. 更新数据

SQL 命令可以根据给定的条件，更新满足条件的记录，如改变记录中的某些字段。既然每条数据都有唯一的主键 id，不妨将 id 作为条件进行更新。当然也可以做一些更有意义的更新，例如，添加一个“电影时长分类”字段，然后对于每条记录，如果时长大于 100，则“电影时长分类”更新为“长电影”，否则更新为“短电影”。

```
# 更新需要提供条件、需要更新的字段、更新的新值
# 以下对于 id 为 1 的记录，将其 title 和 length 两个字段进行更新
cursor.execute("update movie set title=%s, length=%s where id=%s", ['全栈数据 工程师养成攻略', 999, 1])
```

运行以上代码之后，在 phpMyAdmin 中的 Browse 标签页下可以看到，id 为 1 的记录的相应字段确实已经得到了更新。

3. 读取数据

读取操作一方面是取出已有的数据进行加工和计算得到新的结果并再次存储，另一方面是在 Web 项目中从后端取出数据传递到前端进行展示[11]。读取数据时可以仅读取一条，也可以选择多条；可以读取全部字段，也可以选择部分字段；还可以按某个字段进行排序，使得读取多条数据时的结果有序排列。

```
# 读取全部数据的全部字段
cursor.execute("select * from movie") movies = cursor.fetchall()
# 返回元组，每一项都是一个字典
# 对应一条记录的全部字段和字段值
print type(movies), len(movies), movies[0]

# 读取一条数据的部分字段
# 返回一个字段，对应所选择的部分字段和字段值
cursor.execute("select id, title, url from movie")
```

11 前端即网站和 App 等产品中用户可见的部分，后端即用户不可见的部分

```
movie = cursor.fetchone()
print type(movie), len(movie), movie
# 读取一条数据的部分字段
# 按 id 降序排序，默认为升序
cursor.execute("select id, title, url from movie order by id desc")
movie = cursor.fetchone()
print type(movie), len(movie), movie
```

4. 删除数据

删除数据是不可恢复的，所以务必谨慎操作，并一定要提供删除条件，使得只有满足删除条件的记录，才会被删除。

```
# 删除数据务必提供删除条件
# 此处删除 id 为 1 的记录
cursor.execute("delete from movie where id=%s", [1])
```

4.3.4 关闭连接

使用 Python 操作完数据库之后，别忘记了关闭数据库连接。

```
# 关闭数据库连接
cursor.close()
db.close()
```

完整代码可以参考 codes 文件夹中的 11_manage_mysql_with_python.py。

4.3.5 扩展内容

我们会发现在使用 Python 操作数据库时，主要是使用 execute()函数并传入 SQL 命令。以上介绍的都是最基础的 CURD 操作，其实 SQL 命令可以融合非常多的功能并写得更为复杂。

以下链接提供了一份更加完整的 SQL 教程（http://www.runoob.com/sql/sql-tutorial.html），系统地讲解了 SQL 中其他常用的高级语法。推荐完整学习一遍，这样才能在用 Python 操作数据库时，更加得心应手地写出满足需求的 SQL 命令。

第 5 章 静态可视化

5.1 在 R 中进行可视化

我们已经具备了一定的代码基础，现在不妨来了解下数据可视化，从生动的图形中更好地感受数据之美。R 是一门统计分析语言，和 Python 一样，语法简单并且有非常丰富的功能包，其中的 ggplot2 包可以用简洁的语法绘制出美观多样的图形。

ggplot2 在 R 中进行可视化

5.1.1 下载和安装

如果没有安装 R 的话，需要下载并安装，在 R 的官网中找到下载链接，选择最近的镜像地址（https://www.r-project.org/）下载即可。安装完毕后即可运行 R，软件界面如图 5-1 所示，界面比较简单，提供的用户图形化接口十分有限。

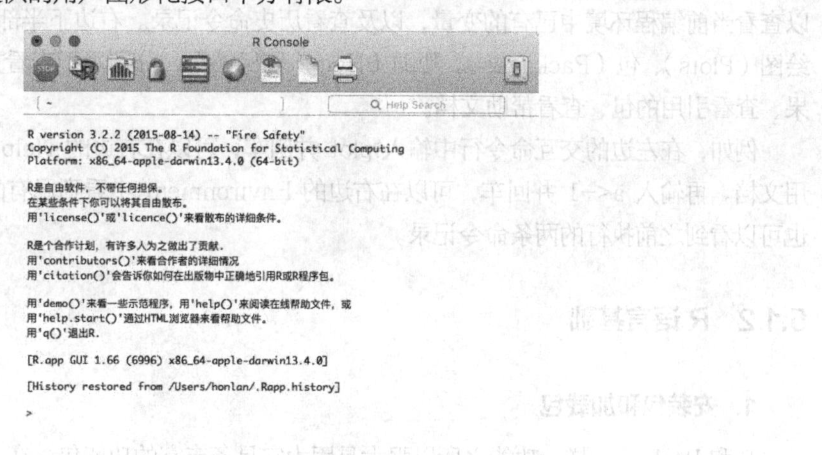

图 5-1 R语言软件界面

因此推荐再安装一个名为 RStudio 的软件，它基于 R 的内核提供了更丰富的用户图形化操作界面，使用起来更方便，用户体验更好。可以在 RStudio 的官网找到下载链接（https://www.rstudio.com/），下载并安装 RStudio。安装完毕后运行 RStudio，软件界面如图 5-2 所示。

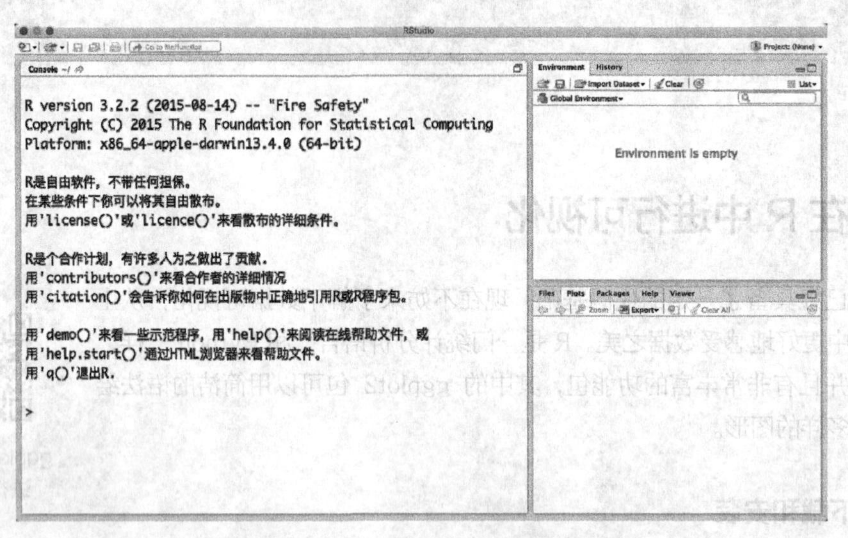

图 5-2 RStudio 软件界面

左上角的两个按钮分别用于新建各种文件和打开已有文件，左边是一个交互命令行，可以交互式地执行代码。右边上半部分是环境窗口（Environment）和历史窗口（History），分别可以查看当前编程环境中已有的变量，以及查看历史命令记录。右边下半部分包括文件（Files）、绘图（Plots）、包（Packages）、帮助（Help）等标签页，分别用于查看文件目录、查看绘图结果、查看引用的包、查看帮助文档。

例如，在左边的交互命令行中输入?plot 并回车，可以在右边的 Help 中查看 plot 函数的使用文档。再输入 a<-1 并回车，可以在右边的 Environment 中看到已有的变量，在 History 中也可以看到之前执行的两条命令记录。

5.1.2 R 语言基础

1. 安装包和加载包

R 和 Python 一样，功能之所以强大是因为它具备丰富的功能包。在 R 中使用以下命令即可安装一个新的包，如 ggplot2，包的名字需要用引号括起来。

```
install.packages("ggplot2")
```

功能包安装完毕之后，可以加载并使用其提供的数据集、函数和功能，使用以下命令加载一个功能包，包的名字不需要用引号括起来。

```
library(ggplot2)
```

2. 数据结构

R 中的数据结构主要有向量、矩阵、数组、数据框、因子和列表。

向量是用于存储数值型、字符型或逻辑型数据的一维数组，单个向量中的数据必须拥有相同的类型或模式，即要么都是数值型，要么都是字符型，要么都是逻辑型。可以发现，R 中的赋值使用箭头符号<-，而不是其他语言常用的=。

```
# 数值型
a <- c(1, 2, 5, 3, 6, -2, 4)
# 字符型
b <- c("one", "two", "three")
# 逻辑型
c <- c(TRUE, TRUE, TRUE, FALSE, TRUE, FALSE)
```

用方括号可以访问向量中的元素，例如，访问向量 a 中的第二个和第四个元素，可以用 a[c(2, 4)]。向量也支持支持冒号语法，例如，a[2:6]将返回 a 的第二至第六个元素。所以向量的用法和 Python 中的列表有相似又不同，Python 中列表的下标从 0 开始，而且冒号语法只包括开始下标但不包括结束下标。另外 Python 中的负号下标表示从后往前数，而向量中的负号表示排除。例如，a[-1]返回向量 a 中除了第一个以外的其他全部元素。

矩阵是一个二维数组，每个元素都拥有相同的类型，必须都为数值型、字符型或逻辑型，可通过函数 matrix()创建矩阵。

```
mymatrix  <-  matrix(vector,  nrow=number_of_rows,  ncol=number_of_columns,
byrow=FALSE, dimnames=list(rownames, colnames))
```

其中 vector 向量包含了全部矩阵元素，nrow 和 ncol 为行数和列数，byrow 默认为 FALSE，表示按列填充，否则为 TRUE，表示按行填充，dimnames 为行名和列名。使用时，只有前三个参数是必须的。

```
y <- matrix(1:20, nrow=5, ncol=4)
cell <- c(1, 26, 24, 68)
rnames <- c("R1", "R2")
cnames <- c("C1", "C2")
mymatrix <- matrix(cell, nrow=2, ncol=2, byrow=TRUE, dimnames=list(rnames,
```

```
cnames))
mymatrix <- matrix(cell, nrow=2, ncol=2, byrow=FALSE, dimnames=list(rnames,
cnames))
```

x[i,]表示矩阵 x 中的第 i 行，x[,j]表示矩阵 x 中的第 j 列，x[i,j]表示矩阵 x 中的第 i 行第 j 个元素，或者使用数值型向量代替 i、j，以同时选择多行或多列。

数组和矩阵类似，但是维度可以大于 2，通过 array()函数创建。

```
myarray <- array(vector, dimensions, dimnames)
```

其中 vector 包含数组中的数据，dimensions 是一个数值型向量，给出了各个维度下标的最大值，dimnames 可选，以向量形式指定各个维度的名称。

```
dim1 <- c("A1", "A2")
dim2 <- c("B1", "B2", "B3")
dim3 <- c("C1", "C2", "C3", "C4")
z <- array(1:24, c(2, 3, 4), dimnames=list(dim1, dim2, dim3))
```

数据框可以理解成数据库中的表，即每一行表示一条记录，每一列表示一项字段。不同列可以包含不同类型。例如，某一列为数值型而另一列为字符型，但每列中所有行的数据类型必须相同。数据框通过 data.frame()创建，是 R 中最为重要的一种数据结构。

```
patientID <- c(1, 2, 3, 4)
age <- c(25, 34, 28, 52)
diabetes <- c("Type1", "Type2", "Type1", "Type1")
status <- c("Poor", "Improved", "Excellent", "Poor")
patientdata <- data.frame(patientID, age, diabetes, status)
```

访问数据框中的数据可以通过以下 3 种方式。

```
# 访问第一列和第二列
patientdata[1:2]
# 按列名访问，使用方括号和向量
patientdata[c("diabetes","status")]
# 按列名访问，使用$
patientdata$age
```

无序类别型变量和有序类别型变量在 R 中都称为因子。简单来说，因子就是一种离散值，例如，性别只能是 male 和 female，对应两个字符型因子，或者分别用 0 和 1 来表示，对应两个数值型因子。如果因子的不同水平之间存在排序关系，则称为有序因子。以下代码中，diabetes 对于不同的人只能取 Type1 或 Type2，因此是一个因子。

```
diabetes <- factor(c("Type1", "Type2", "Type1", "Type1"))
```

以下代码中，status 对于不同的人只能取 Poor、Improved 或 Excellent，同时三者之间存在排序关系，因此使用 orderded=TRUE 指定为一个有序因子。

```
status <- factor(c("Poor", "Improved", "Excellent", "Poor"), ordered=TRUE)
# 或者手动指定排序的顺序
status <- factor(c("Poor", "Improved", "Excellent", "Poor"), ordered=TRUE,
levels=c("Poor", "Improved", "Excellent"))
```

列表和向量一样，同样是多个元素的排列，但每个元素可以是以上提及的任何数据结构，甚至是其他列表的组合，即嵌套列表。使用 list()定义一个列表，并可以为各个元素命名。

```
g <- "My First List"
h <- c(25, 26, 18, 39)
j <- matrix(1:10, nrow=5)
k <- c("one", "two", "three")
mylist <- list(title=g, ages=h, j, k)
mylist
```

可以看到 mylist 包括 4 个元素，使用 mylist[[2]]、mylist$age 或者 mylist[["ages"]]都可以访问其中的第二个元素。

最后需要注意的是，R 中的变量名、行名、列名等名称，都尽量使用纯英文，避免使用中文导致错误。

3. 数据集

R 中提供了很多数据集，安装包也会提供一些额外的数据集，这些数据集大多以数据框的形式给出。例如，mtcars 数据集提供了 32 款车型的 11 项参数值，所有参数值都为数值型。

```
head(mtcars)
nrow(mtcars)
names(mtcars)
summary(mtcars)
```

另外，也可以从 csv、txt 等文件中读取数据为数据框，使用 data.table 包的 fread()函数读取数据，如之前提供的 douban_movie_clean.txt。读取之前需要在 Files 标签页中找到数据文件，然后点击齿轮中的 Set As Working Directory，将当前目录设为工作路径，如图 5-3 所示。

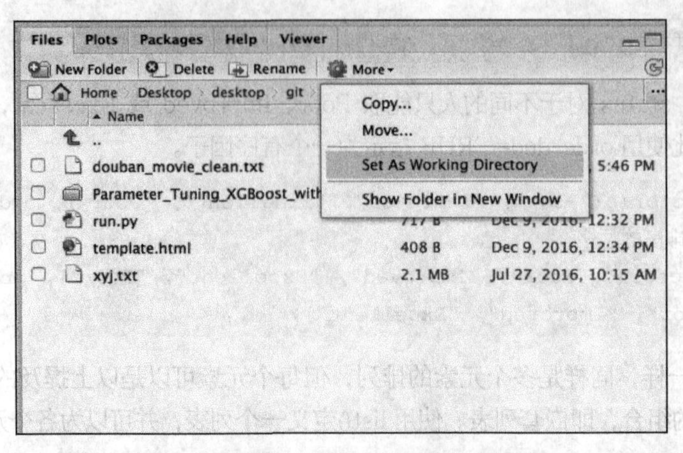

图 5-3　选择文件目录并设置当前工作路径

```
#没有包则安装
#install.packages("data.table")
library(data.table)
douban_movie_clean <- fread("douban_movie_clean.txt", header=TRUE,sep="^",
encoding="UTF-8")
```

4. R 语言脚本

除了在交互命令行中编写 R 代码，一种更方便的选择是使用 R 脚本，就如同新建一个.py 代码，在 SublimeText 中编辑完毕后再运行一样。单击左上角的新建文件按钮，选择 R Script，在新建的 R 脚本中可以自由地编写多行代码。编写完毕后，选中全部或者部分代码，单击 R 脚本右上方的 Run 按钮，即可运行选中的代码，如图 5-4 所示。

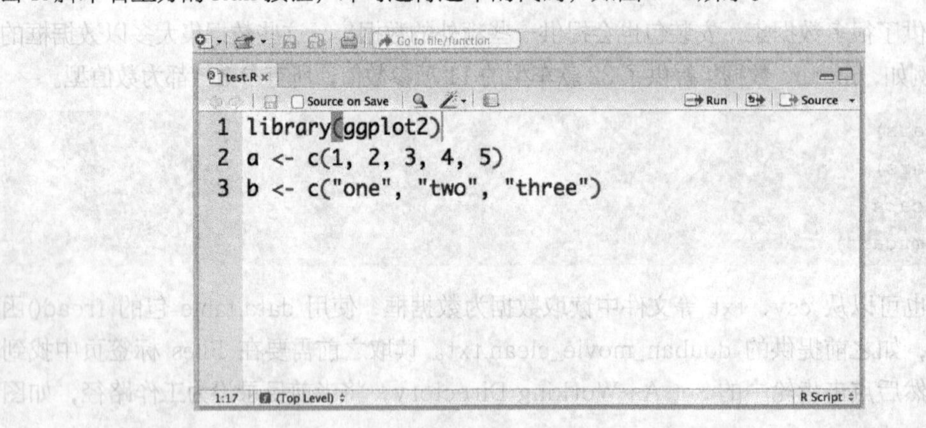

图 5-4　新建R语言脚本并在其中编写代码

5.1.3 ggplot2

ggplot2 是 R 中的一个功能包，可以用简洁统一的语法绘制出美观多样的图形。安装好 ggplot2 之后，通过一个简单的例子感受 ggplot2 的魅力。

```
# 如果没有则安装
# install.packages("ggplot2")
# 加载包
library(ggplot2)
ggplot(douban_movie_clean) + geom_histogram(aes(x=length))
```

以上代码对豆瓣电影数据集的片长这一字段绘制直方图，横轴为电影片长，纵轴为每个片长区间的电影数量。绘图结果将显示在 Plots 标签页中，可以点击 Zoom 按钮放大图像，可以发现大多数电影的片长集中在 90～120 分钟之间。

5.1.4 R 语言学习笔记

如果对 R 感兴趣、希望进一步了解更多内容，可以访问笔者的博客（http://zhanghonglun.cn/blog/tag/r/），以上链接以 r 为标签搜索相关文章，搜索结果中会有一个《R 学习笔记》系列，共 14 篇文章，可作为进一步学习 R 的参考资料。

5.2 掌握 ggplot2 数据可视化

ggplot2 基本语法和基础图形

上一节掌握了 R 的使用并安装了 ggplot2，这一节介绍 ggplot2 的基本语法以及一些常见图形的绘制方法。

5.2.1 图形种类

数据可视化使用形状、色彩、大小、透明度等视觉元素来表达数据，从而实现更直观生动的展示效果。常见的图形包括散点图、折线图、条形图、直方图、箱线图、密度图等，它们都反映了两个变量之间的关系，但表现的角度和场景都有所不同。

- 散点图反映两个连续变量之间的关系，如一群人的身高和体重。
- 折线图反映一个连续变量随另一个连续变量的变化关系，如一只股票的股价随时间的波动情况。

- 条形图反映一个连续变量在另一个离散变量不同水平下的值，如不同年龄层的平均收入。
- 直方图反映一个连续变量在另一个连续变量不同区间范围下的值，如一群人中身高处于各个区间段的人数。
- 箱线图反映一个连续变量在另一个离散变量不同水平下的分布，如不同学历人群的收入分布。
- 密度图反映一个连续变量在另一个连续变量不同取值下的概率密度，如不同收入人群对应的密度。

总地来说，需要结合实际应用问题，弄清楚图形的 x 轴和 y 轴分别表示的含义，以及 x 轴和 y 轴之间的关系，才能选出最适合表达的图形。

除了图形种类之外，图形使用的形状、颜色、填充色等元素也可以有丰富的选择。设计完以上内容后，还需要为图形添加合适的坐标轴标签、标题、图例等元素，只有恰当地结合好各方面内容，并且合理地表现出数据蕴含的结论，才能最终称作一次成功的数据可视化。

5.2.2 基本语法

虽然 Python 中也有 Matplotlib 和 Seaborn 等绘图工具包，但要么绘图效果不够美观，要么语法不够简洁统一，或者绘图定制的灵活度不高。相比之下，ggplot2 语法简单、格式一致，绘图样式多样可定制，并且绘图效果美观清爽。

使用 ggplot2 绘图遵循以下代码格式，其中 data 表示将要绘制图形的数据框，geom_type()表示将要绘制的图形种类，type 可以是 point、bar、line、boxplot、histogram 等，分别表示散点图、条形图、折线图、箱线图、直方图等。另外，需要在 ggplot()或 geom_type()中完成绘图元素的映射 aes()，即将数据框的列和 x 轴、y 轴、大小、颜色等元素对应起来。

```
ggplot(data) + geom_type()
```

以下代码同时使用了散点图和拟合线，即 ggplot2 遵循图层的概念，可以叠加任意数量的图层，从而基于一个或多个数据框绘制多种图形。aes()如果提供在 ggplot()中，则默认对后续全部图层生效，可以理解为全局配置；如果提供在 geom_type()函数中，则仅对该图层生效，可以理解为局部配置。

```
# 为了使用 heightweight 数据集而加载包
library(gcookbook)
ggplot(heightweight,aes(x=ageYear, y=heightIn, color=sex)) + geom_point()
+geom_smooth()
```

5.2.3 条形图

使用 geom_bar()绘制条形图，这里以 BOD 和 cabbage_exp 两个数据集为例。

BOD 只有两列 Time 和 demand，一共 6 行数据。以下代码将 Time 映射到 x 轴，将 demand 映射到 y 轴，以条形图展示不同 Time 对应的 demand 值。stat='identity'表示 y 轴使用变量的实际值而不是频数，因为条形图的另一种使用场景是展示不同类别记录的数量，即类别值的出现频数。例如，x 轴表示男和女，y 轴表示相应性别的人群数量。

```
ggplot(BOD) + geom_bar(aes(x=Time, y=demand), stat='identity')
```

我们会发现绘图结果中 x=6 处存在一处空缺，因为 ggplot2 将 Time 这一列当作数值型来处理，因此缺少了 Time 为 6 的记录。在绘图时，将 Time 这一列转化为因子类型，即可解决条形图空缺问题。

```
ggplot(BOD) + geom_bar(aes(x=factor(Time), y=demand), stat='identity')
```

cabbage_exp 是 gcookbook 包提供的一个数据集，一共 6 行 6 列，可以在 R 中直接输入数据集的名称查看其内容。以下代码用条形图展示了 cabbage_exp 中，Cultivar 取不同值对应的记录频数。这种情况下仅需指定 x 轴映射，无需提供 y 轴和 stat='identity'。

```
ggplot(cabbage_exp) + geom_bar(aes(x=Cultivar))
```

再来一个例子，x 轴为 Cultivar，y 轴为 Weight，并且将 Date 映射到填充色上。

```
ggplot(cabbage_exp) + geom_bar(aes(x=Cultivar, y=Weight, fill=Date), stat=
"identity")
```

使用 position 参数可以绘制分组条形图。

```
ggplot(cabbage_exp) + geom_bar(aes(x=Cultivar, y=Weight, fill=Date), stat=
"identity",position="dodge")
```

5.2.4 折线图

有了条形图的基础，后续的图形理解起来也就更快了，以下代码使用 BOD 数据集绘制折线图。

```
ggplot(BOD) + geom_line(aes(x=Time, y=demand))
# 同时绘制折线图和散点图
# 将 aes()写在 ggplot()里面，对后续全部图层都生效
```

```
ggplot(BOD, aes(x=Time, y=demand)) + geom_line() + geom_point()
```

以下代码使用 uspopage 数据集绘制折线图，有 Year、AgeGroup、Thousands 三列，一共 824 行数据，因此反映的是每年不同年龄层的人口数量。

```
# 用 line 的 color 表示不同年龄层
ggplot(uspopage) + geom_line(aes(x=Year, y=Thousands, color=AgeGroup))
# 再来试试区域图，用 area 的 fill 表示不同年龄层
ggplot(uspopage) + geom_area(aes(x=Year, y=Thousands, fill=AgeGroup))
```

5.2.5 描述数据分布

可以使用直方图、密度图、箱线图等来描述数据分布，这些图中主要包含一些经过统计和计算之后的数据，而不像条形图、折线图、散点图一样仅使用原始数据。

使用 geom_histogram()、geom_density()、geom_boxplot()即可分别绘制直方图、密度图和箱线图，具体使用方法参见下一节中的实战项目。

5.2.6 分面

使用 ggplot2 绘图时，可以将数据框的列映射到 shape、color、size、fill 等绘图元素上，从而同时展示包括 *x* 轴、*y* 轴在内的多个变量之间的关系。除此之外，也可以使用分面实现一图多画，例如，对 gender 为 male 和 female 的情况分别画一张图，甚至是对多个类别型变量的全部组合情况分别作图。

使用 facet_wrap()实现分面，这里给出一个简单的例子，将之前映射到填充色的 AgeGroup 作为分面变量，从而画出 AgeGroup 取不同水平时对应的区域图。

```
ggplot(uspopage) + geom_area(aes(x=Year, y=Thousands)) + facet_wrap(~AgeGroup)
```

5.2.7 R 语言数据可视化

以上介绍了 ggplot2 的基本语法和几种常见的基础图形，以及如何将数据框的列映射到图形的 *x* 轴、*y* 轴、大小、颜色、填充色等绘图元素上。关于 ggplot2 的更多内容可以参考笔者的博客（http://zhanghonglun.cn/blog/tag/r/），以上链接以 r 为标签搜索相关文章，搜索结果中会有一个“R 数据可视化”系列，共 11 篇文章，可作为进一步学习 ggplot2 的参考资料。

5.3 实战：Diamonds 数据集探索

实战 Diamonds 数据集探索

我们已经掌握了 ggplot2 的基本语法，接下来以 Diamonds 数据集为例，结合多种图形进行实战和巩固。

5.3.1 查看数据

新建一个 R 脚本，加载 ggplot2 并查看 diamonds 数据集，diamonds 数据框包含 53 940 行，有 carat、cut、color、clarity、depth、table、price、*x*、*y*、*z* 共 10 列，对应每个钻石的一些参数值。

```
# 加载包和数据集
library(ggplot2)
library(gcookbook)
diamonds
```

因为数据记录太多不便于展示，所以不妨先截取原始数据的一个子集。使用 sample()函数从总行数中随机采样出 1 000 个数，然后作为行索引从原始数据框中截取出采样的行。

```
# 截取子集
set.seed(123)
# 从全部行中采样出 1000 行
diamonds <- diamonds[sample(nrow(diamonds), 1000),]
```

可以用 summary()和 str()函数查看数据框的一些概要信息。前者根据每列的数据类型，如果为数值型，则给出最大值、最小值、均值等统计值，如果为类别型，则给出各个水平的频数；后者给出每列的数据类型以及一些样本值。

```
# 查看数据框的一些概要信息
summary(diamonds)
str(diamonds)
```

可以使用 head()和 tail()函数查看数据框的前几行或最后几行。

```
# 查看数据框的前几行或最后几行
head(diamonds)
tail(diamonds)
```

5.3.2 价格和克拉

我们知道，钻石越大，价格自然越贵，所以首先来看看价格和克拉之间存在怎样的关系，结果如图 5-5 所示。

```
# 价格和克拉的关系
ggplot(diamonds) + geom_point(aes(x=carat, y=price))
# 加入 color 和 cut 的影响
ggplot(diamonds) + geom_point(aes(x=carat, y=price, color=color, shape=cut))
```

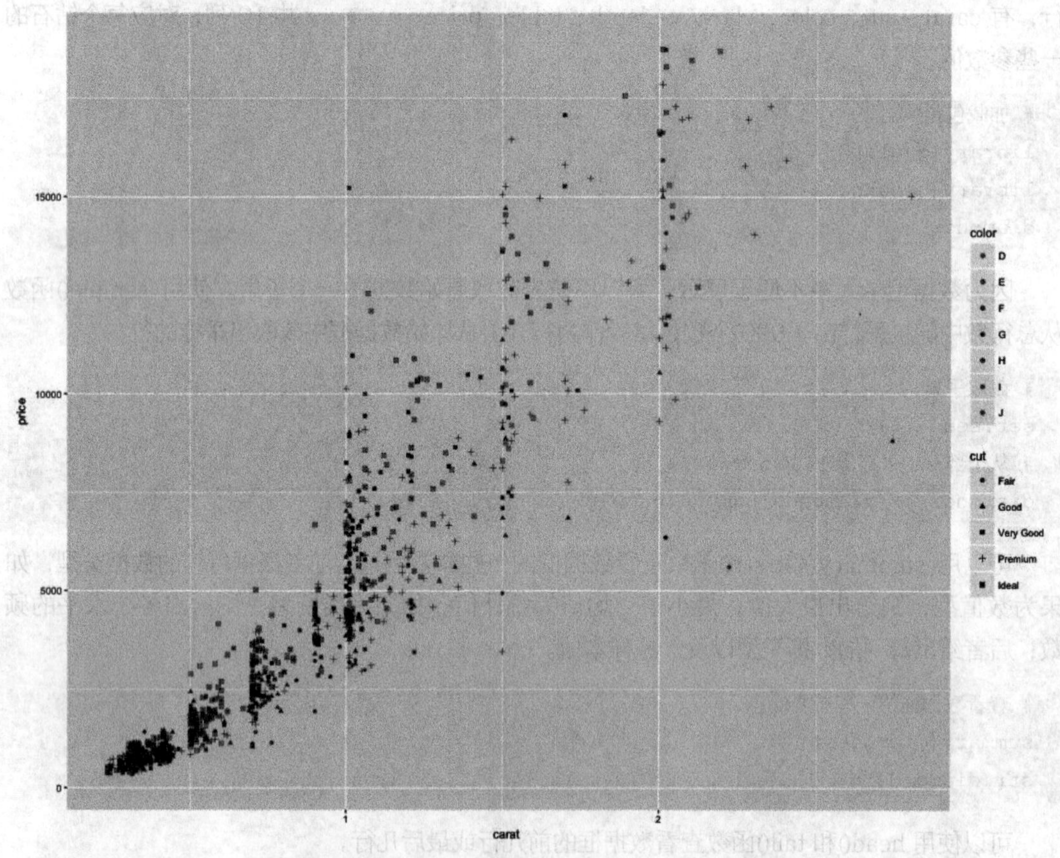

图 5-5 钻石价格和克拉、色泽、切工的关系

5.3.3 价格分布

再来看看钻石的价格分布情况，由于价格为连续型变量，所以用直方图绘制。将 price 映射

到 x 轴，ggplot2 会自动划分若干区间并统计每个价格区间内的记录数量，因此可以将直方图理解为 x 轴为连续变量的条形图。

```
# 价格分布
ggplot(diamonds) + geom_histogram(aes(x=price))
# 加入 cut 的影响
ggplot(diamonds) + geom_histogram(aes(x=price, fill=cut))
# 分组直方图
ggplot(diamonds) + geom_histogram(aes(x=price, fill=cut), position="dodge")
# 百分比直方图
ggplot(diamonds) + geom_histogram(aes(x=price, fill=cut), position="fill")
```

5.3.4 纯净度分布

因为钻石的纯净度 clarity 为类别型变量，所以使用条形图绘制其分布。将 clarity 映射到 x 轴即可，y 轴为每个水平下的记录数量。

```
# 纯净度分布
ggplot(diamonds) + geom_bar(aes(x=clarity))
# 加入 color 的影响
ggplot(diamonds) + geom_bar(aes(x=clarity, fill=color))
```

5.3.5 价格概率分布

使用密度图即可展示连续型变量的概率分布，即某一价格钻石出现的概率。在密度图中，整个概率密度曲线下方区域的面积积分等于 1。细心的话可以发现，当直方图的区间无穷小，即区间数量无穷大时，所得的轮廓形状和密度图是相同的。

```
# 价格的概率分布
ggplot(diamonds) + geom_density(aes(x=price))
# 加入 cut 的影响
ggplot(diamonds) + geom_density(aes(x=price, color=cut))
# 加入 color 的影响
ggplot(diamonds) + geom_density(aes(x=price, color=color))
```

5.3.6 不同切工下的价格分布

我们希望了解不同切工下，钻石价格的分布情况，可以使用箱线图实现。cut 是一个类别值，映射到 *x* 轴；price 是一个连续值，映射到 *y* 轴。箱线图的“箱”展示了分布的上分位数、平均值和下分位数，“线”展示了分布的最大值和最小值。

```
# 不同切工下价格的分布
ggplot(diamonds) + geom_boxplot(aes(x=cut, y=price))
# 加入 color 的影响
ggplot(diamonds) + geom_boxplot(aes(x=cut, y=price, fill=color))
```

5.3.7 坐标变换

ggplot2 可以对坐标轴进行丰富的坐标轴变换，使得 *x* 轴变量和 *y* 轴变量之间的关系更直观。例如，对以下散点图中的 price 取对数，只需要加上 scale_y_log10()即可。

```
# 坐标变换
ggplot(diamonds)+geom_point(aes(x=carat, y=price, color=color, shape=cut))
+ scale_y_log10()
```

5.3.8 标题和坐标轴标签

最后，给画好的图加上标题和坐标轴标签，同样直接加上 labs()即可，并使用 theme()指定所用字体，使得中文能够正常显示。

```
# 加上标题和坐标轴标签
ggplot(diamonds) + geom_point(aes(x=carat, y=price, color=color, shape=cut)) +
scale_y_log10() + labs(x='克拉', y='价格', title='克拉和价格之间的关系') +
theme(text=element_text(family='Microsoft YaHei'))
```

使用 theme()可以对绘图中的各处细节进行非常精细的控制和调整，对于任何不满意的地方都可以微调，详细使用方法可以参考?theme。

完整代码可以参考 codes 文件夹中的 14_explore_diamonds.R。

第 6 章

自然语言理解

6.1 走近自然语言理解

文本是一种极其重要的数据类型，下面介绍文本数据中有哪些研究问题和挖掘价值。

走近自然语言处理

6.1.1 概念

在处理数据时经常会接触到文本，如电影简介、新闻报道等，以及互联网上每天大量积累的用户产生内容（User Generated Content），如新浪微博、用户评论等，因此文本是一种十分常见和重要的数据类型。这些文本大多以自然语言的形式存在，即通过人类语言组织和产生，广泛应用于我们的日常对话、办公写作、阅读浏览等行为中。自然语言处理（Natural Language Processing）希望让机器能够像人一样去理解以人类自然语言为载体的文本所包含的信息，并完成一些语言领域的特定任务。

6.1.2 内容

语言是人类智慧长期沉淀的成果，对于看似简单的文本，从词汇级别、语法级别、语义级别、应用级别等不同角度出发，都包含大量研究问题和工作内容。

中文 NLP 中最基础的一块内容便是中文分词。英文等外文语言的单词之间以空格分开，因此显式提供了词和词之间的边界。而中文仅使用标点符号进行断句，字和字之间彼此相连，例如“上海自来水来自海上”。虽然类似 N-grams 等语言模型并不需要进行中文分词，但毕竟中文的基本语义单元是词而不是字，所以在大多数应用场景下，为了正确理解一句话包含的语义，进行准确的中文分词仍是必不可少的预处理步骤。

词性标注是指在中文分词的基础上，结合上下文对分好的每个词标注最合适的词性。常见的词性有名词、动词、形容词、副词等，同一词语在不同的语境下可以表现为不同的词性，进而在语句中充当不同的语义角色。因此，词性标注主要是依据词本身的词性分布，以及上下文的实际语境来判断的。

命名实体识别是指识别出语句中的人名、地名、机构名、数字、日期、货币、地址等以名称为标识的实体，大多属于实词。而关系抽取则是指完成命名实体识别之后，抽取实体之间存在的关系。例如，“乔布斯出任苹果公司 CEO”，其中乔布斯和苹果公司分别属于人名和机构名，而 CEO 则是两个命名实体之间的关系。

关键词提取是指从大量文本中提取出最为核心、最具有代表性的关键词。常用的实现算法有 TF-IDF 和 TextRank 两种，在提取之前需要对给定文本进行中文分词并移除停用词，即例如，“你”“我”“着”“了”等十分常用但不包含具体语义的词。TF-IDF 选出那些一般并不常用（Inverse Document Frequency 低），但是在给定文本中频繁出现（Term Frequency 高）的词作为关键词；而 TextRank 则基于词之间的上下文关系构建共现网络，将处于网络核心位置的词作为关键词。

信息抽取是从非结构化文本中抽取出有意义或者感兴趣的字段。例如，对于一篇法律判决文书，从中提取出原告、被告、案件类型、判决结果等信息字段，从而将非结构化文本转化为结构化数据，便于信息管理和数据分析。目前大多数信息抽取都是通过人工制定规则，使用整理好的模式去目标文本中匹配出相应的字段，或者使用半监督学习，结合人工标注样本和机器学习模型，在不断的迭代和反馈中提高信息抽取的准确率。

依存分析主要包括句法依存分析和语义依存分析，其过程都是将原始语句解析为依存树，树中的每个节点都代表一个词，节点之间的连接则反应了词之间的句法关系或语义关系。通过依存分析，原本以顺序排列的词语之间产生了更加复杂和层次化的关系，便于机器更好地理解语句的语法和语义，从而能够为后续自然语言处理任务带来帮助。

词嵌入（Word Embedding）是指将词映射成低维（Low-dimension）、实值（Real-value）、稠密（Dense）的词向量，从而赋予词语更加丰富的语义涵义，同时更加适合作为机器学习等模型的输入。词嵌入的概念非常有用，在自然语言处理任务中应用也十分广泛，下一节中将详细讨论并实现。

6.1.3 应用

如果以上内容是从理论角度出发探讨 NLP 涉及的内容，那么从实际应用角度出发，NLP 又可以用来实现哪些任务呢？

篇章理解是指对于给定的文章集合，通过处理后能够把握文章的主要内容并完成一些分类任务，如对文章进行主题分类。篇章理解的实现大多基于有监督学习，即提供标注好的训练集和待测试的测试集[12]，基于训练集得到一个能够准确提取信息、全面把握内容的分类模型，从而应用于测试集的分类任务。

文本摘要是指对于给定的大量文本，提取出核心思想和主要内容，快速生成篇幅更小、便于阅读和理解的摘要。文本摘要主要分为提取式和生成式两种，前者从原始文本中直接提取出已有的代表性语句，经过处理和组合后输出为摘要，后者在理解和融合原始文本的基础上，自动生成原始文本中没有的语句并组合为摘要。相较而言，生成式比抽取式更加困难，而人类的习惯也是先阅读并理解，选出重要的语句，再用自己的语言进行复述、总结和融合。

情感分析是指根据语句中蕴含的情感成分判断整个语句表达的情感倾向，例如，判断用户评论是否为积极或消极。情感分析的实现可以是简单地使用一些情感词典，对语句中出现的情感词进行加权组合，从而输出整个语句的情感得分，也可以使用有监督学习，基于人工标注数据训练情感分类或回归模型。

知识图谱是一种表示知识的方法，使用节点表示实体，使用有向边表示实体之间的关系，实体和边都可以具备丰富的属性，从而将海量知识表示成一个庞大的网络。知识图谱模拟了人脑管理和检索知识的过程，当我们看到乔布斯和苹果公司这两个实体时，会很自然地联想两者之间的关系。如果能够将某一领域涉及的知识都以知识图谱的形式进行整理和组织，那么对于领域知识的管理、推理和检索等都能起到很大的便利。

文本翻译是一项十分常用的 NLP 应用，大家都或多或少使用过 Google 翻译等工具将文本从一种语言翻译成另一种语言。从本质上来看，文本翻译是一种序列到序列（Sequence to Sequence）的映射，其实现大多是基于人工标注数据集，即大量源语言文本以及对应的目标语言文本，使用循环神经网络等深度学习网络[13]训练映射模型。当然，不能简单地将源语言文本中的每个字翻译成目标语言并直接拼接，而是需要结合两种语言的语法特点以及具体的上下文语境进行调整，而这也正是文本翻译面临的最大困难和挑战。

问答系统是对传统搜索引擎的一种改进。传统搜索引擎接受用户的关键词作为输入，以列表形式输出按相关性递减排序的搜索结果，用户仍然需要依次浏览，直到找到最符合自己要求的内容。问答系统则直接根据用户问题返回最准确的答案，其实现涉及 NLP 的诸多领域，例如，对用户输入内容进行理解和处理、以庞大的知识图谱作为知识存储、快速高效的知识检索和推理技术等。

聊天机器人很早便得到了应用，完成一些自动信息采集和回复的功能，但那时的聊天机器人主要基于关键词和模板等人工制定规则，智能程度不高。近年来随着深度学习等相关技术的发展，以及海量聊天语料的积累，聊天机器人逐渐可以接受任意文本输入并输出较为合理的回复。从本质上来看，聊天机器人也属于序列到序列的映射，但其涉及对用户输入文本的理解、知识图

12 训练集和测试集的概念参见第 10 章 机器学习
13 循环神经网络的更多内容参见第 11 章 深度学习

谱、文本生成等多个领域，并且需要解决多轮对话一致性等挑战。智能聊天机器人主要包括日常调侃的聊天机器人，如微软小冰等，以及垂直领域的功能机器人，如法律、购车、医疗等领域的专业咨询机器人。它们作为用户需求的万能入口，吸引了大量研究机构和创业公司的密切关注。

6.2 使用 jieba 分词处理中文

我们对 NLP 是什么和做什么，以及和 NLP 领域相关的内容和应用有了大致的概览，现在通过 Python 中的 jieba 来部分实现中文分词。

使用 jieba
分词处理文本

6.2.1 jieba 中文分词

中文分词是中文 NLP 的第一步，一个优秀的分词系统取决于足够的语料和完善的模型，很多机构和公司也都会开发和维护自己的分词系统。这里推荐的是一款完全开源、简单易用的分词工具，jieba 中文分词。官网是（https://github.com/fxsjy/jieba）里面提供了详细的说明文档。虽然 jieba 分词的性能并不是最优秀的，但它开源免费、使用简单、功能丰富，并且支持多种编程语言实现。

以下使用 Python 中的 jieba 分词完成一些基础的 NLP 任务，如果对 jieba 分词感兴趣，希望了解更多内容，可以参考官方使用文档。

首先没有 jieba 分词的话需要安装，使用 pip 即可安装。

```
pip install jieba
```

6.2.2 中文分词

中文分词的模型实现主要分为两大类：基于规则和基于统计。

基于规则是指根据一个已有的词典，采用前向最大匹配、后向最大匹配、双向最大匹配等人工设定的规则来进行分词。例如对于“上海自来水来自海上”这句话，使用前向最大匹配，即从前向后扫描，使分出来的词存在于词典中并且尽可能长，则可以得到“上海/自来水/来自/海上”。这类方法思想简单且易于实现，对数据量的要求也不高。当然，分词使用的规则可以设计得更复杂，从而使分词效果更理想。但是由于中文博大精深、语法千变万化，很难设计足够全面而且通用的规则，并且具体的上下文语境、词语之间的搭配组合也都会影响到最终的分词结果，这些挑战都使得基于规则的分词模型并不能很好地满足需求。

基于统计是从大量人工标注语料中总结词的概率分布以及词之间的常用搭配，使用有监督学习训练分词模型。对于“上海自来水来自海上”这句话，一个最简单的统计分词想法是，尝试所有可能的分词方案，因为任何两个字之间，要么需要切分，要么无需切分。对于全部可能的分词方案，根据语料统计每种方案出现的概率，然后保留概率最大的一种。很显然，“上海/自来水/来自/海上”的出现概率比“上海自/来水/来自/海上”更高，因为“上海”和“自来水”在标注语料中出现的次数比“上海自”和“来水”更多。

其他常用的基于统计的分词模型还有 HMM（Hidden Markov Model）和 CRF（Conditional Random Field）等，以及将中文分词视为序列标注问题（BEMS，即将每个字标注成 Begin、End、Middle、Single 中的一个，输入字序列，输出标签序列），进而使用有监督学习、深度神经网络等模型进行中文分词。

jieba 分词结合了基于规则和基于统计两类方法。首先基于前缀词典进行词图扫描，前缀词典是指词典中的词按照前缀包含的顺序排列，例如词典中出现了“上”，之后以“上”开头的词都会出现在这一块，例如“上海”，进而会出现“上海市”，从而形成一种层级包含结构。如果将词看作节点，词和词之间的分词符看作边，那么一种分词方案则对应从第一个字到最后一个字的一条分词路径。因此，基于前缀词典可以快速构建包含全部可能分词结果的有向无环图，这个图中包含多条分词路径，有向是指全部的路径都始于第一个字、止于最后一个字，无环是指节点之间不构成闭环。基于标注语料，使用动态规划的方法可以找出最大概率路径，并将其作为最终的分词结果。

jieba 提供了 3 种分词模式。

- 精确模式：试图将句子最精确地切开，适合文本分析。
- 全模式：把句子中所有可以成词的词语都扫描出来，速度非常快，但是不能解决歧义。
- 搜索引擎模式：在精确模式的基础上，对长词再次切分，提高召回率，适合用于搜索引擎分词。

以下代码使用 jieba 实现中文分词，使用 jieba.cut()函数并传入待分词的文本字符串即可。使用 cut_all 参数控制选择使用全模式还是精确模式，默认为精确模式。如果需要使用搜索引擎模式，使用 jieba.cut_for_search()函数即可。运行以下代码之后，jieba 首先会加载自带的前缀词典，然后完成相应的分词任务。

```
import jieba

seg_list = jieba.cut("我来到清华大学", cut_all=True)
#join 是 split 的逆操作
#即使用一个拼接符将一个列表拼成字符串
print("/".join(seg_list))#全模式

seg_list = jieba.cut("我来到清华大学", cut_all=False)
print("/".join(seg_list))#精确模式
```

```
seg_list = jieba.cut("他来到了网易杭研大厦")#默认是精确模式
print("/".join(seg_list))

seg_list = jieba.cut_for_search("小明硕士毕业于中国科学院计算所，后在日本京都大学深
造")#搜索引擎模式
print("/".join(seg_list))
```

6.2.3 关键词提取

jieba 实现了 TF-IDF 和 TextRank 这两种关键词提取算法，直接调用即可。当然，提取关键词的前提是中文分词，所以这里也会使用到 jieba 自带的前缀词典和 IDF 权重词典。

```
import jieba.analyse

# 字符串前面加 u 表示使用 unicode 编码
content = u'中国特色社会主义是我们党领导的伟大事业，全面推进党的建设新的伟大工程，是这
一伟大事业取得胜利的关键所在。党坚强有力，事业才能兴旺发达，国家才能繁荣稳定，人民才能幸
福安康。党的十八大以来，我们党坚持党要管党、从严治党，凝心聚力、直击积弊、扶正祛邪，党的
建设开创新局面，党风政风呈现新气象。习近平总书记围绕从严管党治党提出一系列新的重要思想，
为全面推进党的建设新的伟大工程进一步指明了方向。'

# 第一个参数：待提取关键词的文本
# 第二个参数：返回关键词的数量，重要性从高到低排序
# 第三个参数：是否同时返回每个关键词的权重
# 第四个参数：词性过滤，为空表示不过滤，若提供则仅返回符合词性要求的关键词
keywords = jieba.analyse.extract_tags(content, topK=20, withWeight=True,
allowPOS=())
#访问提取结果
for item in keywords:
    #分别为关键词和相应的权重
    print item[0],item[1]

# 同样是 4 个参数，但 allowPOS 默认为('ns','n','vn','v')
# 即仅提取地名、名词、动名词、动词
keywords = jieba.analyse.textrank(content, topK=20, withWeight=True,
allowPOS=('ns','n','vn','v'))
# 访问提取结果
for item in keywords:
```

```
    # 分别为关键词和相应的权重
    print item[0],item[1]
```

对于提取的关键词以及权重，将每个关键词的权重作为文字大小，便可以进行字符云可视化。

6.2.4 词性标注

jieba 在进行中文分词的同时，还可以完成词性标注任务。根据分词结果中每个词的词性，可以初步实现命名实体识别，即将标注为 nr 的词视为人名，将标注为 ns 的词视为地名等。所有标点符号都会被标注为 x，因此可以根据这个方法去除分词结果中的标点符号。

```
# 加载 jieba.posseg 并取个别名，方便调用
import jieba.posseg as pseg
words = pseg.cut("我爱北京天安门")
for word,flag in words:
    # 格式化模板并传入参数
    print('%s, %s' % (word, flag))
```

完整代码可以参考 codes 文件夹中的 16_nlp_with_jieba.py。

6.3 词嵌入的概念和实现

词嵌入（Word Embedding）是一项非常重要且应用广泛的技术，可以将文本和词语转换为机器能够接受的数值向量，这里详细讨论其概念和实现。

Word Embedding
的概念和实现

6.3.1 语言的表示

如何向计算机解释一个词语的意思？或者说如何表示一个词语才能恰当地体现出其包含的语义？看到“苹果”这个词时，我们会联想起可以吃的苹果这一水果，还会联想起乔布斯创建的苹果公司，因此一个词可以包含多重语义。如果让计算机分析“苹果”和“梨子”两个词之间的相关性，通过字符串匹配只能得到完全不相等的结论，但是我们知道它们都属于水果，因此词语所蕴含的语义实际上非常复杂，无法通过简单的字符串表示。

语言的表示主要有两种：符号主义和分布式表示。

1. 符号主义

符号主义中典型的代表是 Bag of words，即词袋模型。如果将语料词典中的每个词都看作一个袋子，那么一句话无非是选择一些袋子，然后将出现的词丢入相应的袋子。用数学的语言来说，假设词典中一共有 N 个词，就可以用 N 个 N 维向量来表示每个词。以下是用 Python 描述的一个简单例子，这里的词典中只有 5 个词：苹果、梨子、香蕉、和、好吃，分别用一个五维向量表示，仅对应的维度上为 1，其他维度都为 0。基于词袋模型可以方便地用一个 N 维向量表示任何一句话，每个维度的值即对应的词出现的次数。

```
# 词典：苹果、梨子、香蕉、和、好吃
dictionary = {
    "苹果": [1, 0, 0, 0, 0],
    "梨子": [0, 1, 0, 0, 0],
    "香蕉": [0, 0, 1, 0, 0],
    "和": [0, 0, 0, 1, 0],
    "好吃": [0, 0, 0, 0, 1]
}
# 苹果好吃：[1, 0, 0, 0, 1]
# 梨子和香蕉好吃：[0, 1, 1, 1, 1]
# 苹果好吃苹果好吃：[2, 0, 0, 0, 2]
```

词袋模型虽然简单，但其缺点也十分显著。主要有以下几点。

- 当词典中词的数量增大时，向量的维度将随之增大。虽然常用的汉字只有几千个，但是依然会给计算带来很大的不便。
- 无论是词还是句子的表示，向量都过于稀疏，除了少数维度之外的大多数维度都为 0。
- 每个词对应的向量在空间上都两两正交，任意一对向量之间的内积等数值特征都为 0，无法表达词语之间的语义关联和差异。
- 句子的向量表示丢失了词序特征，即“我很不高兴”和“不我很高兴”对应的向量相同，而这显然是不符合语义的。

2. 分布式表示

分布式表示中典型的代表是 Word Embedding，即词嵌入，使用低维、稠密、实值的词向量来表示每一个词，从而赋予词语丰富的语义含义，并使得计算词语相关度成为可能。以最简单的情况为例，如果使用二维向量来表示词语，那么可以将每个词看作平面上的一个点，点的位置即横纵坐标由对应的二维向量确定，可以是任意且连续的。如果希望点的位置中蕴含词的语义，那么平面上位置相邻的点应当具有相关或相似的语义。用数学的语言来说，两个词具有语义相关或相似，则它们对应的词向量之间距离相近，度量向量之间的距离可以使用经典的欧拉距离和余弦相似度等。

词嵌入可以将词典中的每个词映射成对应的词向量，一个好的词嵌入模型应当满足以下两方面要求。

- 相关：语义相关或相似的词语，它们对应的词向量之间距离相近，例如“苹果”和“梨子”的词向量距离相近。
- 类比：具有类比关系的 4 个词语，例如，男人对于女人，类比国王对于王后，满足男人-女人=国王-王后，即保持词向量之间的关联类比，其中的减号表示两个词向量之间求差。

这样一来，通过词嵌入模型得到的词向量中既包含了词本身的语义，又蕴含了词之间的关联，同时具备低维、稠密、实值等优点，可以直接输入计算机并进行后续分析。但词典中的词如此之多，词本身的语义便十分丰富，词之间的关联则更为复杂，所以相对于词袋模型，训练一个足够好的词向量模型更加困难。

6.3.2 训练词向量

词向量的训练主要是基于无监督学习，从大量文本语料中学习出每个词的最佳词向量，如维基百科、大量新闻报道等。训练的核心思想是，语义相关或相似的词语，大多具有相似的上下文，即它们经常在相似的语境中出现，例如，“苹果”和“梨子”的上下文中可能都会出现类似“吃”“水果”等词语，可以使用“开心”的语境一般也能使用“高兴”。

词嵌入模型中的典型代表是 Word2Vec，模型实现原理可以参考 Mikolov 的两篇文章，（*Distributed Representations of Words and Phrases and their Compositionality*，*Efficient Estimation of Word Representations in Vector Space*），主要包括 CBOW 和 Skip-Gram 两个模型，前者根据上下文预测对应的当前词语，后者根据当前词语预测相应的上下文。如果希望进一步深入理解词嵌入模型训练的原理和细节，可以仔细研读以上两篇文章。如果仅需要应用词嵌入模型，则直接了解如何用代码实现即可。

6.3.3 代码实现

gensim 是一款开源的 Python 工具包，用于从非结构化文本中无监督地学习文本隐层的主题向量表示，支持包括 TF-IDF、LSA、LDA 和 Word2Vec 在内的多种主题模型算法，并提供了诸如相似度计算、信息检索等常用任务的 API 接口。gensim 官网对于其中 Word2Vec 模型的介绍为（http://radimrehurek.com/gensim/models/word2vec.html）里面提供了和 Word2Vec 相关的完整使用文档。

首先如果没有 gensim 的话，使用 pip 即可安装。

```
pip install gensim
```

另外，gensim 仅提供了 Word2Vec 的模型实现，训练词向量的另一个必须条件是足够大的文本语料。这里将要使用的是中文维基百科语料，已经整理成文本文件并放在网盘上（https://pan.baidu.com/s/1qXKIPp6），直接下载使用即可，提取密码为 kade。

下载之后，可以在 Sublime Text 中打开并查看其内容，文件名和后缀名可以不用在意，因为 Sublime Text 支持打开任意类型的文本文件。其中每一行是一条维基百科，即一项词条对应的百科内容，并且已经完成了分词处理。

以下代码使用 gensim 提供的 Word2Vec 模型训练并使用词向量，主要包括加载包、训练模型、保存模型、加载模型、使用模型等步骤。

```
# 加载包
from gensim.models import Word2Vec
from gensim.models.word2vec import LineSentence


# 训练模型
sentences = LineSentence('wiki.zh.word.text')
# size: 词向量的维度
# window: 上下文环境的窗口大小
# min_count: 忽略出现次数低于 min_count 的词
model = Word2Vec(sentences,size=128,window=5,min_count=5,workers=4)

# 保存模型
model.save('word_embedding_128')

# 如果已经保存过模型，则直接加载即可
# 前面训练并保存的代码都可以省略
# model = Word2Vec.load("word_embedding_128")

# 使用模型
# 返回和一个词语最相关的多个词语以及对应的相关度
items = model.most_similar(u'中国')
for item in items:
    # 词的内容，词的相关度
    print item[0], item[1]
# 返回两个词语之间的相关度
model.similarity(u'男人', u'女人')
```

完整代码可以参考 codes 文件夹中的 17_training_word_embedding.py。

除此之外，gensim 中的 Word2Vec 还实现了多项 NLP 功能，例如，从多个词中找出和其他词相关性相对更弱的一个，以及根据给定的 3 个词类比推理出第 4 个词等，详细使用方法可以参考官方完整文档。

第 7 章

Web 基础

7.1 网页的骨骼：HTML

编写 Web 网页的基础三件套是 HTML、CSS 和 JavaScript，这一节先了解 HTML。

Web 基础 网页的骨骼 HTML（1）

7.1.1 HTML 是什么

HTML（Hyper Text Markup Language）即超文本标记语言。之所以将 HTML 比喻成网页的骨骼，是因为它是 Web 网页的基本组成部分，而且 HTML 中定义的元素，决定了网页的内容和结构。

Python 是一门编程语言，可以用来处理数据、编写程序、完成任务，重在做什么和怎么做。而 HTML 是一门标记语言，如同画画一样，HTML 告诉浏览器，应该在网页上画出哪些内容，重点在是什么和有什么。

7.1.2 基本结构

使用 HTML 编写的代码保存时，后缀名可以取成.html，一般来说会包含以下基本结构。Web 网页都是由一些 HTML 标签（或者称作 HTML 元素）组成的，即用尖括号扩起来的内容，并且呈现出层级嵌套结构。

```
<!DOCTYPE html>
<html>
    <head></head>
    <body></body>
</html>
```

第一行代码声明了以下使用 HTML 5 语法，HTML 5 是 HTML 的最新版本，在原本

HTML 的基础上增加了一些新的扩展和功能。接下来是一个 HTML 标签，包括开始标签<html>和结束标签</html>，两者之间便是网页的全部内容。HTML 中包括 head 标签和 body 标签，分别代表网页的头部和主体，并且 head、body 都有各自对应的开始标签和结束标签。head 中会记录网页的基本信息和引用的资源链接等，而 body 中存放网页详细的主体结构。可以向 head 和 body 中添加更多 HTML 标签，从而进一步丰富对应网页的内容。

可以发现，因为 head 和 body 包裹在 HTML 中，所以相对于 HTML 标签存在一级缩进。这正是 HTML 的层级嵌套结构，内层标签相对于直接外层标签都会保持一级缩进，因此在编写 HTML 代码时需要注意标签的缩进和对齐。

7.1.3 常用标签

1. 单标签和双标签

HTML 标签主要分为单标签和双标签两类。因为单标签只有开始标签，所以需要在开始的同时关闭，例如，meta 标签用于定义 Web 网页的基本信息。以下 meta 标签指定了网页使用 UTF-8 字符集，通过标签的属性值进行设定，即将属性名和属性值都写在标签内部。

```
<meta charset="UTF-8"/>
```

而双标签因为既有开始标签又有结束标签，所以可以在其中包裹一些标签的内容。例如，title 标签用于定义 Web 网页的标题。因此，双标签包含标签内容并且一般会直接显示在 Web 网页上，而单标签则主要是为了完成某些功能。

```
<title>我爱 HTML</title>
```

meta 和 title 标签需要放入 head 之中。可以将以上例子添加到之前提供的基本结构里，然后双击.html 运行，或者通过 Web 环境访问文件，在浏览器中观察网页中出现了什么变化。

2. 内容标签

内容标签都需要放入 body 中，可以尝试添加并刷新浏览器，观察标签对应的效果。

h1~h6 分别表示一级标题至六级标题，标题文字会依次减小。

```
<h1>这里是一级标题</h1>
<h2>这里是二级标题</h2>
<h3>这里是三级标题</h3>
<h4>这里是四级标题</h4>
<h5>这里是五级标题</h5>
<h6>这里是六级标题</h6>
```

p 表示正文中的段落。

```
<p>这里是段落内容</p>
```

a 表示超链接，提供 Web 网页之间的跳转，或者从网页的一部分跳转到另一部分。在 a 标签中需要指定 href 属性，即跳转的目标链接，target="_blank"表示单击链接后在新标签页中打开目标链接，以下代码即生成一个跳转到笔者个人博客的超链接。

```
<a href="http://zhanghonglun.cn" target="_blank">一个干货满满的地方</a>
```

img 用于生成图片，src 属性指定图片源文件的地址，可以使用相对路径调用本地图片，或者使用互联网上能访问到的图片链接。width 和 height 属性分别指定图片的宽度和高度，单位是像素，如果仅提供其中一个的值，则保持图片原始比例并计算另一个的值。

```
<img src="http://zhanghong lun.cn/blog/wp-content/uploads/2015/04/136670958113
.jpg"width="200"height="200"/>
```

需要注意的是，在 Web 网页中使用图片资源时应当在满足清晰度条件下尽可能地使用小文件。平面设计和网页设计不同，前者会尽量使用高清图片，便于后期修改细节、打印海报等；而后者只需满足在浏览器上的显示清晰度即可，文件越小则加载越快，过大的高清图片只会导致长时间的加载等待和完全可以避免的流量浪费。

3. 块级标签和内联标签

再介绍两个新的概念：块级标签和内联标签。块级标签单独占据一行，其后面的标签会在下一行出现，而多个内联标签会显示在同一行中，直到总宽度超过了浏览器宽度才换行。之前介绍的 h1 至 h6、p 都是块级标签，而 a、img 则是内联标签。浏览器在渲染 HTML 页面时会遵循默认的文档流，从上往下依次显示每个 HTML 标签，对于块级标签则独占一行，对于内联标签则放置在同一行，直到总宽度超过浏览器宽度才换行。

可以在 HTML 标签之间或者 p 等标签内容中添加 br，用于添加空白行或换行。

```
<p>这是一段<br/>换行的段落</p>
```

div 和 span 分别属于块级标签和内联标签，都可以用作其他 HTML 标签或页面文本的容器。它们本身没有具体的语义，仅作为其他内容的容器，从而将 Web 页面更加结构化地组织起来。我们在设计网页时，都会将页面划分为多个区域，如导航栏、侧边栏、第一部分、第二部分、第三部分、底栏等，如果将全部内容都直接写在 body 的下一级中，则会给开发带来很大的不便。相比之下，合理使用 div 勾勒出网页内容的结构和层次，可以使代码编写和阅读变得更加清晰明朗。

```
<div>
    div 里面可以包含其他 HTML 标签或者文本内容
    <p>这个 div 是页面的第一块内容</p>
</div>

<div>
    <p>这个 div 是页面的第二块内容</p>
    <div>
        <span>span 是内联标签，后面的文本不换行</span>
        <span>div 里面还可以嵌套其他 div</span>
        <p>div 的使用可以让页面内容更加结构化、有层次</p>
    </div>
</div>
```

table 属于块级标签，使用 table 标签可以定义表格，用 tr 表示表格中的每一行，用 td 表示每一行中的单元格，用 th 表示表头行中的单元格。以下是一个简单的例子，当然可以通过更复杂的语法实现合并单元格等效果，掌握 CSS 之后，也可以进一步美化表格样式，使表格看起来更美观。

```
<table>
    <tr>
        <th>语言</th>
        <th>难度</th>
        <th>功能</th>
    </tr>
    <tr>
        <td>Python</td>
        <td>简单</td>
        <td>强大</td>
    </tr>
    <tr>
        <td>R</td>
        <td>简单</td>
        <td>强大</td>
    </tr>
</table>
```

ul 和 ol 属于块级标签，使用 ul 和 ol 定义列表，分别对应无序列表和有序列表，用于展示多个并列项，每一项用 li 定义。

```
<ul>
    无序列表
    <li>第一项</li>
    <li>第二项</li>
    <li>第三项</li>
    <li>第四项</li>
</ul>

<ol>
    有序列表
    <li>第一项</li>
    <li>第二项</li>
    <li>第三项</li>
    <li>第四项</li>
</ol>
```

7.1.4 标签的属性

很多 HTML 标签都有对应的属性，即写在标签开始部分中的属性名和属性值，如 a 的 href、img 的 src 等。这里再介绍 4 种重要而且通用的属性：id、class、name 和 style。

Web 基础 网页的骨骼 HTML（2）

1. id

id 属性可以给标签取一个 id，id 值应当在整个页面中独一无二，使用 id 可以有针对性地操作某一个标签，如控制样式、绑定事件等。另外，如果将 a 的 href 设置为#加上某一标签的 id，则单击链接后，页面将跳转到对应标签所在位置。

```
<p id="main">这是最主要的一段话</p>
<a href="#main">跳到 main 所在位置</a>
```

2. class

class 属性可以给标签取一个 class，同一个 class 值可以应用于多个标签，从而使用 class 同时操作多个标签，如控制它们的样式、为它们绑定事件等。

```
<p class="content">这些段落都是普通内容</p>
<p class="content">这些段落都是普通内容</p>
<p class="content">这些段落都是普通内容</p>
```

3. name

name 属性和 class 类似，只是基于 name 控制相应的标签没有 class 那么方便，可以将 id、class 和 name 理解成一个人的身份证号、姓、名等。

4. style

style 属性可以为标签添加内联样式，即使用 CSS 的一种方法，等我们了解 CSS 之后再详细讨论，这里提供一个简单的示例。

```
<p style="color:red;">这是一段有颜值的内容</p>
```

7.1.5 注释

在 HTML 中满足以下格式的内容即为注释，被注释的内容将不会渲染和显示。

```
<!--这是一个注释! -->
```

7.1.6 表单

能够接受用户输入并且可以被赋值的标签统称为表单标签，如常见的文本框、单选框、多选框、下拉菜单等。表单标签一般都会放在 form 标签中，使得在触发提交时，可以一并上传全部表单标签的值。

```
<form action="" method="post">
    用户名<input type="text" placeholder="用户名" name="username"/>
    密码<input type="password" placeholder="密码" name="password"/>
    <select>
        <option value="北京">北京</option>
        <option value="上海">上海</option>
        <option value="广州">广州</option>
        <option value="深圳">深圳</option>
    </select>
    一大段文本<textarea rows="10" cols="10" placeholder="一大段文本"name="content"
></textarea>
    <button type="submit">登录</button>
</form>
```

- form 的 action 属性指定了用户提交时应当触发的响应函数，method 属性指定了提交的 HTTP 请求类型，这里为 post。

- input 为输入框，不同的 type 对应不同的表单元素，可取的值包括 button、checkbox、color、date、datetime、email、file、month、number、password、radio、range、submit、text、time 等。placeholder 指定了当标签内容为空时，在页面上显示的提示信息。
- 使用 select 和 option 可以定义下拉列表，默认选中第一项。option 中的内容会显示在页面上，而 value 属性则对应每个 option 的值，处于选中状态的 option 值将作为整个 select 的值。
- textarea 为文本框，用于显示多行文本，rows 和 cols 分别用于指定文本框的行数和列数。
- button 为按钮，type="submit"表示单击按钮之后将触发提交操作，form 内全部表单标签的值都会一并提交给 action 中定义的响应函数处理。

添加以上代码并在浏览器中刷新即可看到表单的效果。input、textarea、button 都属于内联标签，因此所有的表单标签都显示在同一行。可以向 input 和 textarea 中输入文本，填写完毕后单击 button 即可提交。但由于这里在 action 中并未指定相应的响应处理函数，因此单击后，页面只是简单地刷新一下。因为处理表单提交涉及一些后端的内容，所以掌握了相应知识之后再回过头来讲解。

7.1.7 颜色

HTML 中可以用三种方法表示颜色，用于修改 HTML 标签的外观，如标签的文字颜色、背景色、边框色等。

1. RGB 表示法

网页渲染使用 R、G、B 来合成任意一种颜色，分别表示颜色的红色分量、绿色分量和蓝色分量，0 为最小值，255 为最大值，因此 rgb(0,0,0)表示黑色，rgb(255,255,255)表示白色，rgb(255,0,0)表示纯红色，以此类推。如果是 rgba(255,0,0,0.5)，则第四个分量表示颜色的透明度。

2. 十六进制表示法

十六进制表示法同样基于 RGB 色彩合成原理，只不过用十六进制来表示相应的值。例如，#000 表示黑色，#fff 表示白色，#f00 表示纯红色。

3. 使用颜色名称

使用颜色名称，如 red、green、blue 等，这些内置的名称分别对应一些预先设定好的颜色。

```
<p style="color:rgb(255,0,0);">红色</p>
<p style="color:#0f0;">绿色</p>
<p style="color:blue;">蓝色</p>
```

如果对颜色没有准确的把握，可以在需要控制颜色的地方打开开发者工具，单击右边对应的色块，交互式地进行调整直到满意，如图 7-1 所示。

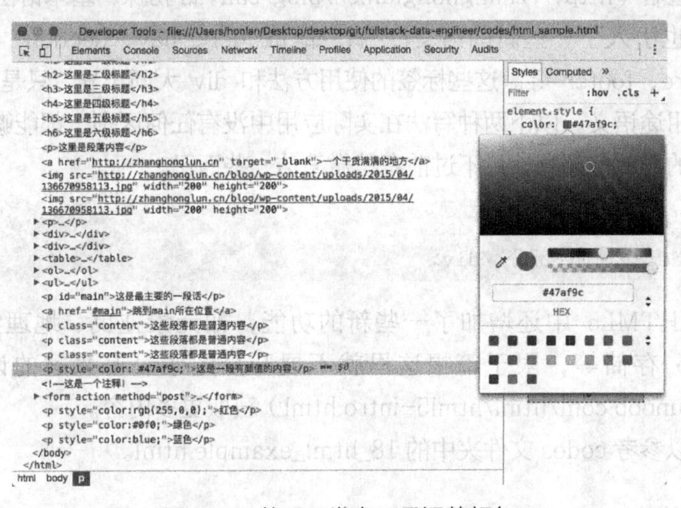

图 7-1　使用开发者工具调整颜色

7.1.8 DOM

DOM（Document Object Model）即文档对象模型。我们之前提到 HTML 是层次结构化的，如果将内层标签看作直接外层标签的子节点，那么整个 HTML 页面可以整理成树形结构，树的根节点即 html，下一层即 head 和 body，以树形结构不断展开，这便是 HTML 页面的文档对象模型。

在后续内容中，我们也会将 HTML 标签称作 DOM 元素。DOM 的概念在遍历和操作 HTML 标签时非常有用，我们经常需要找到一个 DOM 元素的父节点、兄弟节点以及子节点，而遍历一棵 DOM 树也是通过先访问根节点，然后递归地遍历根节点的全部子树来实现的。

7.1.9 HTML5

HTML5 是 HTML 的最新版本，在原本 HTML 的基础上增加了一些新的扩展和功能，例如在手机上可以检测抖动、获取地理位置等，因此受到了广泛关注，并且在移动端引爆了一股开发狂潮。

HTML5 中添加了一些新的功能标签，如支持更加高级、复杂和精细绘图功能的 canvas 和 svg，支持直接播放音频和视频的 audio 和 video，支持嵌入多种类型资源的 embed。关于 svg 的更多内容可以查看（http://www.runoob.com/svg/svg-tutorial.html），关于 canvas 的更多内容可以查看（http://zhanghonglun.cn/blog/canvas 初探：基本语法）。

HTML5 中也引入了一些新的语义标签，如 header、nav、section、article、aside、figcaption、figure、footer 等。这些标签的使用方法和 div 大同小异，只是像 p 代表段落一样，赋予了一些用途语义。以下两种写法在实际应用中没有任何区别，都能够很好地说明这一块内容对应网页的导航栏部分，只不过前者稍微简洁一些而已。

```
<header>导航栏部分</header>
<div id="header">导航栏部分</div>
```

除此之外，HTML5 中还增加了一些新的功能，如元素拖曳、地理定位、更丰富的 inputtype、Web 存储等，限于篇幅这里就不展开介绍了，有兴趣的话可以访问链接（http://www.runoob.com/html/html5-intro.html）获取更多内容。

完整代码可以参考 codes 文件夹中的 18_html_example.html。

7.1.10 补充内容

HTML 语法比较简单，没有复杂的编程逻辑，只需要根据自己的设计排列 HTML 标签即可，因此对 HTML 的掌握关键在于多写多练、熟能生巧。关于 HTML 的更多内容可以访问链接 http://www.runoob.com/html/html-tutorial.html，里面提供了更为详细和系统的讲解，并结合大量实例代码加以巩固，推荐完整地浏览和尝试一遍。

最后，推荐安装一个 SublimeText 插件 Emmet，可以极大地加速和简化 HTML 代码编写，功能十分强大，详细使用方法可以参考（https://juejin.im/post/584f53228d6d8100545abc55）。

7.2 网页的血肉：CSS

HTML 决定了网页中包含哪些内容，而 CSS 则决定了这些内容呈现的样式。

7.2.1 CSS 是什么

Web 基础 网页的血肉 CSS（1）

CSS（Cascading Style Sheets）即层叠样式表。之所以将 CSS 比作网页的血肉，是因为 CSS 决定了网页中的元素以何种样式呈现，如页面内容的整体布局、DOM 元素的宽度和高度、标签文字的大小和颜色等。CSS 可以使原本单调难看的 DOM 元素变得灵动而美观，CSS 3 中添加的一些新功能更是可以进一步增强网页的动画效果和感染力。

在 Chrome 浏览器中，网页元素上打开开发者工具，Elements 标签页下左半部分会自动高亮对应的 DOM 元素，右半部分则会显示该元素对应的全部 CSS 样式。

7.2.2 基本结构

CSS 语法的基本结构由两部分组成：选择器（selector）、样式（style）。选择器指定了 CSS 作用的目标 DOM 元素，样式决定了在目标元素上应用何种样式，包括样式名（property）和样式值（value）。

例如，如果希望改变页面中全部一级标题以及段落的字体大小和颜色，使用以下 CSS 即可。选择器为 h1 和 p，即直接使用目标 DOM 元素的名称，样式由大括号括起来，里面可以包含一行或多行样式，每行样式使用 key:value，即键值对的形式指定并且以分号结束。这里将字体大小即 font-size 分别设置为 24 和 20，单位为像素（px），字体颜色设置为蓝色和红色。

```
h1 {
    font-size: 24px;
    color: blue;
}

p {
    font-size: 20px;
    color: red;
}
```

7.2.3 使用 CSS

使用 CSS 的方法主要有 3 种。

- 引入外部.css 文件。
- 在 HTML 中定义 CSS。

- 在 DOM 元素中使用内联 CSS。

全栈项目中的 data 文件夹提供了一个 template.html，里面包含以下内容，可以在此基础上进一步编写 HTML 代码。其中的 6 个 meta 标签定义了网页的一些基本信息，title 标签用于设置网页的标题，rel="shortcut icon"的 link 标签用于指定网页使用的浏览器图标。

```
<!DOCTYPE html>
<html>
<head>
    <meta charset="UTF-8"/>
    <meta http-equiv="X-UA-Compatible" content="IE=edge">
    <meta name="viewport" content="width=device-width,initial-scale=1">
    <title></title>
    <meta name="description" content=""/>
    <meta name="keywords" content=""/>
    <meta name="author" content=""/>
    <link rel="shortcut icon" href="">
</head>
<body>
</body>
</html>
```

第一种方法是新建一个.css 文件，如 style.css，在里面编写所需的 CSS 代码，就像之前设定 h1 和 p 的样式一样，然后在 HTML 的 head 中用 link 标签引入写好的样式文件。rel="stylesheet"指定引入的是 CSS 样式文件，href 属性使用相对路径指明样式文件所在位置。

```
<link rel="stylesheet" href="style.css">
```

第二种方法直接在 HTML 中写 CSS 代码，需要使用 style 标签包裹起来，style 标签可以放在 HTML 中的任意位置，不过推荐放在 head 标签中。

```
<style>
    h1 {
        font-size: 24px;
        color: blue;
    }

    p {
        font-size: 20px;
        color: red;
```

```
    }
</style>
```

第三种方法直接在 DOM 元素的开始部分通过 style 属性指定 CSS 样式。

```
<h1 style="font-size:30px;color:green;">这里是一级标题</h1>
<p style="font-size:24px;background-color:blue;">这里是一段内容</p>
```

以上三种方法都可以对目标 DOM 元素应用指定的 CSS 样式，并且优先级依次提高，即当定义同一条 CSS 属性时，后者中的属性值会覆盖前者。

因此，如果 CSS 样式较多，就选择引入外部.css 文件，从而实现 CSS 代码和 HTML 代码分离，更加便于开发和维护。如果 CSS 样式较少，就直接选择在 HTML 中定义 CSS，避免新建过多项目文件。如果希望将样式应用于多个 DOM 元素，使用第一种和第二种方法都更为便捷和高效。如果只需要将样式应用于某一个 DOM 元素，则使用第三种方式更加直接简单。

7.2.4 常用选择器

CSS 中支持多种选择器，使得可以根据需求从不同的维度进行选择，灵活地控制网页中 DOM 元素的样式。

最简单的选择器是 DOM 元素的标签名称，例如，之前使用的 h1 和 p，这类选择器适用于同时更改某一种 DOM 元素的样式。

也可以使用 id 作为选择器，适用于只控制某一个 DOM 元素的样式。应当注意，每个 id 在整个网页中都应只出现一次，以下将 id 为 main 的对应元素的 color 值设为 red。

```
#main {
    color: red;
}
```

为了使样式生效，在 HTML 的 body 中需要有对应的 DOM 元素。

```
<p id="main">这是一段内容</p>
```

还可以使用 class 作为选择器，适用于同时控制多个 DOM 元素的样式，只需将它们设为同一个 class 即可，以下将 class 为 content 的全部元素的 color 值都设为 red。

```
.content {
    color: red;
}
```

这样一来，在 HTML 中的 DOM 元素，如果 class 等于 content，都会受到 CSS 样式的作用。

```
<h1 class="content">这是一级标题</h1>
<h2 class="content">这是二级标题</h2>
<pc class="content">这是一段内容</p>
```

标签名、id、class 可以组合使用，例如，h1#main 表示 id 为 main 的 h1 标签，p.content 表示 class 为 content 的 p 标签。

如果某个 DOM 元素符合多个选择器，则会对 CSS 样式进行合并覆盖操作。不同的属性名进行合并，其对应的属性值叠加作用于 DOM 元素之上；相同的属性名进行覆盖，仅应用优先级最高的选择器对应的属性值。标签名、class、id 选择器优先级依次提高，并且它们组合之后的选择器优先级更高。总而言之，选择器越具体越细化、条件越严格，对应的优先级越高。

除此之外，还有后代选择器、子元素选择器[14]、相邻兄弟选择器、普通相邻兄弟选择器 4 种组合选择器，下面举例说明。

- h1 p 为后代选择器，表示 h1 标签中的 p 标签，样式作用于所有符合要求的 p。
- h1>p 为子元素选择器，表示 h1 标签直接子元素中的 p 标签，h1 必须是 p 的直接父元素，限制条件比后代选择器更严格，样式作用于所有符合要求的 p。
- h1+p 为相邻兄弟选择器，表示和 h1 标签处于同一层级并且直接相邻的 p 标签，样式作用于所有符合要求的 p，至多一前一后共两个。
- h1~p 为普通相邻兄弟选择器，表示和 h1 标签处于同一层级的全部 p 标签，两者处于同一级别即可，限制条件不及相邻兄弟选择器严格，样式作用于所有符合要求的 p。

从以上选择器的概念中也可以看出 DOM 的作用，DOM 的层级树形结构可以清楚地描述 HTML 标签之间的父代、后代、子代、兄弟等关系，只有理解了 DOM 的概念和各类选择器的定义，才能根据需求快速构建出最恰当而且简洁的选择器。另外，以上 4 种组合选择器也可以和标签名、id、class 三种基础选择器自由组合，从而实现更加复杂和灵活的选择器。

最后还有一类称为伪类的选择器，这里介绍其中最常用的一种“:hover”，表示当鼠标悬浮时才生效的样式。相对于其他几种选择器，“:hover”定义的样式并非静态，而是响应鼠标悬浮事件才会生效，因此可以用来实现一些动态交互效果。

```
h1:hover {
    color: red;
}
```

14 子代比后代要求更严格，必须是直接上下级关系，在本书其他章节中也会使用到子节点和后代节点的概念

7.2.5 常用样式

Web 基础 网页的血肉 CSS（2）

CSS 中的常用样式包括背景、大小、文本、边距、边框、显示、定位等几大类。

1. 背景

背景指 DOM 元素显示的背景。任何 DOM 元素都可以设置背景样式，如文字、按钮等，但我们一般仅为大范围的 DOM 元素设置背景，如整个 HTML 或 body 等，从而实现一种底层衬托的效果。

- background-color：用于设置背景颜色，RGB、十六进制、颜色名都可以。
- background-image：用于设置背景图片，需要用 url()函数提供图片链接，使用相对路径或互联网上可访问的图片链接都行。
- background-repeat：当图片不足以覆盖 DOM 元素时，是否重复平铺。
- background-size：使用图片作为背景时，背景图片的大小。
- background-position：使用图片作为背景图，如果图片大于背景，优先显示图片的哪一块。

```
body {
    background-color: rgb(150,234,213);
    background-image: url(http://zhanghonglun.cn/blog/wp-ontent/uploads/
2015/09/bg.jpg);
    background-repeat: no-repeat;
    background-size: cover;
    background-attachment: fixed;
    background-position: center;
}
```

如果使用图片作为背景，则在不影响清晰度的前提下，尽量选择小文件图片，避免加载缓慢影响用户体验。同时需要恰当地组合设置以上样式，使得图片背景对于不同分辨率的浏览器都能达到满意的展示效果。

2. 大小

每个 DOM 元素都有自己的宽和高，即 width 和 height。对于文本类标签则可以设置字体大小，即 font-size。大小的单位有像素（px）和百分比（%）等，前者为绝对值，后者为相对于父元素的相对值。默认情况下，HTML 的宽和高都是浏览器大小的 100%。DOM 元素的默认高度为其所占内容所需的高度，默认宽度则取决于是块级元素还是内联元素，前者宽度默认为父元素的 100%，而后者宽度默认为其所占内容所需的宽度。

3. 文本

文本类标签可设置的样式包括以下几种。

- color：文本的颜色，RGB、十六进制、颜色名都可以。
- text-align：文本居向，可以是 left、right 或 center。
- text-decoration：文本是否有下画线，设为 none，可以取消链接的默认下画线。
- text-indent：文本首行缩进宽度。
- line-height：文本段落的行距。
- font-size：文本的大小，一般以像素（px）为单位。
- font-family：文本的字体，可以同时设置多个值，浏览器将逐一尝试直到字体可用。

```
h1 {
    color: #ddd;
    text-align: center;
    text-decoration: none;
    text-indent: 1em;
    line-height: 1.2;
    font-size: 22px;
    font-family: Microsoft Yahei;
}
```

4. 边距

边距主要包括 margin 和 padding，margin 是 DOM 元素四周外部的边距，padding 是 DOM 元素四周内部的边距，默认情况下，DOM 元素的宽高包括 padding 但不包括 margin。边距的单位可以是像素（px）或百分比（%）。提供一个值时，代表上下左右四个方向，提供两个值时，第一个值代表上下、第二个值代表左右，提供 4 个值时，依次代表上、右、下、左。

```
p {
    margin: 30px 40px;
    padding: 5px;
}
```

5. 边框

margin 和 padding 之间还存在一个边框即 border，可以设置边框的粗细、线型、颜色、圆角和阴影。

```
div {
    border: 1px solid #ddd;
    border-radius: 4px;
    box-shadow: 1px 1px 1px rgba(20,20,20,0.4);
}
```

margin、border 和 padding 构成了 DOM 元素的盒模型（BoxModel）。在开发者工具 Element 标签页下，右半部分底部即可看到当前高亮元素对应的盒模型，从外到内依次是橙色的 margin、黄色的 border、绿色的 padding 和蓝色的内容部分，如图 7-2 所示。

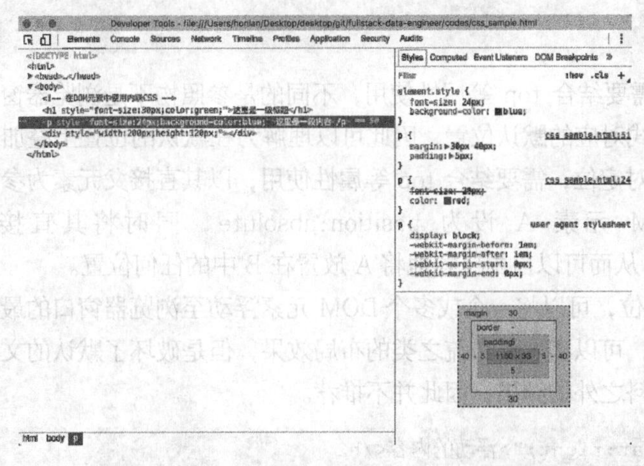

图 7-2 在开发者工具中观察 DOM 元素的盒模型

6. 显示

display 属性可以决定 DOM 元素的显示方式，可以设置为 inline、block、inline-block 等，分别对应内联元素、块级元素、内联块级元素，使用以下代码可将 span 设置为块级元素。

```
<span style="display:block;">块级元素 span</span>
<span style="display:block;">块级元素 span</span>
```

7. 定位

position 即定位，是 CSS 中非常重要的一项属性，决定了 HTML 页面中 DOM 元素的位置和布局。DOM 元素会遵循默认的文档流进行排版，即从上到下依次排列，并且都占据相应的空间。块级元素单独占据一行，内联元素排列于同一行中直到超出浏览器宽度，并且所有 DOM 元素默认居左对齐。如果希望网页内容按照预期的设计进行布局，例如，将 DOM 元素居中显示、在特定位置添加一个按钮或图标等，则需要灵活使用多种定位方式。

position 可取的值包括 static、fixed、relative、absolute 和 float，其中 static 即为默认遵循的文档流定位方式。

fixed 是指固定在浏览器窗口中的某个位置，需要结合 top、bottom、left、right 使用。例如，将 DOM 元素固定在相对浏览器窗口上端 40 像素、左端 50 像素的位置。

```
p {
    position: fixed;
    top: 40px;
    left: 50px;
}
```

relative 同样需要结合 top 等属性使用，不同的是参照物不是浏览器窗口的四端，而是相对于 static 定位方式对应的默认位置，因此可以理解为在默认的位置上叠加一些偏移。

absolute 即绝对定位，需要结合 top 等属性使用，以其直接父元素为参照物进行定位。可以将某一个 DOM 元素 A 设为 position:absolute，同时将其直接父元素 B 设为 position:relative，从而可以自由任意地将 A 放置在 B 中的任何位置。

float 即浮动定位，可以将一个或多个 DOM 元素浮动至浏览器窗口的最左端或最右端。浮动定位虽然很自由，可以实现瀑布流之类的布局效果，但是破坏了默认的文档流，并且在操作不当时容易导致意料之外的结果，因此并不推荐。

```
<h2 style="float:right;">浮动的内容</h2>
```

以上定位方式中，static 和 relative 对应的 DOM 元素占据相应的页面空间，而 fixed、absolute、float 对应的 DOM 元素不占据任何空间，只是叠加在已有的页面内容上，并且可以通过 z-index 属性设置多元素叠加时的显示顺序。

7.2.6 CSS3

Web 基础 网页的血肉 CSS（3）

CSS3 是 CSS 的最新版本，引入了许多更为丰富的新属性，并且已经被大多数主流浏览器支持，如渐变、变换、过渡、动画等，还包括之前提及的边框圆角和阴影。如果说 CSS 给 DOM 元素赋予了丰富的样式，那么

CSS3 带来的则是更为炫酷的特效。

渐变包括线性渐变和径向渐变，可以作为 DOM 元素的背景效果，不过比较鸡肋，在实际情况中使用并不多。

transform 即变换，包括平移、旋转、缩放、斜切等二维变换，以及 3D 旋转、3D 缩放、透视等 3D 变换。可以将变换直接应用于 DOM 元素，用于修改其显示效果，也可以仅将变换应用于被鼠标悬浮下的状态，从而实现鼠标悬浮动画效果。需要注意的是，CSS3 属性需要在属性名前加上相应的前缀，用于适应不同的浏览器。

```
/*鼠标悬浮后变换*/
#transform {
    width: 200px;
    height: 120px;
}
#transform: hover {
    cursor: pointer;
    /*Safari and Chrome*/
    -webkit-transform: rotate(180deg);
    /*Firefox*/
    -moz-transform: rotate(180deg);
    /*IE*/
    -ms-transform: rotate(180deg);
    /*Opera*/
    -o-transform: rotate(180deg);
    transform: rotate(180deg);
}
```

另一项极为常用的 CSS3 属性是 transition，即过渡，用于在 CSS 属性变化时提供一段过渡效果。例如，以上的鼠标悬浮变换，结合使用过渡可以实现更好的交互体验。

```
#transform {
    width: 200px;
    height: 120px;
    /*过渡*/
    -webkit-transition: -webkit-transform.4s;
    -moz-transition: -moz-transform.4s;
    -ms-transition: -ms-transform.4s;
    -o-transition: -o-transform.4s;
    transition: transform.4s;
```

```
}
#transform:hover {
    cursor: pointer;
    /*Safari and Chrome*/
    -webkit-transform: rotate(180deg);
    /*Firefox*/
    -moz-transform: rotate(180deg);
    /*IE*/
    -ms-transform: rotate(180deg);
    /*Opera*/
    -o-transform: rotate(180deg);
    transform: rotate(180deg);
}
```

transition 后面可以提供 4 个参数，分别表示需要过渡的 CSS 属性、过渡持续时间、过渡的时间变化曲线、过渡效果开始的延时时间，后两项可以省略，默认值分别为线性过渡和无延时。需要注意，所有的 CSS3 属性前都需要加上相应的浏览器前缀。由于 transition 是 DOM 元素始终具备的属性，所以应当直接应用于 DOM 元素，而不是仅应用于悬浮状态下。

animation 即动画，可以为 DOM 元素添加丰富而流畅的动画效果。使用之前需要先用 @keyframes 定义一个动画，其中包括多个关键帧，用于说明动画不同时间节点呈现的属性。以下动画定义了 4 个关键帧，不同帧对应的位置和背景颜色不同。这样一来，动画运行之后便会从每一帧过渡到下一帧，直到回到最初的状态。

```
@keyframes myfirst
{
    0% {background:red;left:0px;top:0px;}
    25% {background:yellow;left:200px;top:0px;}
    50% {background:blue;left:200px;top:200px;}
    75% {background:green;left:0px;top:200px;}
    100%{background:red;left:0px;top:0px;}
}

@-webkit-keyframes myfirst/*Safari and Chrome*/
{
    0% {background:red;left:0px;top:0px;}
    25% {background:yellow;left:200px;top:0px;}
```

```
    50%{background:blue;left:200px;top:200px;}
    75%{background:green;left:0px;top:200px;}
    100%{background:red;left:0px;top:0px;}
}
```

定义好动画之后再使用 animation 属性将动画绑定至 DOM 元素即可。animation 可以使用 6 个参数，分别对应动画的名称、动画持续时间、动画的时间曲线、动画开始的延时、动画播放的轮数、相邻轮数之间的动画方向，后四项可以省略，默认值分别为线性动画、无延时、播放 1 轮、正常播放。

```
#animation {
    width: 100px;
    height: 100px;
    background: red;
    position: relative;
    animation: myfirst 5s;
    -webkit-animation: myfirst 5s;/*Safari and Chrome*/
}
```

关于 CSS 3 的更多内容，可以参考链接（http://www.runoob.com/css3/css3-tutorial.html）。

7.2.7 CSS 实例

HTML 中 button 的默认样式十分难看，现在用 CSS 的强大功能对其进行美化，并添加鼠标悬浮效果。

（1）给 button 周围添加一些边距，将背景色设为透明，设置边框样式，并将字体调大一些。

```
button {
    padding: 16px 20px;
    margin: 10px;
    outline: none;
    background-color: transparent;
    border: 1px solid #000;
    font-size: 30px;
}
```

（2）通过开发者工具交互地调整颜色，得到一个看起来还不错的颜色#6ebade，作为边框和文本的颜色，并设置边框圆角和文本字体，同时加上过渡。

```
button {
    padding: 16px 20px;
    margin: 10px;
    outline: none;
    background-color: transparent;
    border: 1px solid #6ebade;
    font-size: 30px;
    color: #6ebade;
    border-radius: 5px;
    font-family: Microsof tYahei;
    -webkit-transition: color,background-color.4s;
    -ms-transition: color,background-color.4s;
    -moz-transition: color,background-color.4s;
    -o-transition: color,background-color.4s;
    transition: color,background-color.4s;
}
```

（3）添加鼠标悬浮后的样式，包括改变鼠标样式、背景色和文本颜色。

```
button: hover {
    background-color: #6ebade;
    color: #fff;
    cursor: pointer;
}
```

完整代码可以参考 codes 文件夹中的 19_css_example.html。

7.2.8 补充学习

CSS 的基本内容无非选择器和样式，但由于选择器类型丰富，选择器之间也可以自由灵活地组合，CSS 可设置的样式属性名非常之多，每个属性名又对应许多种可选的属性值，这些都使得 CSS 相对 HTML 而言更加博大精深。同样的 HTML、不同的 CSS，最后呈现的效果可能差之千里。只有通过不断地练习，观察不同 CSS 代码组合之后的效果，才能更好地感受和理解每一项 CSS 属性的作用。链接（http://www.runoob.com/css/css-intro.html）提供了关于 CSS 的更多内容，里面提供了更为详细和系统的讲解，并结合大量实例代码加以巩固，推荐完整地浏览和尝试一遍。

7.3 网页的关节：JS

Web 基础 网页的关节 JS

我们已经了解了 Web 三件套中的 HTML 和 CSS，现在学习最后的 JS。

7.3.1 JS 是什么

JS 的全称是 JavaScript，但是和 Java 的关系并不大。之所以将 JS 比作网页的关节，是因为 JS 可以动态地操作 DOM 元素，如插入和删除 DOM 元素、修改已有元素的样式和内容等。

JS 是 Web 网页中的脚本编程语言，因此可以用 JS 来完成一些任务，如实现一些数值计算，或者编写 Web 网页中的事件响应函数。Web 网页中的事件包括鼠标悬浮、鼠标点击、鼠标滚动、键盘输入等，可以使用 JS 监听这些事件，并且在事件发生时进行相应的操作和处理，从而实现动态的页面更新和用户交互。

7.3.2 使用 JS

使用 JS 的方法有两种：引入外部.js 文件、直接在 HTML 中写 JS。

如同引入外部.css 文件一样，可以新建一个 script.js 文件，然后在里面编写 JS 代码。例如，输入“console.log("HelloWorld!");”，然后在 HTML 的 head 中使用 script 标签引入，src 属性指定了.js 文件的相对路径。

```
<script src="script.js"></script>
```

运行编写好的 HTML 文件，打开 Chrome 的开发者工具，在 Console 标签页中即可看到打印出来的“HelloWorld!”。console.log()是 JS 提供的打印函数，好比 Python 的 print，可以在 Web 网页中打印变量并进行调试。

如果是直接在 HTML 中编写 JS 代码，则如同 CSS 的 style 标签一样，JS 代码需要写在 script 标签中，script 标签可以放在 HTML 网页的任意位置，每条 JS 代码之后应当使用分号（;）结束。

```
<script>
console.log("Hello World!");
</script>
```

7.3.3 JS 基础

在实际项目中，一般很少直接编写原生 JS 代码，因为已经有相当多的 JS 高级封装框架。这些框架在原生 JS 语法的基础上进一步开发，能够提供更方便、更丰富的功能，如后续章节中将介绍的 JQuery，以及目前十分流行的 Angular.js、React.js 和 Vue.js 等前端框架。尽管如此，我们仍需要了解一些 JS 基础内容。

使用 document.write()可以向 body 中写入 DOM 元素，以下代码向 body 中添加了一个 h1 标签。不过这一函数比较鸡肋，因为无法灵活地控制写入的内容和位置。

```
document.write('<h1>Hello World!</h1>');
```

和 Python 一样，JS 也是一种弱变量类型的编程语言。使用关键字 var 声明一个变量，声明时无需指定其变量类型。和 Python 一样，JS 中常用的基础变量类型包括数值（整数、浮点数）和字符串。//表示 JS 注释，如同 Python 中的#一样。

```
var a = 1;//整数
var b = 1.1;//浮点数
var c = 'Hello';//字符串
console.log(a, b, c);
```

Python 中用列表和字典分别来存储序列和键值对，在 JS 中同样有相应的数据结构，只不过是换了个名称，分别叫作数组和对象。它们的使用方法，包括声明、添加元素、访问元素、修改元素和删除元素等，都和 Python 中的列表和字典大同小异。

```
var d = [];//数组
// 添加元素
// Python 中的列表是 append()
d.push(1);
d.push(2);
console.log(d);
// 打印下标为 1，即第二个元素
console.log(d[1]);
// 数组长度，Python 中是用 len()
console.log(d.length);


var e = {};//对象
// 添加 key 和 value
e['k1'] = 1;
```

```
e['k2'] = 2;
e['k3'] = 'Hello';
console.log(e);
console.log(e['k1']);
```

在 Chrome 开发者工具的 Console 标签页中进行调试并观察打印信息，可以看到数组和对象分别使用 Array[]和 Object{}表示，如图 7-3 所示。

Hello World!	js_sample.html:20
1,1.1,Hello	js_sample.html:27
▶ [1, 2]	js_sample.html:34
2	js_sample.html:36
▶ Object {k1: 1, k2: 2, k3: "Hello"}	js_sample.html:43
1	js_sample.html:44

图 7-3 在 Console 中打印 Java Script 变量

使用 document.getElementById()可以根据给定的 ID 获取相应的 DOM 元素并返回一个 DOM 对象，假设在 body 中写了一个 h1 标签。

```
<h1 id="title">标题内容</h1>
```

然后可以在 JS 中通过 document.getElementById()函数搜索并获取这个 h1。通过操作变量 t，可以对相应的 h1 标签进行一些操作，如获取其文本内容、修改其文本内容、向其中添加 DOM 元素、将其删除等。

```
var t = document.getElementById('title');
console.log(t);
```

onclick 即 DOM 元素的鼠标点击响应事件。以下代码以 button 标签为例，当鼠标单击这一按钮时，刚才提到的 h1 标签文本将发生变化。HTML 部分代码如下，可以将 onclick 当作 DOM 元素的属性来理解，当鼠标单击这一按钮时，将触发 JS 中定义的 myFunc()函数。

```
<h1 id="title">标题内容</h1>
<button type="button" onclick="myFunc()">点我</button>
```

JS 部分代码如下，首先需要定义 myFunc()函数。JS 使用 function 定义函数，和 Python 中的函数一样，也是将一些可重用的代码定义成函数，从而通过调用函数方便地执行一系列代码。JS 函数也支持提供参数，从而根据提供的参数完成更灵活、更复杂的功能。在 DOM 对象之后使用点号（.），可以访问其自带的一些内部属性和函数。例如，innerHTML 属性即 DOM 对象的 HTML 内容，可以设置为纯文本，也可以在其中包含 HTML 标签。编写代码并刷新网页，可以发现单击按钮之后，h1 标签的内容将会被替换成两个 p。

```
function myFunc(argument){
    var t = document.getElementById('title');
    t.innerHTML = '<p>按钮被点击了</p><p>按钮被点击了</p>';
}
```

因此，可以大概总结出 JS 动态操作 DOM 元素的流程。要么一开始直接在 script 中进行相关操作，要么通过 onclick 等属性绑定相应的事件响应函数，然后在响应函数里完成一些操作，从而实现动态交互的网页效果。

JS 中的运算符包括算术运算符、比较运算符、赋值运算符、逻辑运算符等，与 Python 类似。

JS 中也有条件和循环，分别使用小括号()和大括号{}显式指定判断条件和主体部分，而 Python 是依靠适当的缩进来隐式指定。对于条件，需要注意，但凡出现 if 的地方都必须加上判断条件。JS 循环以 for 循环为主，可以用来遍历数组和对象。

```
// 条件
if(a==1){
    console.log('a equal 1');
}
else{
    console.log('a not equal 1');
}

if(a==1){
    console.log('a equal 1');
}
else if(a==2){
    console.log('a equal 2');
}
else{
    console.log('a not equal 1,2');
}

// 循环遍历数组
for(var i=0; i<d.length; i++){
    console.log(i, d[i]);
}
// 循环遍历对象
```

```
for(var key in e){
    console.log(key, e[key]);
}
```

完整代码可以参考 codes 文件夹中的 20_js_example.html。

现在应该能逐渐体会到各种编程语言的一些通性，虽然不同的编程语言都有各自的特点和强项，但核心的编程思想都是相通和类似的，不同的无非只是一些使用上的细节。因此，熟练掌握一门自己最习惯使用的编程语言，同时了解其他多门辅助的编程语言，对于提高自己的理解能力和编程能力都是很有帮助的。

除了以上提及的鼠标点击事件，JS 中还支持很多其他类型的事件，如鼠标悬浮、鼠标滚动、键盘输入等，在后续介绍 JQuery 时再详细讨论。

7.3.4 补充学习

关于 JS 的更多内容可以参考链接（http://www.runoob.com/js/js-tutorial.html）里面提供了更为详细和系统的讲解，并结合大量实例代码加以巩固，推荐完整地浏览和尝试一遍。

掌握 HTML、CSS、JS 三件套之后，大致了解了 Web 基础内容。后续的学习内容包括一些进阶知识，如基于 JS，可以更加方便操作 DOM 元素的 JQuery。Bootstrap 是一款轻量的前端封装，包括 CSS 和 JS 两部分。前者提供了一些写好的 CSSclass，这样通过 class 的名称便可以快速使用写好的样式；后者基于 JS 提供了一些封装好的可以直接使用的网页动态功能，如标签页、模态框和轮播等，如果使用原生的 JS 代码实现这些动态效果，则需要耗费更多时间和代码。

当然，前端涉及的内容非常之多，新的好用的框架也层出不穷、不断迭代，如之前提及的 Angular.js、React.js 和 Vue.js 等。Web 后端可选的框架则更为丰富，基于 PHP、Python、NodeJs、Java 等都可以搭建 Web 后端。不断学习新的知识是好事，但是应当打好 Web 基础，并至少熟练掌握一种前端框架和后端框架，这样在后续通过 Web 网站实现动态交互的数据可视化时，才能得心应手地实现想要的效果。

第 8 章

Web 进阶

8.1 比 JS 更方便的 JQuery

JQuery 即 JS 加 Query，是一个基于 JS 的封装库。它极大地简化了 JS 编程，使得选择和操作 DOM 元素、绑定和处理响应事件都变得更为便捷，同时语法简单、十分容易学习。

Web 进阶 比 JS 更方便的 JQuery（1）

8.1.1 引入 JQuery

既然 JQuery 是一个基于 JS 的封装库，所以其本质上就是一个.js 文件。可以访问官网提供的下载链接（http://jquery.com/download/）下载 JQuery。选择最新的压缩（compressed）、生产（production）版本即可，下载完毕，在 HTML 中使用 script 标签结合相对路径引入即可。

也可以使用 CDN 引入 JQuery。CDN（Content Delivery Network）即内容分发网络，很多服务商通过 CDN 将一些常用的文件托管在互联网上，使得大家通过链接可以快速访问到需要的文件。网上提供 JQuery 的 CDN 很多，如（http://cdn.bootcss.com/jquery/2.1.4/jquery.min.js），在浏览器中访问这一链接可以直接看到.js 文件的具体内容，对应 2.1.4 版本的 JQuery 压缩版源码。因此，将 CDN 链接传到 script 标签的 src 属性中，可通过 CDN 引入 JQuery，就如同 img 标签的 src 属性一样，既可以使用相对路径来加载本地图片，也可以使用互联网上可访问的图片链接一样。

```
<script src='http://cdn.bootcss.com/jquery/2.1.4/jquery.min.js'></script>
```

在使用 JQuery 之前，推荐在 SublimeText 中安装 JQuery 插件，安装之后，在 Sublime Text 中编写 JQuery 代码可以出现提示和补全的功能。

8.1.2 语法

引入 JQuery 之后，所有的 JQuery 代码都必须写在相应的环境中。以下三种写法是等价的，第一种是完整写法，表示当 HTML 文档 document 加载完毕 ready 之后，执行 function 中定义的 JQuery 代码；第二种写法将 jQuery 简写为$；第三种为进一步简化后的写法。如果在 Sublime Text 中已经安装了 jQuery 插件，那么在 script 标签中输入 ready 之后，即可快速补全三种写法之一，如图 8-1 所示。

```
<script>
jQuery(document).ready(function($){
    // JQuery 代码
});
$(document).ready(function(){
    // JQuery 代码
});
$(function(){
    // JQuery 代码
});
</script>
```

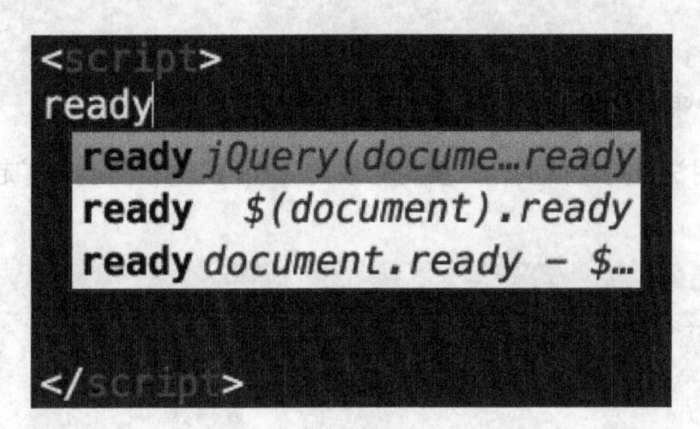

图 8-1 在 Sublime Text 中自动补全 JQuery 代码环境

JQuery 语法遵循以下结构，$是 jQuery 的缩写。其中的 selector 可以理解成 CSS 中的选择器，用于搜索、选择并返回 DOM 元素。JQuery 的 selector 和 JS 的 document.getElementById()作用类似，但是后者只支持通过 DOM 元素的 id 进行选择，而前者支持任意有效的 CSS 选择器，因此前者更加灵活、功能更为强大。action()是需要对选择的 DOM 元素执行的动作，主要包括直接操作和绑定事件响应函数两大类，前者直接对

DOM 元素执行一些操作，如改变样式或内容等，后者对 DOM 元素绑定事件响应函数，只有指定的事件触发时，才执行响应函数里的 JQuery 代码。

```
$(selector).action();
```

8.1.3 选择器

CSS 中的元素名选择器、id 选择器、class 选择器、子元素选择器、后代元素选择器、兄弟选择器、相邻兄弟选择器、属性选择器等都可以作为 JQuery 的 selector，JQuery 会根据 selector 查找并选择全部符合条件的一个或多个 DOM 元素。以下代码选择全部的 p 并通过 text()函数设置它们的文本内容。

```
$('p').text('你好');
// 也可以先将选择结果赋给一个 JS 变量，然后再执行相应操作
// var p = $('p');
// p.text('你好');
```

使用 text()函数可以设置或读取 h1、p 等 DOM 元素的文本内容，如果不提供参数则为读取，提供字符串参数则为设置。

```
// 读取 p 的内容
var content = $('p').text();
console.log(content);
```

其他选择器的用法也是类似的，只要将有效的 CSS 选择器用引号扩起来即可，以下给出一些例子。

```
// id 选择器
$('#title').text('你好');

// class 选择器
$('.title').text('你好');

// 子元素选择器
$('h1>span').text('你好');

// 后代元素选择器
$('h1 span').text('你好');
```

```
// 兄弟选择器
$('p~span').text('你好');

// 相邻兄弟选择器
$('p+span').text('你好');

// 属性选择器
//<p name="title"></p>
$('p[name="title"]').text('你好');
```

8.1.4 事件

action()可以是事件，从而为选择的 DOM 元素绑定事件响应函数。常用的 JQuery 事件有以下几种。

- click：DOM 元素被点击。
- dbclick：DOM 元素被双击。
- mouseenter/leave/over/out：鼠标进入 / 离开 / 悬浮 / 移出 DOM 元素，enter 和 leave 是一对，over 和 out 是一对，第一对不触发事件冒泡，而第二对会触发。以悬浮为例，悬浮在某一个 DOM 元素之上时，也会悬浮在其所有父元素之上，即子元素的鼠标悬浮事件会触发父元素的鼠标悬浮事件，如同冒泡一样不断向上扩散。
- hover：同样是鼠标悬浮，但同时响应进入和离开这两个事件。
- keypress/up/down：在 input、textarea 等表单元素中输入时，按键的点按 / 按下 / 松起事件，即 press 包括 down 和 up 两个事件。
- change：input、textarea 等表单元素的内容发生了改变。
- focus：input、textarea 等表单元素获得焦点，即进入输入状态。
- blur：input、textarea 等表单元素失去焦点，即退出输入状态。

以下代码为 button 标签绑定鼠标点击事件，当鼠标点击按钮时，会在 Console 里打印相应的信息。

```
$('button').click(function(event){
    console.log('Click!');
});
```

在事件响应函数中可以使用 this 选择器，用于获取触发事件的 DOM 元素。假设在 HTML 中有多个 h1，使用以下代码，当鼠标进入某个 h1 时，仅触发 mouseenter 事件的 h1 内容会发生变化，当鼠标离开该 h1 时，也只有触发 mouseleave 事件的 h1 内容会发生变化。

当使用同一个 selector 为多个 DOM 元素绑定事件响应函数，并且当事件发生时，只需要处理触发事件的 DOM 元素，那么 this 选择器会变得非常有用。

```
$('h1').mouseenter(function(event){
    $(this).text('鼠标进入');
});
$('h1').mouseleave(function(event){
    $(this).text('鼠标离开');
});
```

以下代码为 input 绑定 keyup 事件响应函数，使得每次按键输入时，都可以获取输入框的内容，并打印出来。和 h1、p 等文本类 DOM 元素使用的 text()函数不同，input、textarea 等输入表单类 DOM 元素需要使用 val()函数读取或设置其内容。

```
$('input').keyup(function(event){
    var content = $(this).val();
    console.log(content);
});
```

当然也可以读取 input 的内容之后，将其设置成 h1 显示的文本，结合使用事件响应函数、val()和 text()即可。

```
$('input').keyup(function(event){
     var content = $(this).val();
     $('h1').text(content);
});
```

8.1.5 直接操作

除了为 DOM 元素绑定事件之外，action()还可以直接对 DOM 元素执行操作。

hide()和 show()分别可以用来隐藏和显示 DOM 元素，相当于将 DOM 元素 CSS 属性中的 display 设置为 none。以下代码使得点击不同的 button 之后，分别隐藏或者显示 h1，HTML 部分代码如下。

```
<button id="btn1">隐藏</button>
<button id="btn2">显示</button>
```

JS 部分代码如下。

```
$('#btn1').click(function(event){
```

```
    $('h1').hide();
});

$('#btn2').click(function(event){
    $('h1').show();
});
```

toggle()则根据 DOM 元素当前显示情况进行判断，如果已经隐藏了，则显示出来，如果已经显示，则隐藏起来。

fadeIn()和 fadeOut()可以将 DOM 元素淡入或淡出，从而实现一些渐变呈现的效果，fadeToggle()则根据 DOM 元素当前显示情况选择执行淡入或淡出操作。类似的还有 slideUp()、slideDown()和 slideToggle()，分别对 DOM 元素执行滑上和滑下等操作。

当 DOM 元素被 hide()、fadeOut()、slideUp()等操作隐藏起来之后，DOM 元素将不再占据 HTML 文档流的任何空间，而 CSS 属性 opacity:0;只是将 DOM 元素的透明度降为 0，DOM 元素虽然无法看见，但仍然占据 HTML 文档流中的相应空间，因此两者是不同的。

animate()函数可以对 DOM 元素执行一些动画，可以在一段持续时间内渐变改变 DOM 元素的一条或多条 CSS 属性。第一个参数以 JS 对象的形式提供一些 CSS 属性的目标值，第二个参数指定动画的持续时间，单位为毫秒。首先在 HTML 中添加一个 position 属性为 relative 的 h2。

```
<h2 style="position:relative;">一段简单的动画</h2>
```

然后在 JS 中通过 animate()逐渐改变其位置，经过 2 秒后，将向右和向下分别移动 100 像素。

```
$('h2').animate({
        top: 100,
        left: 100
    },
    2000);
```

JQuery 支持链式操作（Chaining），即通过 selector 选择元素之后，可以依次执行多个 action()。以下代码首先改变 h3 的文本内容，然后应用一段动画将其移动，最后使用 fadeOut()将 h3 淡出。在具体的应用中，可以结合使用任意多个 JQuery 提供的操作，从而实现一些有趣的交互效果。

```
$('h3').text('链式操作').animate({
        top: 100,
```

```
        left: 100
},
2000).fadeOut(1000);
```

JS 对缩进没有过多要求，代码运行逻辑主要靠括号的开始和结束部分显式指定，不像 Python 那样，不同的缩进可能会导致完全不同的运行结果。即便如此，保持整齐和规则的缩进，可以提高代码的可读性和美观性。

Web 进阶 比 JS 更方便的 JQuery（2）

以上大多数 JQuery 操作都支持使用回调函数（Callback），即当前操作执行完毕之后才调用的函数。以下代码在 fadeOut()中加入回调函数，使得当 h4 淡出完毕之后，才执行回调函数里的打印。回调函数中可以进一步选择其他 DOM 元素并执行 JQuery 操作，还可以嵌套使用多层回调函数，从而保证多个操作之间按严格的顺序执行。

```
$('h4').fadeOut(5000, function(){
    console.log('完成淡出');
})
```

和之前提到的 text()不同，使用 html()函数可以设置 h1、p 等文本类 DOM 元素的 HTML 内容，即支持 HTML 标签的解析，以下代码可体现出两者的不同，分别运行后，p 将呈现出不同的内容。

```
$('p').text('<span>text 函数</span>');
$('p').html('<span>html 函数</span>');
```

使用 attr()函数可以设置或读取 DOM 元素的属性，只提供参数名为读取，同时提供参数名和参数值为设置。以下代码首先读取 h5 的 name 属性值并打印，然后将 name 属性值设置为 test。

```
//读取属性
var name = $('h5').attr('name');
console.log(name);
//设置属性
$('h5').attr('name', 'test');
```

使用 append()可以向一个 DOM 元素 A 中添加另一个 DOM 元素 B，A 是 B 的直接父元素，并且 B 添加到 A 所有子元素中的最后一个。

```
$('h1').append('<p>append 添加子元素</p>');
```

使用 prepend()也可以向一个 DOM 元素 A 中添加另一个 DOM 元素 B，A 是 B 的直接父元素，并且 B 添加到 A 所有子元素中的第一个。

```
$('h1').prepend('<p>prepend 添加子元素</p>');
```

使用 before()可以向一个 DOM 元素 A 之前添加另一个 DOM 元素 B，A 和 B 为兄弟元素。

```
$('h1').before('<p>before 添加兄弟元素</p>');
```

使用 after()可以向一个 DOM 元素 A 之后添加另一个 DOM 元素 B，A 和 B 也为兄弟元素。

```
$('h1').after('<p>after 添加兄弟元素</p>');
```

使用 remove()可以删除选择的 DOM 元素，使用 empty()则是清空所选 DOM 元素的全部后代元素。

在 JS 中也可以动态设置或读取 DOM 元素的 CSS 属性，使用 JQuery 提供的 css()函数即可。提供两个参数时为设置，第一个参数指定要设置的 CSS 属性，第二个参数指定要设置的参数值；仅提供一个参数时为读取，和 text()、val()类似。

```
//设置 CSS 属性
$('h6').css('color', 'red');
//读取 CSS 属性
console.log($('h6').css('color'));
```

JQuery 提供的 DOM 操作函数包括 each()、parent()、children()、find()、siblings()等。

当 selector 选择了多个 DOM 元素时，可以使用 each()分别处理获取到的每一个 DOM 元素，处理时可以根据 DOM 元素的序号采取不同的操作。例如，对于列表中的所有 li，将奇数行设置为红色文本，将偶数行设置为蓝色文本，index 表示每个 DOM 元素的序号。

```
$('li').each(function(index, el){
    if(index % 2 == 0){
        $(this).css('color', 'blue');
    }
    else{
        $(this).css('color', 'red');
    }
});
```

parent()、children()、find()、siblings()可以接受选择器作为参数，从而基于 DOM 模型，在一个选择器的基础上查找其他 DOM 元素，并进一步执行后续 JQuery 操作。这使得在

DOM 元素触发响应事件时，可以灵活任意操作其他的 DOM 元素，只需要清楚 DOM 元素之间的层次关系即可。

```
//可以在 DOM 元素变量前面加上$，用于标明这不是一个普通的 JS 变量
//获取 p 的直接父元素
var $obj = $('p').parent();

//获取 div 全部子元素中的 p
var $obj = $('div').children('p');

//获取 div 全部后代元素中的 p
var $obj = $('div').find('p');

//获取 p 全部兄弟元素中的 span
var $obj = $('p').siblings('span');
```

8.1.6 AJAX 请求

使用 JQuery 提供的 get()、getJSON()、post()、ajax()等函数可以发起 Web 请求，如请求文件和数据等。我们之前已经接触过 GET 请求和 POST 请求，这里介绍 AJAX 请求。

AJAX（Asynchronous Java Scriptand XML）即异步 JavaScript 和 XML，支持多种类型和数据格式的请求。

如果在 Sublime Text 中已经安装了 JQuery 插件，那么只需要输入 ajax，便可以快速补全相应的代码。以下代码请求同级目录下的 data.json 文件，请求类型为 GET，数据格式为 json，请求参数为空。请求成功后，将执行 done()中定义的代码，data 即为返回的数据，请求失败，则执行 fail()中定义的代码，always()中定义的代码无论是否成功，都会执行。

```
$.ajax({
    url: 'data.json',
    type: 'GET',
    dataType: 'json',
    data: {},
})
.done(function(data){
    console.log(data);
    console.log("success");
})
```

```
.fail(function(){
    console.log("error");
})
.always(function(){
    console.log("complete");
});
```

data.json 文件里的内容如下，请求成功后，返回的 data 即为 json 字符串解析后的 JS 对象。

```
{
    "title":"Honlan",
    "age":24
}
```

完整代码可以参考 codes 文件夹中的 21_jquery_example.html。

8.1.7 补充学习

总而言之，使用 JQuery 的主要思路是，为目标 DOM 元素绑定事件响应函数，在事件响应函数中对相应的 DOM 元素执行一些 JQuery 操作，从而实现动态改变 DOM 元素、完成事件交互等效果。关于 JQuery 的更多内容可以参考链接（http://www.runoob.com/jquery/jquery-tutorial.html），里面提供了更为详细和系统的讲解，并结合大量实例代码加以巩固，推荐完整地浏览和尝试一遍。

除了 JQuery 之外，还有很多好用而且热门的 JS 封装，如 Angular.js、React.js 和 Vue.js 等。前端涉及的内容非常之多，也是离产品用户最近的一部分工作，因此对程序员的需求越来越多、要求越来越高。当然，前端也是 Web 网站中交互性和体验性最强的一块，通过代码可以实现直观的内容和可见的成果，因此也能带来更大的编程乐趣和开发成就感。

8.2 实战：你竟是这样的月饼

实战 和 DT 财经合作的中秋节月饼项目（1）

通过之前学习的 HTML、CSS、JS 和 JQuery，下面实现一个前端实战项目。

8.2.1 项目简介

本次实战是之前和 DT 财经（http://www.dtcj.com/）合作的一个中秋节月饼项目，可以访问链接（http://zhanghonglun.cn/dt_moon_cake/）查看。由于网页是为手机端设计的，所以在 PC 端访问时，需要将浏览器窗口调整至合适大小。

整个项目的全部代码和文件都托管在 Github 上（https://github.com/Honlan/dt_moon_cake），包括两个 HTML 页面，三个 json 数据，以及一些其他资源文件。将整个项目下载下来之后，通过 MAMP 或 WAMP 开启 Web 服务，并将项目移动到 Web 服务的根目录中，即可在浏览器中访问项目。

项目一共包括两个页面：首页和月饼页。在首页需要输入一些基本信息，包括名称、性别、星座和地域，输入完毕之后，即可点击“开始测试”，如图 8-2 所示。

图 8-2　中秋节月饼项目首页

之后页面会跳转到对应的月饼页，根据之前填写的性别、星座和地域 3 个字段，按照概率模型选择一种月饼并展示，如图 8-3 所示。

整个项目的逻辑并不复杂，具体如下。

- 首页完成一些设计效果，提供输入表单并采集用户信息。
- 用户输入完毕点击“开始测试”后，将采集的信息传递给月饼页并跳转。

- 在月饼页中根据用户信息和概率模型选择某种月饼，在前端展示。

因此，通过之前掌握的 HTML、CSS、JS 和 JQuery 等基础，完全足以实现这样的一个项目。

图 8-3　中秋节月饼项目月饼页

8.2.2　首页实现

首页的完整代码可以在 index.html 中找到。

首先是 head 部分的一些代码，在 title 中填入网页的标题。

```
<title>DT 财经 - 你竟是这样的月饼？ </title>
```

通过 link 标签指定网页使用的图标，这里使用 lib 文件夹下的 logo.png。

```
<link rel="shortcut icon" href="lib/logo.png">
```

引入 JQuery 和 Bootstrap，之所以需要 Bootstrap，是因为在编写输入框时，会用到 bootstrap.min.css 提供的一些样式。

```
<script src="lib/jquery.min.js"></script>
<link rel="stylesheet" href="lib/bootstrap.min.css">
```

接下来用到了一个隐藏起来的 div，里面是一张项目的缩略图，这是因为网页在微信中转发时，微信会默认使用第一个 img 标签对应的图片作为转发的缩略图。

```
<div style="display:none;">
    <img src="lib/img/thumb.png" alt="">
</div>
```

编写一个 style 标签，然后在其中编写首页将用到的全部 CSS 代码。

以下定义了 html 和 body 的样式，将 html 的背景设置成准备好的背景图片，并将背景图片的大小设置成横宽都为 100%，将最小高度设置为 100%，使得 html 占据整个浏览器窗口而且背景图片能够全部铺满。在 body 中完成字体和颜色的设置，由于 html 已经有背景图片了，所以 body 的背景设为透明即可，同时将其宽度设为 100%，和 html 一样宽。在设计网页时，一般都会让 html 和 body 占据浏览器全部的宽度，而在网页内容超出浏览器高度时，采取滚动页面浏览的方法。

```
html {
    background-image: url('lib/img/bg.png');
    background-size: 100% 100%;
    min-height: 100%;
}
body {
    font-family: Microsoft Yahei;
    -webkit-font-smoothing: antialiased;
    background: transparent;
    color: #fff;
    width: 100%;
}
```

首页主要包括两部分，上半部分的图片和下半部分的表单，所以在 body 中分别写两个 div，用于存放相应的代码。

```
<body>
    <div id="header">
```

```
    </div>
    <div id="content">
    </div>
</body>
```

在设计网页时，应该规划整个网页的大致结构。网页包含哪几个部分？每个部分分别包含哪些内容？想清楚这些问题之后，在具体实现时，首先在 HTML 中添加相应的 DOM 元素，然后在 CSS 中完善 DOM 元素的呈现样式，最后在 JS 中添加相应的动态处理和事件响应函数。从整体到细节，就像搭积木一样，一步步地实现网页中的每一块内容。

在 CSS 中，将 header 的 position 设为 relative，从而便于控制其子元素的位置，只要将需要控制的子元素 position 设为 absolute，并结合使用 top、left、bottom 和 right 等属性即可。

```
#header {
    position: relative;
}
```

header 部分对应的完整代码如下：

```
<div id="header">
    <div id="layer" style="width:100%;opacity:0.3;">
        <img src="lib/img/layer.png"alt=""style="width:100%;margin-bottom:
-20px;">
    </div>

    <img src="lib/img/circle700.gif"alt=""style="width:76%;left:12%;position:
absolute;top:30px;z-index:99;opacity:0;"id="circle">
    <img src="lib/img/moon.png"alt=""style="width:38%;left:31%;position:
absolute;z-index:98;opacity:0;"id="moon">

    <img src="lib/img/title.png"alt=""style="width:70%;margin-left:15%;
margin-right:15%;opacity:0;"id="title">
    <img src="lib/img/leaf_left.gif"alt=""style="width:18%;position:fixed;
bottom:18%;left:0;z-index:-1;">
    <img src="lib/img/leaf_right.gif"alt=""style="width:14%;position:fixed;
bottom:18%;right:0;z-index:-1;">
    <img src="lib/img/cloud1.png"alt=""id="cloud1"style="width:25%;position:
absolute;left:-25%;z-index:10;opacity:0;">
    <img src="lib/img/cloud2.png"alt=""id="cloud2"style="width:10%;position:
```

```
absolute; right:-10%;z-index:10;opacity:0;">
    <img src="lib/img/xiaoD.png"alt=""id="xiaoD"style="width:30%;position:
absolute;right:-30%;z-index:111;">
</div>
```

从代码中可以看出，header 包含以下内容。

• 一个 id 为 layer 的 div，里面包含一张图片，作为 header 的背景图。layer 的宽度同样设置为 100%，透明度设为 0.3，这些属性也将影响到其中的 img。当 margin-bottom 为正数时，底部元素会下移从而腾出空白，当 margin-bottom 为负数时，底部元素会上移从而减少空白，因此使用 margin，可以灵活调整 DOM 元素之间的距离。

• 两个 img，对应月亮的光圈 circle 和中部 moon。使用百分比设置宽度，使图片宽度和浏览器宽度呈正比。不设置高度，使得图片保持原始宽高比例。使用绝对定位和 left 属性，确定两个 img 的位置并使它们居中显示。透明度都设置为 0，是因为希望添加一些淡入的效果。

• 一个 id 为 title 的 img，对应首页中的“你竟是这样的月饼？”这一图片，结合宽度和 margin 使图片居中，并且将透明度设为 0 以便淡入。由于 circle 和 moon 都为绝对定位，所以 title 在文档流中的位置实际上是紧随 layer 的，可以在开发者工具 Elements 标签页中观察。

• 两个 img，对应左右两片叶子，使用 fixed 定位使它们固定在浏览器中的相应位置，bottom 确定竖直方向上固定在从下至上 18%的位置，left 和 right 使得它们固定在最左边和最右边。和 absolute 定位一样，fixed 定位的 DOM 元素在文档流中也不占据任何空间。

• 两个 img，对应两朵云 cloud1 和 cloud2，设置它们的宽度和透明度，使用绝对定位和负的 left、right 值，使得它们一开始藏在浏览器之外。

• 一个 id 为 xiaoD 的 img，对应 DT 财经的吉祥物。

由于使用了绝对定位和固定定位，所以需要为每一个 DOM 元素设置相应的 z-index 属性，从而保证当多个 DOM 元素重合时，z-index 值更大的元素会优先显示并遮盖住下方的元素。为单个 DOM 元素设置少量 CSS 属性时，使用内联样式将 CSS 代码写到 DOM 元素的 style 属性中，是一种比较简单而且方便的选择。

再来看看 header 对应的 JS 代码，首先使用 css()函数设置 layer 的高度，设为 layer 的宽度乘以 0.86243，这是在 CSS 代码中无法实现的。

```
$('#layer').css('height', $('#layer').width() * 0.86243);
```

同样，根据 circle 的宽度设置 moon 的 top 值，使得 moon 恰好位于 circle 的中央。通过 animate()添加动画，让 circle 和 moon 淡入，即 opacity 从 0 到 1，并向上移动 10 像素，使用绝对定位并且 top 减少 10。

```
$('#moon').css('top', 30 + $('#circle').width() * 0.252).animate({
    opacity: 1,
    top: 20 + $('#circle').width() * 0.252
}, 600);
$('#circle').animate({
    opacity: 1,
    top: 20
}, 600);
```

setTimeout()函数可以用来实现延时效果，经过第二个参数指定的延时后，才执行第一个参数里提供的函数代码。以下经过 400 毫秒后，根据 circle 的宽度确定 cloud1 和 cloud2 的位置，并且让它们淡入并移动到浏览器中。

```
setTimeout(function(){
    $('#cloud1').css('top', 20 + $('#circle').width() * 0.4).animate({
        left: 0,
        opacity: 1
    }, 600);
    $('#cloud2').css('top', 20 + $('#circle').width() * 0.1).animate({
        right:' 20%',
        opacity: 1
    }, 600);
}, 400);
```

同理，在 800 毫秒后，让 title 和表单部分的 content 也淡入。

```
setTimeout(function ( ) {
    $('#title').animate({
        opacity: 1
    }, 600);
    $('#content').animate({
        opacity: 1
    }, 600);
}, 800);
```

最后，再为 xiaoD 实现一个稍微复杂些的动画效果，使用 CSS 3 定义一个动画 come，包括开始和结束两个关键帧，设置了旋转变换和 right 属性。

```
@keyframes come {
    from {
        transform: rotate(0deg);
        right: -30%;
    }
    to {
        transform: rotate(360deg);
        right: 12%;
    }
}
```

在 xiaoD 的 CSS 属性中加上 come 这一动画，动画持续 1.2 秒，延时 0.8 秒后开始。

```
#xiaoD {
    animation: come1.2s.8s;
    -o-animation: come1.2s.8s;
    -ms-animation: come1.2s.8s;
    -moz-animation: come1.2s.8s;
    -webkit-animation: come1.2s.8s;
}
```

在 JS 中也对 xiaoD 进行处理，先确定其 top 值，然后在 800 毫秒延时之后更新其 right 值，否则 xiaoD 会在动画结束后回到一开始的位置。

```
$('#xiaoD').css('top', 20 + $('#circle').width() * 0.65);
setTimeout(function(){
    $('#xiaoD').css('right', '12%');
}, 800);
```

再来看看 content 部分的内容，主要包括一个用于输入姓名的文本框，3 个分别用于选择性别、星座和地域的下拉框，一个开始测试的提交按钮。整个 content 的透明度设置为 0，配合之前提到的 JS 代码实现淡入效果。

```
<div id="content" style="opacity:0;">
    <div id="name">
        <input type="text" name="name" placeholder="姓名" class="form-control">
    </div>
    <div style="position:relative;" id="gender">
    <input type="text" name="gender" placeholder="性别" class="form-control
select" readOnly="true">
```

```
        <div class="div" name="gender">
            <div class="cell" name="男">男</div>
            <div class="cell" name="女">女</div>
        </div>
    </div>
    <div style="position:relative;" id="star">
        <input type="text" name="star" placeholder="星座" class="form-control
select" readOnly="true">
        <div class="div" name="star">
            <div class="cell" name="双子">双子</div>
            <div class="cell" name="双鱼">双鱼</div>
            <div class="cell" name="处女">处女</div>
            <div class="cell" name="天秤">天秤</div>
            <div class="cell" name="天蝎">天蝎</div>
            <div class="cell" name="射手">射手</div>
            <div class="cell" name="巨蟹">巨蟹</div>
            <div class="cell" name="摩羯">摩羯</div>
            <div class="cell" name="水瓶">水瓶</div>
            <div class="cell" name="狮子">狮子</div>
            <div class="cell" name="白羊">白羊</div>
            <div class="cell" name="金牛">金牛</div>
        </div>
    </div>
    <div style="position:relative;" id="area">
        <input type="text" name="area" placeholder="地域" class="form-control
select" readOnly="true">
        <div class="div" name="area">
            <div class="cell" name="东北">东北</div>
            <div class="cell" name="华东">华东</div>
            <div class="cell" name="华中">华中</div>
            <div class="cell" name="华北">华北</div>
            <div class="cell" name="华南">华南</div>
            <div class="cell" name="西北">西北</div>
            <div class="cell" name="西南">西南</div>
        </div>
    </div>
    <button class="btn btn-default disabled" id="begin">开始测试</button>
</div>
```

在 CSS 中设置 name、gender、star、area 四个 div 的宽度，并使它们水平居中。

```
#content  #name,
#content  #gender,
#content  #star,
#content  #area {
    width: 50%;
    margin: 8px auto;
}
```

文本框比较简单，使用 type 为 text 的 input 即可，form-control 是 Bootstrap 提供的一个 class，已经写好了一些用于美化 input 的样式。尽管如此，我们依旧觉得不够美观，对 input 添加一些额外的样式，去掉 border 和 outline 并添加阴影。

```
#content input {
    z-index: 999;
    border: none;
    outline: none;
    box-shadow: 1px 1px 1px rgba(20,20,20,0.4);
}
```

HTML 中的 select 标签提供的下拉列表框样式比较难看，并且很难用 CSS 美化，因此打算实现一个下拉框。以 gender 为例，首先将身为父元素的 gender 设为相对定位，然后用一个只可读不可输入的文本框用于显示当前的选项，最后用一个 div 存放所有可选的选项。

没有进入下拉选择状态时，应当隐藏对应的可选选项，即 display 设置为 none。

```
#content.div {
    position: absolute;
    bottom: 34px;
    left: 0;
    width: 100%;
    display: none;
    z-index: 999;
}
```

在 JS 中定义两个变量，分别用于判断当前是否处于下拉选择状态，以及当前正在选择哪一项字段，再用一些变量来记录相应字段的值并初始化 DOM 元素的显示。

```
var selecting = false;
var select;
```

```
var name = '';
var gender = '';
var star = '';
var area = '';
$('input[name="name"]').val(name);
$('.select[name="gender"]').val(gender);
$('.select[name="star"]').val(star);
$('.select[name="area"]').val(area);
```

当下拉文本框被点击时，如果 selecting 为 false，则进入下拉选择状态，从而避免点击多个下拉文本框造成冲突。进入下拉选择状态之后，记录当前正在操作的字段，修改 selecting 的值，为被点击的下拉文本框添加一个 active 的 class，并显示对应的可选选项。使用 event.preventDefault()可以阻止事件默认的处理行为，避免发生意料之外的事情。

```
$('.select').click(function(event){
    event.preventDefault();
    if(!selecting){
        select = $(this).attr('name');
        selecting = true;

        $(this).addClass('active');
        $(this).siblings('div.div').show();
    }
});
```

active 的下拉文本框左上角和右上角没有圆角，从而和出现的可选项完美契合在一起，如图 8-4 所示。

图 8-4　对 active 状态下拉文本框四周圆角的处理

```
#content.select.active {
    border-top-left-radius: 0;
    border-top-right-radius: 0;
}
```

当然，也要为可选项编写一些 CSS 样式，适当添加一些 padding，设置字体颜色和字体大小等属性，通过 nth-of-type 伪类对奇数行和偶数行分别设置不同的背景颜色，使用 first-child 伪类为第一行添加左上角和右上角的圆角以及阴影效果，通过 hover 伪类添加悬浮时的鼠标样式和颜色改变。

```
#content.cell {
    padding: 8px;
    padding-left: 12px;
    color: rgb(90,103,121);
    background-color: #fff;
    font-size: 13px;
    z-index: 999;
    text-align: left;
    display: block;
}

#content.cell:nth-of-type(2n) {
    background-color: rgb(250,251,253);
}
#content.cell:nth-of-type(2n+1) {
    background-color: rgb(255,255,255);
}

#content.cell:first-child {
    box-shadow: 0px -2px 2px rgba(20,20,20,0.3);
    border-top-left-radius: 4px;
    border-top-right-radius: 4px;
}

#content.cell:hover {
    cursor: pointer;
    background-color: #50a3ba;
    color: #fff;
}
```

进入下拉选择状态之后，如果点击了某一选项，则需要隐藏对应字段的全部可选选项，获取所点击的选项内容，移除下拉状态文本框的 active 类并更新其显示内容，同时更新对应 JS 字段变量的值，将 select 和 selecting 的值重置，表示完成全部处理并退出下拉选择状态。因此在编写事件响应函数时，需要根据事件的逻辑逐一处理涉及的全部 DOM 元素和 JS 变量，既需要改变 DOM 元素的显示内容，也需要改变相应 JS 变量的值。

```
$('.cell').click(function(event){
    event.preventDefault();
    $(this).parent('div.div').hide();
    var tmp = $(this).attr('name');

    $('.select').removeClass('active');
    $('.select[name="' + select + '"]').val(tmp);
    if(select == 'gender'){
        gender = tmp;
    }else if(select == 'star'){
        star = tmp;
    }else if(select == 'area'){
        area = tmp;
    }
    select = '';
    selecting = false;
    if(name != '' && gender != ''&& star != ''&& area != ''){
        $('#begin').removeClass('disabled');
    }
    else {
        $('#begin').addClass('disabled');
    }
});
```

以上响应函数中的最后几行代码称为校验代码，根据 name、gender、star 和 area 4 个字段变量的当前值判断是否将提交按钮设置为不可点击即 disabled。disabled 类是 Bootstrap 提供的，被 disabled 的 button 无法点击，自然也无法触发点击响应函数。如果 4 个字段变量值都不为空，表示字段全部输入完毕，则移除 disabled 类，可以点击提交按钮，否则添加 disabled 类，不允许用户点击提交。

以上校验代码也需要添加至姓名输入框的 keyup 事件响应函数中。当在输入框中按键并松起时会触发 keyup 事件，可用于监测输入框内容的变化。

```
$('input[name="name"]').keyup(function(event){
    name = $(this).val();

    if(name != '' && gender != '' && star != ''&& area != ''){
        $('#begin').removeClass('disabled');
    }
    else {
        $('#begin').addClass('disabled');
    }
});
```

给 button 再添加一些额外的样式，设置宽度、边距、字体颜色等属性，移除 border 和 outline，加上阴影效果。

```
#content.btn {
    display: block;
    width: 50%;
    margin: 8px auto;
    z-index: 999;
    box-shadow: 1px 1px 1px rgba(20,20,20,0.4);
    padding: 8px;
    color: #555;
    background-color: #f2f2f2;
    outline: none;
    border: none;
}
#content.btn:hover {
    background-color: #f2f2f2;
}
```

点击开始测试按钮后，需要根据用户输入的相关信息，结合概率模型选择相应的月饼，因此需要事先加载好模型数据，便于后续使用。通过 AJAX 请求读取 lib 文件夹下的 model.json，请求成功后加载为 JS 对象并打印，可以在开发者工具 Console 标签页中查看模型内容。该 JS 对象以全部的“性别_星座_地域”组合为 key，对应 value 都是长度为 30 的数组，即该组合下 30 种月饼对应的数据，每种月饼包括 3 个值：月饼名、开始概率、结束概率，30 种月饼的开始概率和结束概率彼此相连并完整覆盖 0 至 1。

```
var model;
```

```
$.ajax({
        url: 'lib/model.json',
        type: 'GET',
        dataType: 'json',
        data: {},
    })
    .done(function(data){
        model = data;
        console.log(model);
    })
    .fail(function(){})
    .always(function(){});
```

模型数据从何而来？主要是统计了阿里巴巴提供的大量月饼购买记录，从而得出不同性别、星座、地域人群的购买行为中各种月饼所占的比例。整理成以上形式是为了便于前端使用，月饼所占比例越大，开始概率和结束概率之差也越大，从而在基于模型选择月饼时有更高的概率被选中。

以下是开始测试按钮的点击事件响应函数。首先为 content 和 xiaoD 添加一些退场的动画，然后拼接性别、星座和地域并获取对应的模型数据，接着生成一个随机数并遍历模型数据，直到该随机数正好处于某种月饼的开始概率和结束概率之间，月饼选择完成。使用 window.location.href 获取当前页面的 URL 链接，根据不同的情况进行处理，并拼接 name、star、area 和 cake 等参数，再赋值给 window.location.href 实现页面跳转，跳转至对应的月饼详情页。

```
$('#begin').click(function(event){
    calculate();
});

function calculate(){
    $('#content').animate({
        opacity: 0
    }, 400);
    $('#xiaoD').animate({
        top: '110%',
        left: '35%',
    }, 800);
    var answer = model[gender + '_' + star + '_' + area];
    var p = Math.random();
```

```
    for(var i = 0; i < answer.length; i++){
        if(answer[i][1] <= p && p <= answer[i][2]) {
            var cake = answer[i][0];
            var url = window.location.href;
            if(url.indexOf('index.html') < 0){
                if(url[url.length-1] != '/'){
                    url = url + '/';
                }
                window.location.href=url+'cake.html?name='+name+'&star='+star+
'&area='+area+'&cake='+cake;
            }
            else{
                url = url.substr(0, url.indexOf('index.html'));
                window.location.href=url+'cake.html?name='+name+'&star='+star
+'&area='+area+'&cake='+cake;
            }
            break;
        }
    }
}
```

首页完整代码请参考项目中的 index.html。

8.2.3 月饼页实现

月饼页不需要用户交互，接受首页传递的参数并展示即可，因此更为简单。

实战 和 DT 财经合作的中秋节月饼项目（2）

月饼页主要包括三块内容：文字展示 result、图片展示 header、数据展示 content。

1. result

result 中主要是 3 行文本，用 3 个 p 来显示。文本中的关键词，包括星座、姓名和月饼，可以使用 span 来显示，从而可以设置文字颜色和边距等额外样式。

```
<div id="result">
    <p>来自<span id="star" style="color:rgb(254,232,58);"></span>的<span
id="name" style="color:rgb(254,232,58);"></span></p>
    <p>大数据发现最适合你的是这款</p>
```

```
    <p style="margin-top:-1px;"><span id="cake"style="color:rgb(254,232,58);
font-size: 16px;"></span></p>
</div>
```

在 JS 中需要提取 url 传递的参数值，并且更新相应的 DOM 元素，如同之前总结的一样，进行处理时主要考虑 DOM 元素和 JS 变量两部分。截取 url 后面有用的部分并分割，提取出 name、star、area 和 cake 四个字段之后，将文本传入相应的 span 中，将 cake 进行拼接并更新图片的 src 属性，最后改变网页的 title 标签，使得通过微信等社交软件分享时，不同的人和不同的月饼都呈现出不同的效果。

```
var url = window.location.href;
var name = '';
var star = '';
var cake = '';
var area = '';

url = url.substr(url.indexOf('cake.html')+9).split('&');
name = decodeURI(url[0].substr(6));
star = decodeURI(url[1].substr(5));
area = decodeURI(url[2].substr(5));
cake = decodeURI(url[3].substr(5));
$('#name').text(name);
$('#star').text(star + '座');
$('#cake').text(cake);
$('#moon').attr('src', 'lib/img/cakes/' + cake + '.gif');
$('title').text("数据显示" + name + "最配" + cake + "，快来测你是怎样的月饼！");
```

2. header

header 部分包括充当背景和占据空间的 laryer、光圈 circle 和月饼 moon、两片叶子和三朵云，和首页唯一的不同是 xiaoD 换成了一朵云。

```
<div id="header">
    <div id="layer" style="width:100%;opacity:0.3;">
        <img src="lib/img/layer2.png" alt="" style="width:100%;z-index:-1;">
    </div>

    <img src="lib/img/circle700.gif" alt="" style="width:76%;left:12%;
position:absolute; top:30px;z-index:99;opacity:0;"id="circle">
```

```
    <img src="" alt="" style=" width:36%;left:32%;position:absolute;z-index:
98;opacity:0;" id="moon">

    <img src="lib/img/leaf_left.gif" alt="" style="width:18%;position:fixed;
bottom:18%;left:0;z-index:-1;">
    <img src="lib/img/leaf_right.gif" alt="" style="width:14%;position:fixed;
bottom:18%;right:0;z-index:-1;">
    <img src="lib/img/cloud1.png" alt="" id="cloud1" style="width:25%;
position:absolute;left:-25%;z-index:10;opacity:0;">
    <img src="lib/img/cloud2.png" alt="" id="cloud2" style="width:10%;
position:absolute;right:-10%;z-index:10;opacity:0;">
    <img src="lib/img/cloud3.png" alt="" id=" cloud3" style="width:30%;
position: absolute;right:-30%;z-index:10;opacity:0;">
</div>
```

3. content

content 中包括月饼的描述和数据统计结果，以及“再测一次”和“分享到朋友圈”按钮。

```
<div id="content">
    <p id="description" style="width:76%;margin-left:12%;margin-right:12%;
text-indent:0em;font-size:13px;text-align:left;margin-bottom:3px;"></p>
    <p id="stat" style="width:76%;margin-left:12%;margin-right:12%;text-indent:
0em;font-size:13px;text-align:left;"></p>
    <a href="index.html" class="btn btn-default">再测一次</a>
    <button class="btn btn-default" id="share">点击分享到朋友圈</button>
    <img src="lib/img/power.png" alt="" style="width:60%;margin-top:4px;">
</div>
```

在 JS 中通过 AJAX 请求获取月饼描述数据，并更新相应的 DOM 元素。

```
$.ajax({
        url: 'lib/cake.json',
        type: 'GET',
        dataType: 'json',
        data: {},
    })
    .done(function(data) {
        $('#description').text(data[cake]);
    })
```

```
    .fail(function() {})
    .always(function() {});
```

通过 AJAX 请求获取月饼统计数据，根据月饼名称和地域返回对应的统计值并更新 DOM 元素。

```
$.ajax({
        url: 'lib/area.json',
        type: 'GET',
        dataType: 'json',
        data: {},
    })
    .done(function(data){
        var p = data[cake][area];
        var r = Math.random();
        if(r< = 0.33){
           $('#stat').html('数据显示，<span>' + area + '地区</span>有<span>'
+ p + '</span>的人和你一样钟爱这款月饼哦！');
        }
        else if(r<=0.66){
           $('#stat').html('数据显示，<span>' + area + '地区</span>有<span>'
+ p + '</span>童鞋和你有一样的选择！');
        }
        else{
           $('#stat').html('数据显示，来自<span>' + area + '地区</span>的你，有
<span>' + p + '</span>的人和你选择了同一款月饼。');
        }
    })
    .fail(function() {})
    .always(function() {});
```

“再测一次”通过 a 标签实现，即点击链接后跳转回首页。点击“分享到朋友圈”之后，页面将变暗，并且右上角出现提示图片，主要用于微信中的分享，如图 8-5 所示。

图 8-5　“分享到朋友圈”效果

以上效果的实现思路很简单：准备一个铺满浏览器的遮罩层并填充为半透明的黑色，加入分享的提示图片并固定在右上角。当然，这些内容一开始需要隐藏起来，并且 z-index 应当最高，从而在出现时遮盖住其他所有内容。

```
<div id="share_img" style="width:100%;height:100%;background:rgba(20,20,20,
0.8);position:fixed;top:0;left:0;display:none;z-index:9999;">
    <img src="lib/img/share.png" alt="" style="position:fixed;top:12px;right:
20px;width:65px">
</div>
```

定义一个 JS 变量，用于判断当前是否处于分享状态。

```
var sharing = false;
```

点击“分享到朋友圈”按钮时，如果 sharing 为 false，则让遮罩层淡入，并修改 sharing

的值。使用 event.stopPropagation()可以阻止事件冒泡，即子元素事件不会触发父元素的相应事件。

```
$('#share').click(function(event){
    event.stopPropagation();
    if(!sharing) {
        sharing = true;
        $('#share_img').fadeIn(400);
    };
});
```

处于分享状态之后，如果用户再次点击，则隐藏遮罩层，同时修改 sharing 为 false。由于用户的这一点击行为可能发生在页面上的任意位置，所以需要为整个 body 绑定点击响应事件。如果在之前的代码中没有使用 event.stopPropagation()，那么按钮的点击事件将会冒泡并触发整个 body 的点击事件，有可能会造成意料之外的冲突。

```
$('body').click(function(event) {
    if(sharing) {
        sharing = false;
        $('#share_img').fadeOut(400);
    }
});
```

月饼页完整代码请参考项目中的 cake.html。

8.2.4 项目总结

通过这样一个前端实战项目，进一步巩固了 HTML、CSS、JS 和 JQuery 的基础内容和使用方法，也大致掌握了实现一个前端网页的主要步骤：首先设计好网页的整体结构，然后在 HTML 中添加一些 DOM 元素，接着在 CSS 中完善 DOM 元素的显示样式，最后在 JS 的事件响应函数中完成对 DOM 元素和 JS 变量的处理。

相对 JQuery 而言，一些更加流行的前端框架提供了更灵活更便捷的开发功能。例如，Angular.js 支持 DOM 元素和 JS 变量之间的双向绑定，使得当 DOM 元素发生变化时，自动更新对应的 JS 变量，而不用像 JQuery 那样额外地编写事件响应函数并手动更新 JS 变量，还可以指定输入框为必填项，从而避免了麻烦的用户输入校验。

尽管如此，JQuery 非常简单，容易上手，并且可以满足大多数情况下的动态操作需求。因此，如果不是钻研于前端并立志成为资深的前端工程师，只要熟练掌握 JQuery，就完全可以创作出灵活而优秀的前端作品。

8.3 基于 ThinkPHP 的简易个人博客

之前介绍的内容属于前端部分，用户直接可见并且可以执行一些交互。这一节以 ThinkPHP 为例，介绍如何搭建网页的后端，一个最显著的特征便是对数据库的使用。

Web 进阶 基于 ThinkPHP 的简易个人博客

8.3.1 ThinkPHP 是什么

ThinkPHP 是一款基于 PHP 封装和开发的后端框架。PHP 是一门简单而使用广泛的语言，其基础内容可以参考链接（http://www.runoob.com/php/php-tutorial.html）。ThinkPHP 是一个免费开源、快速简单、面向对象的轻量级 PHP 开发框架，创立于 2006 年初，遵循 Apache2 开源协议发布，是为了敏捷 Web 应用开发和简化企业应用开发而诞生的。可以访问其官网（http://www.thinkphp.cn/）了解更多内容。

其他流行的 PHP 框架还包括 CI、Yii、Laravel 等，其中 Laravel 最为流行，受到的关注度也逐渐上升，号称“为 Web 艺术家创造的 PHP 框架”，有兴趣的读者可以进一步了解。

- CI（http://codeigniter.org.cn/）；
- Yii（http://www.yiiframework.com/，http://www.yiichina.com/）；
- Laravel（https://laravel.com/，http://www.golaravel.com/）。

尽管 PHP 框架种类繁多、令人眼花缭乱，但这些框架的架构思想和核心功能都存在一些共性。以下以 ThinkPHP 为例，介绍如何搭建一款简易的个人博客。

8.3.2 个人博客

一款个人博客应当至少包括 3 个页面。

- 首页：用于提供个人介绍等展示内容。
- 文章列表页：以列表的形式呈现所有文章的基本信息。
- 文章详情页：每篇文章的详细内容。

以下会遵循这一页面设计，并使用 ThinkPHP 逐一实现。

8.3.3 下载和初始化

以 ThinkPHP 3.2.3 核心版为例，在（http://www.thinkphp.cn/down/611.html）中下载并解压后，将项目移动至 Web 环境根目录，并将文件夹重命名为 easy_blog。通过 MAMP 或

WAMP 启动 Web 环境之后即可在浏览器中访问，如果能够看到图 8-6 所示的欢迎界面，则说明 ThinkPHP 已经成功完成了初始化。

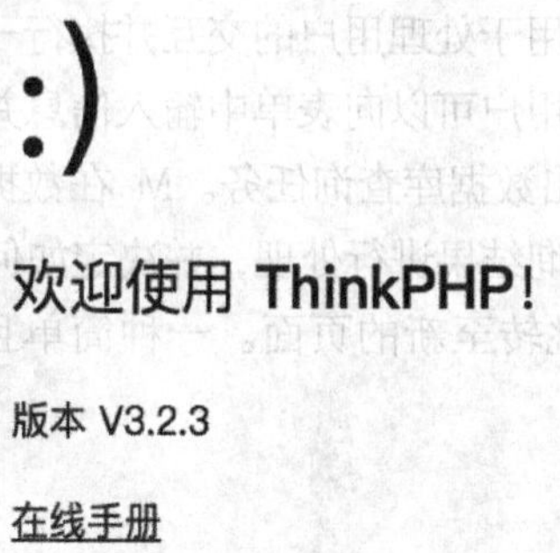

:)

欢迎使用 ThinkPHP！

版本 V3.2.3

在线手册

图 8-6 ThinkPHP 成功初始化界面

将 easy_blog 整个文件夹拖入 Sublime Text 中，以便继续进一步的开发。初始化之后的项目包括以下内容。

- Application 文件夹：里面是项目的核心内容。
- Public 文件夹：用于存放静态资源文件。
- ThinkPHP 文件夹：ThinkPHP 提供的源代码，可以不用管。
- .htaccess：Web 服务器访问控制文件。
- README.md：项目说明文档。
- index.php：项目入口文件，可以不用管。

需要关注 Application 和 Public 两个文件夹，所有的代码开发工作都在 Application 文件夹中，而项目使用到的全部静态资源文件都存放在 Public 文件夹中。

Application 中包含以下 3 个文件夹。

- Common：存放一些公用的函数和配置文件。
- Home：项目代码的核心目录。
- Runtime：网站的缓存文件。

进一步展开，Home 中主要关注 Controller、Model、View 三个文件夹，即接下来要介绍的 MVC 架构。

8.3.4 MVC

MVC 即模型（Model）、视图（View）、控制器（Controller），是一种编程设计架构，用一种业务逻辑、数据、界面显示三者彼此分离的方法组织代码。当项目越来越庞大时，如果没有遵循清晰良好的设计架构，则会导致项目的开发和维护变得越来越困难。

M 用于处理项目中的数据逻辑，主要完成和数据库相关的操作；V 对应用户所能看到的部分，即项目的展示和界面；C 用于处理用户的交互并执行一些操作。例如，当用户需要登录网站时，V 提供了登录页面，使用户可以向表单中输入信息并提交。C 接受用户提交的数据并进行判断和处理，然后向 M 发出数据库查询任务。M 在数据库中查询账号、密码是否匹配，并将查询结果返回给 C。C 对查询结果进行处理，并决定如何更新 V，可以给出登录失败的错误信息，也可以是登录成功后跳转至新的页面。一种简单且暴力的理解方法是，M 即数据库，V 即前端，C 即后端。

8.3.5 数据库配置

既然后端的主要特征是数据库的使用，那么首先介绍如何配置 ThinkPHP 中的数据库。

编辑 Application/Common/Conf 路径下的 config.php，输入以下代码。

```
<?php
return array(
    'DB_TYPE' => 'mysql',
    'DB_HOST' => 'localhost',
    'DB_NAME' => 'easy_blog',
    'DB_USER' => 'root',
    'DB_PWD' => 'root',
    'DB_PORT' => 8889,

    'LAYOUT_ON' => true,
    'LAYOUT_NAME' => 'layout',
);
```

因为这是一个.php 文件，所以文件第一行需要使用特殊的声明。之后使用 return 返回 php 中的一个数组（array）变量，类似 Python 中的字典和 JS 中的对象，使用键值对的形式完成数据库配置，包括数据库类型、主机、数据库名称、用户名、密码、端口等配置项，不同的是 key 和 value 之间需要用特殊的箭头连接。php 代码需要以分号结束，对换行和缩进要求则不严格，所以以上代码本质上只有一行，为了增强可读性而进行了换行和排版。

除了数据库配置之外，在 config.php 还可以进行其他配置，例如，这里使用的 LAYOUT_ON 和 LAYOUT_NAME，分别表示启用 layout 并指定 layout 模板的名称。layout 是指多个页面共用同一个模板，如每个页面中都会用到的导航栏、侧边栏和底栏等内容，每个子页面都是在layout模板的基础上进行扩展，并添加额外的具体内容。

使用 phpMyAdmin 连接 MySQL，新建数据库 easy_blog 作为博客项目将要使用的数据库，并新建一个post表，用于存储博客的文章，post表共包括以下4个字段。

- id：post表的主键，如PRIMARY，Auto Increasement。
- title：文章的标题，如varchar，255。
- content：文件的内容，如text。
- timestamp：文件新建的时间戳，如varchar，255。

8.3.6 控制器、函数和渲染模板

ThinkPHP 有两个重要的概念：Controller 和 Action，即控制器和函数。在 Sublime Text 中查看 Application/Home/Controller 目录下的 IndexController.class.php，其内容如下，即包含一个类IndexController，继承自基类Controller。

```
<?php
namespace Home\Controller;
use Think\Controller;
class IndexController extends Controller {
    public function index(){
        $this->show('<style type="text/css">*{ padding:0; margin: 0; }div
{ padding:4px 48px;}body{ background: #fff; font-family: "微软雅黑"; color:
#333;font-size:24px}  h1{font-size:  100px;font-weight:  normal;  margin-
bottom: 12px;}p{line-height: 1.8em;font-size: 36px}a,a:hover{color:blue;}
</style><div style="padding:24px 48px;"> <h1>:)</h1><p>欢迎使用 <b>ThinkPHP
</b>！ </p><br/>版本 V{$Think.version}</div><script type="text/javascript"
src="http://ad.topthink.com/Public/static/client.js"></script><thinkad id=
"ad_55e75dfae343f5a1"></thinkad><script type="text/javascript" src="http:
//tajs.qq.com/stats?sId=9347272"charset="UTF-8"></script>','utf-8');
    }
}
```

ThinkPHP 默认有一个 IndexController，而且每个 Controller 子类都对应单独的一个.class.php 文件，可以看作一个相对独立的模块。例如，可以再新建一个UserController.class.php，里面用相同的格式定义一个子类UserController，专门用于完成和用户相关的一些操作和处理，也可以再新建一个 PostController.class.php，里面定义一个PostController，专门用于完成和文章相关的一些内容。

每个 Controller 都可以定义一些 public 的 function，用于分别实现一些功能。例如，UserController 可以定义处理用户登录行为的 login()、处理用户注册行为的 register()、处理用户重置密码的 reset()等。每个 Controller 一般都会有一个默认的 index()函数，在以上代码中，index()函数使用了$this->show()，从而当前端访问 ThinkPHP 项目并且未指定控制器和函数时，将会默认访问 IndexController 中的 index()函数，并看到 show()函数中定义的内容，即刚才所看到的欢迎界面。

完整的网站项目一般需要用到多个控制器，每个控制器中也会用到多个函数，在不同的函数中完成不同的功能，如渲染前端模板、处理用户交互、执行数据库操作等。用户在前端访问网站项目时，都是从入口文件 index.php 出发，根据具体需求调用不同控制器的不同函数。例如，用户需要登录时，后端将调用 UserController 的 login()函数并渲染登录页面的网页模板，为用户提供登录表单界面。

由于本次将实现的个人博客项目比较简单，所以只使用一个 IndexController 即可，并将所有需要用到的函数都写在其中。

渲染模板是指控制器中的函数基于 View 中写好的 HTML 模板进行展示。将之前提到的 IndexController 改成以下内容，即在 index()函数中调用$this->display()。

```
class IndexController extends Controller{
    public function index(){
        $this->display();
    }
}
```

相应地，在 Application/Home/View 中新建一个 Index 文件夹，并在 Index 文件夹中再新建一个 index.html，写入以下内容。之后访问 IndexController 中的 index()函数时，ThinkPHP 将渲染 View 文件夹中相应的模板文件，即 Application/Home/View/Index/index.html。

```
index action in Index Controller
```

由于我们启用了 layout，所以需要在 View 文件夹下新建一个 layout.html，作为其他 HTML 页面渲染的模板。在 layout.html 中写入以下代码，包含基本的网页结构、导航栏、底栏等内容。id 为 content 的 div 是网页的主要部分，当其他 HTML 页面使用 layout.html 作为模板渲染时，其他 HTML 中定义的内容将会替换{__CONTENT__}，从而共用模板代码。

```
<!DOCTYPE html>
<html lang="en">
<head>
```

```
    <meta charset="UTF-8">
    <title>我的博客</title>
</head>
<body>
    <header>我是 header</header>
    <div id="content">
        {__CONTENT__}
    </div>
    <footer>我是 footer</footer>
</body>
</html>
```

在浏览器中访问我们的博客项目：localhost:8888/easy_blog，其中 8888 为 MAMP 中 Apache 的默认端口，即可看到 index.html 中所写的内容，如图 8-7 所示。因为 ThinkPHP 在不指定控制器和函数时，会默认访问 IndexController 中的 index()函数。

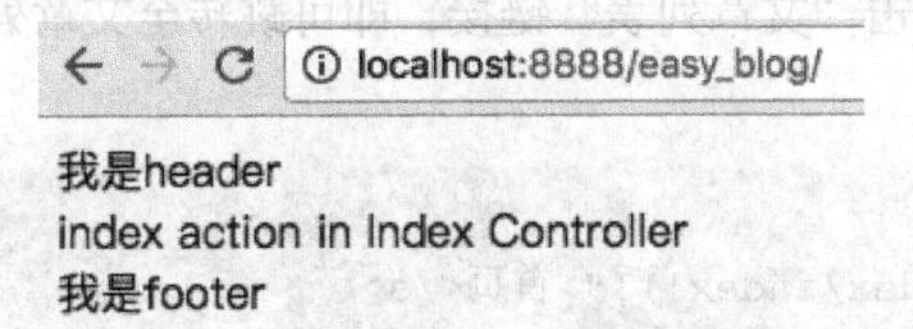

图 8-7　IndexController 中的 Index()函数渲染相应的模板

8.3.7　U 函数和页面跳转

修改 IndexController 并再添加两个函数，分别对应文章列表页和详情页。

```
class IndexController extends Controller{
    public function index(){
        //首页
        $this->display();
    }

    public function list(){
        //文章列表页
        $this->display();
    }

    public function post(){
```

```
        //文章详情页
        $this->display();
    }
}
```

在 View-Index 文件夹下再新建 list.html 和 post.html，分别写入 list action in Index Controller 和 post action in Index Controller。这样，便完成了个人博客的基本框架，准备好了 3 个页面对应的函数以及模板。接下来的问题是，如何进行页面之间的跳转？

修改 layout.html 中 header 部分的代码如下，在导航栏中分别添加跳转至首页和文章列表页的链接，U 函数是 ThinkPHP 提供的功能，可以方便地生成某一控制器某一函数对应的链接。ThinkPHP 在渲染模板时会对 U 函数进行解析，在浏览器中访问博客项目的首页，会发现{:U('Index/index')}已经被解析成/easy_blog/index.php/Home/Index/index.html，即 easy_blog 项目下 IndexController 中的 index()函数对应的模板，这也更好地解释了 index.php 作为入口文件所起的作用。{:U('Index/list')}也被解析成了/easy_blog/index.php/Home/Index/list.html，点击“文章列表”链接，即可跳转至文章列表页，并看到“list action in Index Controller”。

```
<header>
    <a href="{:U('Index/index')}">首页</a>
    <a href="{:U('Index/list')}">文章列表</a>
</header>
```

完善 footer 的内容，加入一些网页版权信息。

```
<footer>Copyright @ EasyBlog</footer>
```

然后加一些 CSS 样式，让页面看起来更舒适自然，如图 8-8 所示。

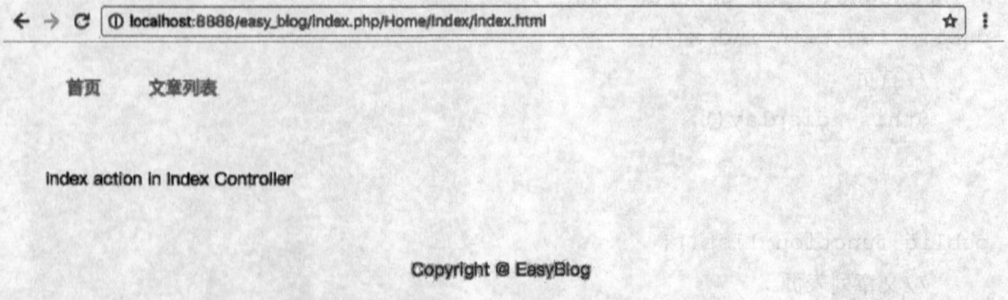

图 8-8 经简单美化的首页

```
html,body {
    margin: 0;
```

```
    padding: 0;
}
header,footer {
    padding: 30px 40px;
    background-color: #f2f2f2;
    color: #666;
}
header a {
    padding: 0 20px;
    color: #999;
    text-decoration: none;
}
header a:hover {
    color: #333;
}
footer {
    text-align: center;
}
#content {
    padding: 30px 40px;
}
```

8.3.8 表单实现和数据处理

完善首页，加入一个添加文章的表单，并完成处理提交和写入数据库的功能。

修改 Application/Home/View/Index/index.html 内容如下，使用 HTML 中的 form 标签，action 属性指定表单提交时如何处理，使用 U 函数指定表单提交给 IndexController 中的 handle()函数进行处理。在表单中定义两个输入标签：input 和 textarea，将它们的 name 属性分别设置为 title 和 content，表示里面填写的是文章的标题和内容，最后再配上一个提交按钮即可。

```
<h1>欢迎来到我的博客</h1>

<form action="{:U('Index/handle')}" method="post">
    <h4>添加文章</h4>
    <input type="text" name="title" placeholder="标题">
    <textarea name="content" cols="30" rows="10" placeholder="内容"></textarea>
```

```
    <button type="submit">提交</button>
</form>
```

对应地，需要在 IndexController 中编写 handle()函数。php 中的变量要以美元符号开头，首先用 ThinkPHP 提供的 I 函数获取表单提交的字段，使用字段的 name 作为参数即可。获取文章的标题和内容之后，再用 ThinkPHP 提供的 M 函数操作数据表。这里操作的是 post 表，使用链式语法依次调用 data()函数和 add()函数。其中，向 data()函数传入了一个数组，以键值对的形式指定数据记录的标题和内容两个字段，然后使用 add()函数将这一条记录添加至数据表中。添加数据完毕后，使用$this->redirect()跳转至 IndexController 的 post()函数，因此博客在新建文章之后一般都会跳转到文章的详情页。这里的页面跳转是在后端进行的，和之前使用 U 函数在前端生成链接，通过鼠标点击实现跳转不同。

```
public function handle(){
    //处理文章提交
    $title = I('title');
    $content = I('content');
    M('post')->data(array(
        'title' => $title,
        'content' => $content,
        'timestamp' => time()
        ))->add();
    $this->redirect('Index/post');
}
```

在浏览器中访问项目，在首页中依次填入文章的标题和内容，单击提交后，页面会自动跳转至文章详情页 post.html，在 phpMyAdmin 中查看 easy_blog 的 post 表，发现确实已经添加了新的数据。

8.3.9 读取数据并渲染

和首页、文章列表页不同，文章详情页应当根据不同的文章呈现出不同的内容，即文章详情页应当接受一个参数，用于指定即将渲染的文章 id。

修改 handle()函数如下。M 函数在添加数据之后会返回新增记录的 id，可以作为每篇文章唯一的标识。获取文章 id 后，将其以数组的形式提供在$this->redirect()中，以便在后端跳转时提供文章 id 作为参数。

```
public function handle(){
    //处理文章提交
```

```
    $title = I('title');
    $content = I('content');
    $id = M('post')->data(array(
        'title' => $title,
        'content' => $content,
        'timestamp' => time()
        ))->add();
    $this->redirect('Index/post', array('id' => $id));
}
```

编写 post()函数的代码如下，获取文章 id 这一参数，将文章 id 作为条件在 post 表中查询记录，将返回的数据传递给$this 并渲染前端模板，即可在前端模板中解析后端传递的数据。

```
public function post(){
    //文章详情页
    $id = I('id');
    $post = M('post')->where(array(
        'id' => $id
        ))->find();

    //将数据传递给$this 对象
    $this->post = $post;
    $this->display();
}
```

修改 post.html 模板的代码如下，解析后端传递的数据并渲染。我们会发现 ThinkPHP 在前端模板中需要解析的内容都会以大括号括起来，这里的$post 是刚才在 handle()中传递给$this 的数据，对应一篇文章的各项字段，因此是一个数组，可以用点号访问其每一个字段。在文章的时间戳后面使用 date()函数后置进行格式化，这也是 ThinkPHP 提供的一种解析语法。

```
<h1>文章内容</h1>
<h4>{$post.title}</h4>
<h5>{$post.timestamp|date='Y:m:dH:i:s', ###}</h5>
<p>{$post.content}</p>
```

此时在首页添加文章并提交后，页面会自动跳转到对应的文章详情页，并显示文章的标题、内容和添加时间，如图 8-9 所示，从 URL 链接中也可以看到，文章详情页确实使用到了文章 id 作为查询参数。

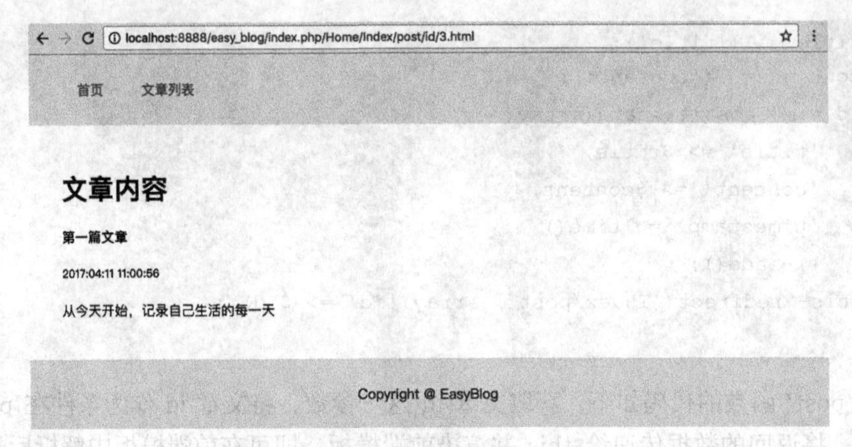

图 8-9　添加文章后自动跳转至文章详情页

最后再来完善一下文章列表页。编写 list()函数如下，使用 select()函数获取全部文章，传递给$this 之后，渲染前端模板。

```
public function list(){
    //文章列表页
    $posts = M('post')->select();
    $this->posts = $posts;
    $this->display();
}
```

修改 list.html 模板的代码如下。由于这次后端传递的数据是多条文章的内容，即一个二维数组，所以需要使用遍历的方法进行解析并渲染。这里的 foreach 也是 ThinkPHP 提供的前端标签，foreach 和 v 就如同 Python 中的 for 和 item 一样，name 属性指定需要遍历的数组。

```
<style>
    .p{
        padding: 30px;
        border: 1px solid #888;
        margin: 20px;
    }
</style>
<h1>文章列表</h1>
<div id="list">
    <foreach name="posts" item="v">
        <div class="p">
```

```
            <h4><a href="{:U('Index/post', array('id'=>$v['id']))}">
{$v.title}</a></h4>
            <p>{$v.timestamp|date='Y:m:dH:i:s', ###}</p>
        </div>
    </foreach>
</div>
```

如果有一定的 PHP 基础，也可以在 HTML 页面中直接写 PHP 代码，不过字符串拼接和引号使用略显麻烦，不如使用 ThinkPHP 前端标签那样方便。

```
<div id="list">
    <?php
        foreach($posts as $k => $v){
            echo'<div class="p">';
            echo'<h4><a href="'.U('Index/post', array('id'=>$v['id'])).'">'
.$v['title'].'</a></h4>';
            echo'<p>'.date('Y:m:d H:i:s', $v['timestamp']).'</p>';
            echo'</div>';
        }
    ?>
</div>
```

8.3.10 项目总结

本次项目的系统框架如图 8-10 所示，在 Application/Home/Controller/中使用到了一个 IndexController，里面包含 4 个函数：index()、handle()、list()、post()，并在 Application/Home/View/Index/中编写了 4 个 HTML 文件：layout.html、index.html、list.html、post.html，分别对应 layout 模板、首页、文章列表页和文章详情页。如果希望进一步拓展和完善个人博客的功能，只需要相应地编写更多的控制器和函数即可，不同的控制器对应不同的模块，函数可以用来渲染模板、处理表单提交、操作数据库、完成后端跳转等。

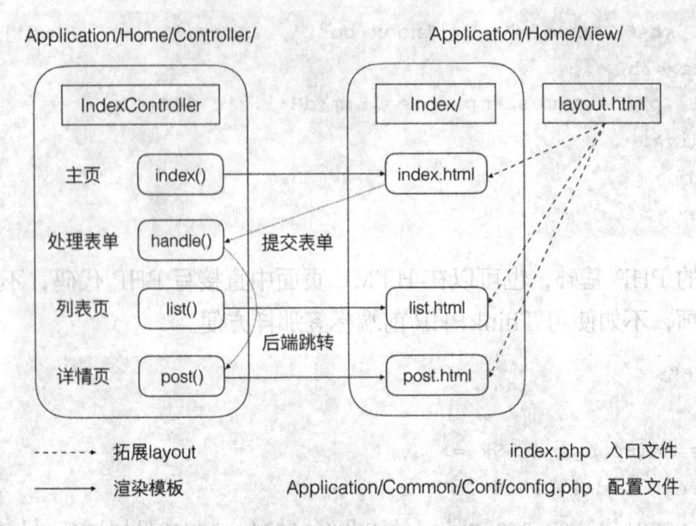

图 8-10 ThinkPHP 简易个人博客系统框架

完整代码可以参考 codes 文件夹中的 easy_blog_thinkphp 文件夹。

通过这次的 ThinkPHP 简易个人博客项目，我们接触了搭建一个包含后端的网站可能涉及的一些内容，如处理表单提交、在后端操作数据库、前端和后端之间的数据传递、在前端渲染模板等。ThinkPHP 操作数据库主要是 CURD 4 种，支持非常灵活和复杂的 SQL 命令，有兴趣的读者可以访问官方文档了解更多功能。关于 PHP 后端框架，也可以尝试去学习 Laravel，让自己的 PHP 代码变得简洁而优雅起来。

8.4 基于 Flask 的简易个人博客

Web 进阶 基于 Flask 的简易个人博客

除了 PHP 之外，Python、Java、Node.js 等也可以用来搭建网站后端。下面介绍一款基于 Python 的轻量级后端框架——Flask，并再次完整实现之前介绍的简易个人博客项目。

8.4.1 Flask 是什么

Flask 是一款基于 Python 的 Web 开发轻量级后端框架，可以访问官方文档（http://flask.pocoo.org/docs/0.10/）了解更多内容。Django（https://www.djangoproject.com/）也是一款非常流行的 Python 后端框架，提供的功能更多，不过相对 Flask 而言 Django 框架内容更丰富，学习成本也稍高一些，因此这里以 Flask 为例介绍 Python 后端框架。

8.4.2 项目准备

新建一个文件夹 easy_blog_flask，在其中再新建 3 个文件夹：static、templates 和 venv 和两个 Python 代码，config.py 和 run.py。static 用于存放静态资源文件，templates 用于存放 HTML 模板，venv 用于搭建虚环境。

由于 Python 的功能包数量众多，一台电脑或服务器上经常安装了多个 Python 功能包，这些包之间可能存在版本兼容和冲突等问题。为了给 Python 项目提供清洁干净的包管理环境，便有了虚环境这一功能。激活虚环境之后，虚环境中只有项目中会使用到的 Python 包，并且与系统中的 Python 以及其他功能包相互隔离，更加便于项目的管理和开发。

虚环境的安装可以参考链接（http://docs.jinkan.org/docs/flask/installation.html#virtualenv）。安装好 virtualenv 后，打开命令行，使用 cd 命令进入 easy_blog_flask 目录中，使用以下命令在 venv 文件夹中安装虚环境。

```
virtualenv venv
```

虚环境安装完毕后，在 Mac 和 Linux 上使用以下命令激活虚环境，激活后可以发现命令行提示发生了变化，以(venv)开头，表示虚环境已经激活，如图 8-11 所示。

```
. venv/bin/activate
```

激活虚环境之后，使用 pip list，将看到虚环境中只安装了 pip、setuptools、wheel 三个包。使用以下命令安装 Flask，安装完毕后再使用 pip list，如果能在虚环境中看到 Flask 则说明安装成功。

```
pip install Flask
```

再安装 MySQLdb，因为在博客项目中需要使用 Python 操作数据库。

```
pip install mysql-python
```

如果需要关闭虚环境，在命令行中运行 deactivate 命令即可。

```
Last login: Mon Apr 10 16:38:38 on ttys000
HonlandeMacBook-Air:~ honlan$ cd Desktop/desktop/git/easy_blog_flask/
HonlandeMacBook-Air:easy_blog_flask honlan$ virtualenv venv
New python executable in venv/bin/python
Installing setuptools, pip, wheel...done.
HonlandeMacBook-Air:easy_blog_flask honlan$ . venv/bin/activate
(venv)HonlandeMacBook-Air:easy_blog_flask honlan$
```

图 8-11 安装并激活虚环境

编辑 config.py 并加入以下代码，主要是定义一些变量，作为连接数据库时需要用到的配置内容。为什么不直接写在连接数据库的代码里呢？主要是为了养成保密编程的习惯。例如，使用 Github 托管项目代码时，将数据库配置等敏感信息保存在单独的文件中并隐藏，从而保证敏感信息不会被上传至 Github，避免可能的信息泄露问题。

```
HOST = '127.0.0.1'
PORT = 8889
USER = 'root'
PASSWORD = 'root'
DATABASE = 'easy_blog'
CHARSET = 'utf8'
```

编辑 run.py 并加入以下代码，也可以在全栈项目的 data 文件夹下找到 run.py。设置 UTF-8 为默认字符集，从 Flask 中加载需要使用的全部内容，设置忽略警告信息，加载 MySQLdb 以便操作数据库，最后加载 config.py 中定义的配置项内容。

使用 Flask 提供的函数生成一个对象 App，可以用于加载配置项内容、启动 Web 项目等。

接下来还提供了两个函数 connectdb()和 closedb()，分别用于连接数据库和关闭数据库，可以在需要时方便地调用。

使用@app.route('/')定义一个路由，即当浏览器访问网站项目根目录时，调用其下方定义的 index()函数，这里简单地返回了一个由 render_template()函数渲染的 index.html 页面。

```
# !/usr/bin/env python
# coding:utf8

import sys
reload(sys)
sys.setdefaultencoding("utf8")
from flask import*
import warnings
warnings.filterwarnings("ignore")
import MySQLdb
import MySQLdb.cursors
from config import *

app = Flask(__name__)
app.config.from_object(__name__)

# 连接数据库
```

```
def connectdb():
    db = MySQLdb.connect(host=HOST, user=USER, passwd=PASSWORD, db=DATABASE,
port=PORT, charset=CHARSET, cursorclass = MySQLdb.cursors.DictCursor)
    db.autocommit(True)
    cursor = db.cursor()
    return(db,cursor)

# 关闭数据库
def closedb(db, cursor):
    db.close()
    cursor.close()

# 首页
@app.route('/')
def index():
    return render_template('index.html')

if __name__ == '__main__':
    app.run(debug=True)
```

8.4.3 渲染模板

Flask 使用 Jinja2 进行前端模板渲染。将 ThinkPHP 简易个人博客项目中使用到的 layout.html、index.html、list.html、post.html 都拷贝至 templates 文件夹下，然后按照 Jinja2 的要求稍作修改即可。

修改 layout.html 中的代码，只需将{__CONTENT__}修改为{% block body %}{% endblock %}即可，表示定义了一个名为 body 的块（block），块的内容可以在其他 HTML 页面中替换。

```
{% extends'layout.html' %}
{% block body %}
<h1>欢迎来到我的博客</h1>

<form action="{{url_for('handle')}}" method="post">
    <h4>添加文章</h4>
    <input type="text" name="title" placeholder="标题">
    <textarea name="content" cols="30" rows="10" placeholder="内容"></textarea>
```

```
    <button type="submit">提交</button>
</form>
{% endblock %}
```

接下来便可以运行博客项目了，在激活虚环境的前提下，运行以下命令即可启动项目，默认部署在 5000 端口，看到 Flask 给出的提示信息后保持命令行运行，即可在浏览器中通过 localhost:5000 访问项目。在访问网站项目的同时，命令行中也会持续地打印出辅助开发的提示和调试信息。

```
python run.py
```

8.4.4 操作数据库

此时访问网站项目将会报错："BuildError:Could not build url for endpoint'handle'.Did you mean' index' instead?"，因为尚未在 run.py 中定义 handle()函数。在 run.py 中加入以下代码，获取表单数据后，连接数据库、添加数据、关闭数据库，最后使用 redirect()函数跳转至 index()。

```
# 处理表单提交
@app.route('/handle', methods=['POST'])
def handle():
    # 获取 post 数据
    data = request.form

    # 连接数据库
     (db,cursor) = connectdb()

    # 添加数据
    cursor.execute("insert into post(title, content, timestamp) values(%s, 
%s, %s)", [data['title'], data['content'], str(int(time.time()))])

    # 关闭数据库
    closedb(db,cursor)

    return redirect(url_for('index'))
```

同时，还需要在 run.py 的头部加入 import time，因为 handle()函数中使用了 time 模块获取时间戳。如果发现命令行报错并停止了项目，很有可能是由于 Flask 的自动运行修改机制，导致仍在编辑代码时便重启了项目，从而因为语法错误而停止项目，因此只需要再次运行 python run.py 启动项目即可。刷新浏览器并访问项目，在首页的表单中填写文章的标题和内容，提交后仍然跳转至首页，但是在数据库中可以看到新添加的记录了。

```
<!DOCTYPE html>
<html lang="en">
<head>
    <meta charset="UTF-8">
    <title>我的博客</title>
</head>
<style>
    html,body {
        margin: 0;
        padding: 0;
    }
    header,footer {
        padding: 30px 40px;
        background-color: #f2f2f2;
        color: #666;
    }
    header a {
        padding: 0 20px;
        color: #999;
        text-decoration: none;
    }
    header a:hover {
        color: #333;
    }
    footer{
        text-align: center;
    }
    # content {
        padding: 30px 40px;
    }
</style>
<body>
    <header>
        <a href="{:U('Index/index')}">首页</a>
```

```
        <a href="{:U('Index/list')}">文章列表</a>
    </header>
    <div id="content">
        {% block body %}{% endblock %}
    </div>
    <footer>Copyright @ EasyBlog</footer>
</body>
</html>
```

修改 index.html 内容如下，第一行说明了 index.html 使用 layout.html 作为模板并扩展，之后则使用了相同的语法定义 body 块的具体内容。和 ThinkPHP 相比，Jinja2 的好处是可以同时使用多个块，即在 layout.html 中定义多个 block，然后在 HTML 页面中分别补充每个块的具体内容，因此使用更加灵活。除此之外，还将 ThinkPHP 中的 U 函数替换成 Flask 中的 url_for()函数，参数为 handle，表示生成一个跳转至 run.py 中 handle()函数的链接，即处理表单数据的提交。

8.4.5 完善其他页面

修改 layout.html 中的 header 部分，将涉及 ThinkPHP 的 U 函数都替换成 Flask 的 url_for()函数。

```
<header>
    <a href="{{url_for('index')}}">首页</a>
    <a href="{{url_for('list')}}">文章列表</a>
</header>
```

在 run.py 中加入 list()和 post()，分别对应文章列表页和文章详情页。文章详情页由于需要提供文章 id 作为查询参数，所以需要在路由中加入一个参数并用尖括号括起来，同时将参数传入 post()函数中。

```
# 文章列表页
@app.route('/list')
def list():
    return render_template('list.html')

# 文章详情页
@app.route('/post/<postid>')
def post(postid):
```

```
    return render_template('post.html')
```

先处理文章详情页。根据提供的文章 id 查询数据，并传递至前端进行渲染。注意比较在 Flask 和 ThinkPHP 中，从后端向前端传递数据的异同。

```
# 文章详情页
@app.route('/post/<post_id>')
def post(post_id):
    # 连接数据库
    (db,cursor) = connectdb()

    # 查询数据
    cursor.execute("select * from post where id=%s", [post_id])
    post = cursor.fetchone()

    # 格式化时间戳
    post['timestamp'] = time.strftime('%Y-%m-%d%H:%M:%S', time.localtime(float
(post['timestamp'])))

    # 关闭数据库
    closedb(db,cursor)

    # 后端向前端传递数据
    return render_template('post.html',post=post)
```

修改 post.html，使用 Jinja2 的语法渲染后端传递过来的数据。

```
{% extends 'layout.html' %}
{% block body %}
<h1>文章内容</h1>
<h4>{{post['title']}}</h4>
<h5>{{post['timestamp']}}</h5>
<p>{{post['content']}}</p>
{% endblock %}
```

这样可以适当修改 handle()函数，使得每次在成功添加文章之后，自动跳转到对应的文章详情页。

```
# 处理表单提交
@app.route('/handle',methods=['POST'])
```

```
def handle():
    # 获取 post 数据
    data = request.form

    # 连接数据库
     (db,cursor) = connectdb()

    # 添加数据
    cursor.execute("insert into post(title, content, timestamp) values(%s, %s,
%s)",[data ['title'], data['content'], str(int(time.time()))])
    # 最后添加行的 id
    post_id = cursor.lastrowid

    # 关闭数据库
    closedb(db,cursor)

    return redirect(url_for('post', post_id=post_id))
```

最后完善 list()函数，读取全部文章数据并传递至前端。

```
# 文章列表页
@app.route('/list')
def list():
    # 连接数据库
     (db,cursor) = connectdb()

    # 获取数据
    cursor.execute("select * from post")
    posts = cursor.fetchall()

    # 格式化时间戳
    for x in xrange(0,len(posts)):
        posts[x]['timestamp'] = time.strftime('%Y-%m-%d%H:%M:%S', time.
localtime(float(posts[x]['timestamp'])))

    # 关闭数据库
    closedb(db,cursor)
```

```
    # 后端向前端传递数据
    return render_template('list.html', posts=posts)
```

在 list.html 中使用 Jinja2 的语法遍历所有文章并渲染，在大括号和百分号中写 for 循环即可。list.html 也使用 layout.html 作为模板，并且需要将链接中的 U 函数修改为 Flask 的 url_for()函数。

```
{% extends'layout.html' %}
{% block body %}
<style>
    .p {
        padding: 30px;
        border: 1px solid #888;
        margin: 20px;
    }
</style>
<h1>文章列表</h1>
<div id="list">
    {% for item in posts %}
        <div class="p">
            <h4><a href="{{url_for('post', post_id=item['id'])}}">{{item
['title']}}</a></h4>
            <p>{{item['timestamp']}}</p>
        </div>
    {% endfor %}
</div>
{% endblock %}
```

8.4.6 项目总结

本次项目的系统框架如图 8-12 所示，在 run.py 中包含 4 个函数 index()、handle()、list()、post()，并且在 templates 文件夹中编写了 4 个 HTML 文件 layout.html、index.html、list.html、post.html，分别对应 layout 模板、首页、文章列表页和文章详情页。如果希望进一步拓展和完善个人博客的功能，只需要相应地在 run.py 中添加更多函数即可，函数可以用来渲染模板、处理表单提交、操作数据库、完成后端跳转等。

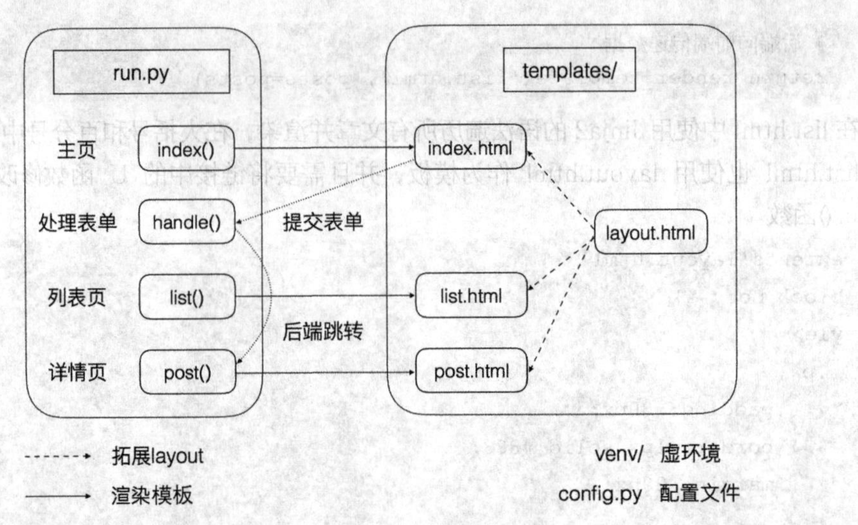

图 8-12 Flask 简易个人博客系统框架

完整代码可以参考 codes 文件夹中的 easy_blog_flask 文件夹。

通过这次的 Flask 简易个人博客项目，我们进一步巩固了和网站后端相关的内容。相对于 ThinkPHP 等 PHP 框架，在 Flask 项目中可以自由使用各种 Python 的工具包，如自然语言处理的 jieba、数据清洗的 pandas、机器学习的 scikit-learn[15]等，因此可以赋予网站后端更为丰富和强大的数据处理能力。如果感兴趣的话，可以深入学习 Flask 和 Django，进一步了解和 Python 后端建站相关的内容。

15 pandas 和 scikit-learn 的更多内容参见第 10 章 机器学习

第 9 章 动态可视化

动态可视化
国内开源良心之作
ECharts

9.1 使用 ECharts 制作交互图形

之前使用 R 中的 ggplot2 绘制了一些静态可视化图形，接下来将尝试进行一些动态的交互可视化。

9.1.1 ECharts 是什么

ECharts 是基于 HTML 5 中 Canvas 的一款 JS 图形可视化工具，使用简单而统一的语法即可实现丰富多样的可视化图形，可以访问其官网（http://echarts.baidu.com/index.html）了解更多内容。ECharts 提供了极为丰富的官方示例（http://echarts.baidu.com/examples.html），如图 9-1 所示，以及详细全面的配置项手册。ECharts 简单易上手，并且可以根据个人需求灵活调整和配置，在 Github 上已有 17 000 多点赞数（stars），堪称国产开源良心之作。

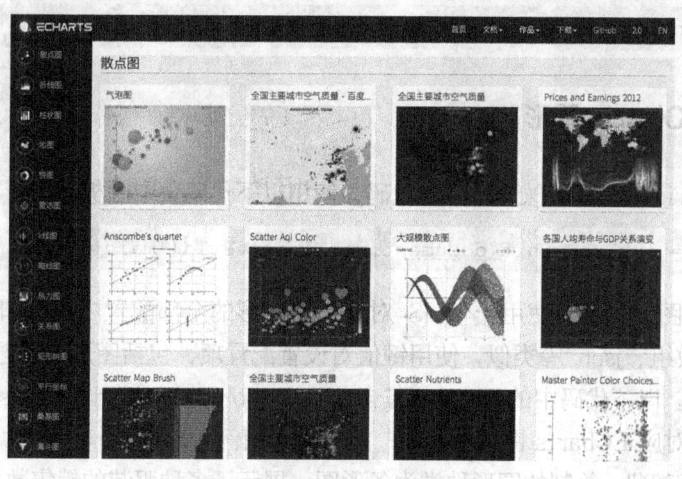

图 9-1 ECharts 官方示例

ECharts 目前已经更新到 3.0 版本，相对于 2.0 版本，3.0 版本的语法更简单、加载更方便、图形种类更丰富、可视化效果进一步改善。以下以 ECharts3 为例，介绍如何使用 ECharts 实现一些动态交互可视化的效果。

9.1.2 引入 Echarts

新建一个.html 文件，准备好网页的一些基本内容后，像引入 JQuery 那样引入 ECharts，同样可以使用下载和 CDN 两种方法。

访问链接（http://echarts.baidu.com/download.html）并下载 ECharts，常用、精简和完整三种版本的文件大小差别不大，因此可以先选择完整版。下载后即可得到 echarts.min.js 这一文件，将其移动至项目中并引入。

```
<script src="echarts.min.js"></script>
```

也可以使用 CDN，无需下载直接引入即可。

```
<script src="http://echarts.baidu.com/dist/echarts.min.js"></script>
```

9.1.3 准备一个画板

需要为 ECharts 准备一个绘图的画板，在 HTML 中写一个 div 并取一个 id，然后设置好 div 的宽和高即可。以下代码将 id 设为 main，div 的宽和高分别设置为 600 像素和 400 像素。取其他的 id 同样可以，宽和高也可以修改为其他的值或者使用百分比相对值。

```
<div id="main"style="width:600px;height:400px;"></div>
```

9.1.4 绘制 ECharts 图形

新建一个 script 标签并开始编写 JS 代码，使用以下代码获取画板并进行初始化工作。

```
var myChart = echarts.init(document.getElementById('main'));
```

ECharts 绘图的关键是使用一个 JS 对象指定图形的全部配置内容，和 Python 中的字典、PHP 中的数组、json 等类似，使用键值对设置配置项，包括图形的标题、图例、类型、数据、坐标轴等。以下代码中的 option 包含 title、tooltip、legend、xAxis、yAxis、series 等配置项，分别对应 ECharts 图形的标题、提示框、图例、*x* 轴、*y* 轴和数据，将标题设置为“ECharts 入门示例”，绘制的图形种类为条形图，展示了多种服装的销售数据。

```
var option = {
    title: {
        text: 'Echarts 入门示例'
    },
    tooltip: {},
    legend: {
        data:['销量']
    },
    xAxis: {
        data: ["衬衫","羊毛衫","雪纺衫","裤子","高跟鞋","袜子"]
    },
    yAxis: {},
    series: [{
        name: '销量',
        type: 'bar',
        data: [5,20,36,10,10,20]
    }]
};
```

option 内容有了，还需要将其和 myChart 绑定并生效，使用以下一行代码即可。

```
myChart.setOption(option);
```

由于此处没有涉及请求数据和操作数据库，所以直接双击.html 文件或者在 MAMP 中访问网页都可以。可视化效果如图 9-2 所示，没有设置的配置项都使用默认值，通过简单的几个步骤，即可实现动态交互的数据可视化。

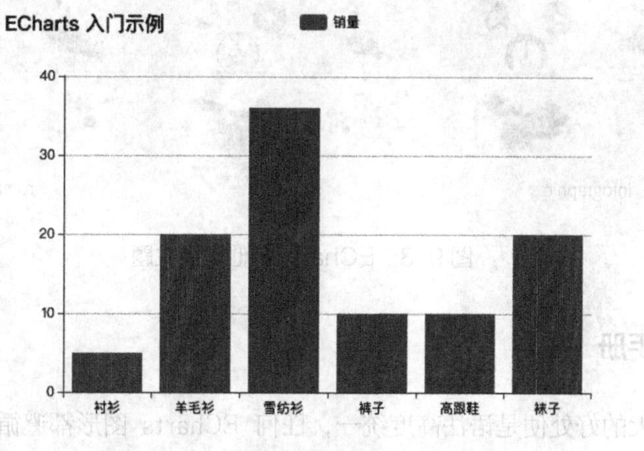

图 9-2 一个简单的 ECharts 条形图

完整代码可以参考 codes 文件夹中的 25_echarts_example.html。

9.1.5 使用其他主题

以上代码中使用默认的配色方案进行着色，ECharts 还提供了其他几套配色方案供选择 http://echarts.baidu.com/download-theme.html，如图 9-3 所示。

选择喜欢的主题并下载，即可得到相应的主题 JS 文件，移动至项目中并引入，然后在初始化时指定主题的名称即可。

```
var myChart = echarts.init(document.getElementById('main', 'vintage'));
```

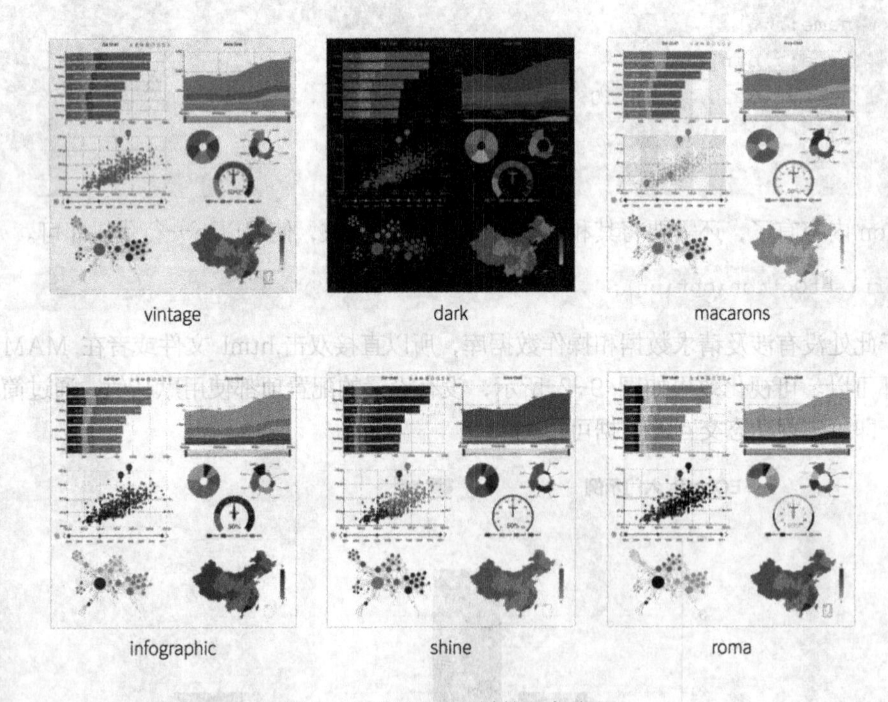

图 9-3 ECharts 其他配色主题

9.1.6 配置项手册

ECharts 最大的好处便是语法高度统一，任何 ECharts 图形都遵循以上步骤进行绘制，唯一的不同只是 option 的设置。ECharts3 官方提供了包括散点图、折线图、柱状图、地图、饼图、雷达图、k 线图、箱线图、热力图、关系图、矩形树图、平行坐标、桑基图、漏斗图、仪表盘、象形柱图、主题河流图、日历图等不同种类共计 138 个示例。每个示例页面左边为使用到的全部代码，主要包括用到的数据和 option 的具体设置，右边对应生成的图形效果，并且支持在线修改代码和调试图形。具备一定的 JS 基础之后，便可以逐步理解、复现并使用 ECharts 提供的官方示例。因此从某种程度上可以说，掌握了一种 ECharts 图形的绘制，便可以逐步掌握全部的 ECharts 图形。

以 ECharts 提供的“北京公交路线-线特效”为例，左边代码中最终使用的 option 如下，bmap 定义了地图的中心、缩放级别、地图样式等配置项，series 里指定了图形类型为 lines、坐标系统为 bmap，即在地图上绘制大量线条，从而实现北京公交路线的可视化效果。不难发现，在 option 中最终使用的数据是 busLines，通过 console.log()函数，即可观察数据的格式和组织形式。因此为了使用我们自己的数据复现这一示例的效果，只需要将数据整理成相应的格式并进行替换即可。

```
// 查看 option 最终使用的数据长什么样
// 在左边的代码调试窗口中加入以下代码
console.log(busLines);

myChart.setOption(option={
    bmap: {
        center: [116.46, 39.92],
        zoom: 10,
        roam: true,
        mapStyle: {
            'styleJson': styleJson
        }
    },
    series: [{
        type: 'lines',
        coordinateSystem: 'bmap',
        polyline: true,
        data: busLines,
        silent: true,
        lineStyle: {
            normal: {
                //color: '#c23531',
                //color: 'rgb(200, 35, 45)',
                opacity: 0.2,
```

```
                width: 1
            }
        },
        progressiveThreshold: 500,
        progressive: 200
    },{
        type: 'lines',
        coordinateSystem: 'bmap',
        polyline: true,
        data: busLines,
        lineStyle: {
            normal: {
                    width: 0
            }
        },
        effect: {
            constantSpeed: 20,
            show: true,
            trailLength: 0.1,
            symbolSize: 1.5
            },
            zlevel: 1
        }]
});
```

以上示例的可视化效果如图 9-4 所示，series 中的第一个数据序列用于绘制公交路线对应的线条，第二个数据序列用于生成动态线特效。

尽管 ECharts 遵循着简单而统一的绘图步骤，但 option 可设置的配置项内容非常丰富，从而可以通过配置项全面、灵活地调整 ECharts 图形，如同 ggplot2 中的 theme()一样。访问链接（http://echarts.baidu.com/option.html）可以查看 ECharts 支持的全部配置项，主要包括以下几大块内容，每块内容都可以不断展开，并查看全部可设置的配置项，以及不同配置值的含义和对最终图形效果的影响。

- title：图形的标题。
- legend：图形的图例。
- grid：图形的绘图范围。

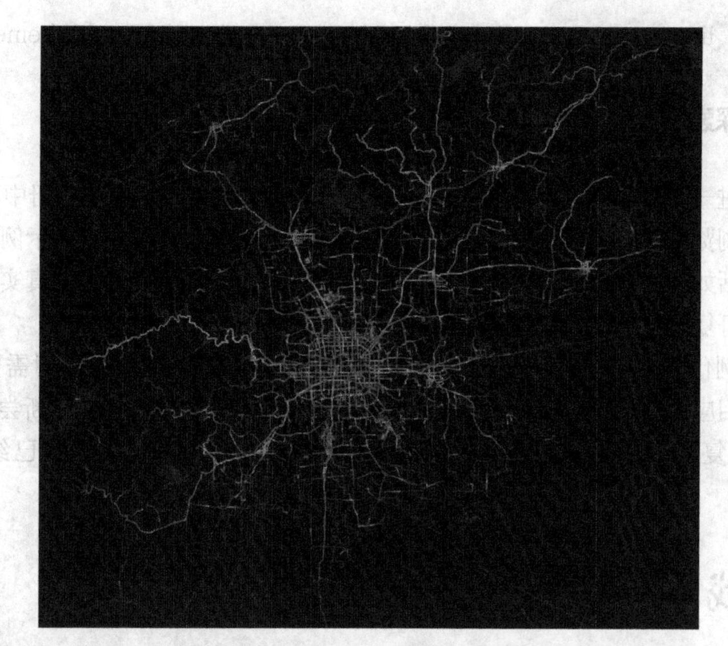

图 9-4 ECharts 官方示例 北京公交路线——线特效

- xAxis：图形的 x 轴，支持同时使用多个 x 轴，可以是数值、类别值、时间等。
- yAxis：图形的 y 轴，支持同时使用多个 y 轴，可以是数值、类别值、时间等。
- polar：使用极坐标时的配置项。
- radar：绘制雷达图时的配置项。
- dataZoom：展示时序数据时的时间范围选择工具。
- visualMap：使用视觉映射时的配置项，就像 ggplot2 将数据映射到颜色等视觉元素上一样。
- tooltip：当鼠标悬浮在图形上时显示的信息提示框。
- toolbox：ECharts 提供的图形编辑工具箱。
- geo：绘制地图时的配置项，定义如何显示地图的范围和样式等。
- parallel：绘制平行坐标时的配置项。
- timeline：定时在多个 option 之间切换，从而实现动态更新数据的效果。
- color：绘图颜色集合。
- backgroundColor：绘图区的背景颜色。
- textStyle：绘图的文本样式。
- series：图形所用的数据系列，其中的 type 配置项可以指定图形种类，可以是 line、bar、pie、scatter、effectScatter、radar、treemap、boxplot、candlestick、heatmap、

map、parallel、lines、graph、sankey、funnel、gauge、pictorialBar 和 themeRiver。

9.1.7 开始探索

如果希望进一步掌握 ECharts，也并不需要完整地阅读以上配置项手册中涉及的全部内容，而是应该浏览 ECharts 提供的官方示例，找到感兴趣或者满足需求的示例图形，仔细研究其代码，包括如何组织数据、如何编写 option 等，之后只需要将自己的真实数据整理成要求的形式，即可复现出示例中的效果。

在研究示例代码的过程中，免不了会遇上不明白其含义的配置项，这时需要在 ECharts 配置项手册中相应地查找并解决疑惑，从而掌握更多配置项的用法。通过不断尝试和积累，如果你已经成功复现并使用过 ECharts 官网提供的大部分示例，相信你已经掌握和理解 ECharts 了。

9.2 实战：再谈豆瓣电影数据分析

具备相关知识基础之后，便可以回过头来讨论，之前曾经多次接触到的豆瓣电影数据分析项目。

实战 再谈豆瓣电影数据分析项目

9.2.1 项目成果

豆瓣电影数据分析项目是笔者在 2015 年进行的一次数据应用尝试，可以访问链接（http://zhanghonglun.cn/data-visualization/）查看成果展示。项目完整代码托管在 Github 上（https://github.com/Honlan/data-visualize-chain）里面包括获取、清洗、存储、可视化的全部内容。

电影原始数据来自豆瓣电影，使用 python 的 urllib2 包爬取数据、BeautifulSoup 包完成解析，并且进行数据的预处理和清洗。最终一共获取了 4 587 条电影记录，每条记录包含 15 个字段：电影 ID、标题、链接、缩略图、评分、导演、编剧、演员、分类、上映国家、语言、上映时间、时长、别名和简介。在此基础上，使用 ECharts 进行简单的数据可视化，从而完整地展示网络数据的获取、存储、分析和可视化 4 个环节涉及的技术栈。

9.2.2 数据获取

将项目下载并解压之后，其中包括 spider 和 web 两个文件夹，以及一个 douban.sql。数据获取、清洗和存储的代码都在 spider 文件夹中，web 文件夹对应可视化的网站代码，douban.sql 可以直接导入 MySQL 中使用。

和数据获取相关的代码都在 spider 文件夹中，包括 getAllMovies.py 和 getDetails.py，前者根据电影标签获取电影的基本信息并写入 douban_movie.txt，后者根据电影 id 获取电影的详细信息并写入 douban_movie_detail.txt。爬取的思路已经在之前的实战中讨论过，这里主要关注 getDetails.py 中 BeautifulSoup 的使用。

因为根据电影 id 获取电影详细信息时请求的是 HTML 页面，所以需要用到 BeautifulSoup 从 HTML 文本中提取出需要的字段。BeautifulSoup 的用法可以参考官方文档（https://www.crummy.com/software/BeautifulSoup/bs4/doc/），使用 pip install beautifulsoup4 即可安装。

BeautifulSoup 可以将 HTML 文本解析为 HTML 对象，和之前介绍的 DOM 模型非常类似。解析后的 HTML 对象可以理解为一棵以 HTML 标签为根节点的树，在这样的一棵树中可以进行选择和查找等操作，以列表的形式返回全部符合要求的 HTML 对象，对应一个或多个子树，以网页中符合要求的标签为根节点。BeautifulSoup 主要提供 select()和 find_all()两个函数分别用于选择和查找，select()接受任何有效的 CSS 选择器，并返回符合要求的 HTML 对象。

find_all()可以同时指定 CSS 选择器和属性过滤器，以字典的形式进行属性筛选。在以下代码中，p1 即网页上全部的 p 标签，p2 则是进一步满足 name 属性为 title 的 p 标签。

```
# 获取请求的返回结果
html = response.read()
# 将 HTML 文本解析为 HTML 对象
html = BeautifulSoup(html)

p1 = html.select("p")
p2 = html.find_all("p", attrs={"name": "title"})
```

对于 HTML 对象，BeautifulSoup 提供了两个函数用于获取数据。get_text()函数可以获取 HTML 对象的内容，如 h1、p、span 等标签的文本内容。get()函数可以获取 HTML 对象的属性值，需要提供相应的属性名作为参数。

再来看看在 getDetails.py 中如何使用 BeautifulSoup 提取信息字段，核心代码如下。

```
request = urllib2.Request(url=url, headers=headers)
response = urllib2.urlopen(request)
html = response.read()
html = BeautifulSoup(html)
```

```
Info = html.select('#info')[0]
Info = info.get_text().split('\n')

# 提取字段，只要冒号后面的文本内容
director = info[1].split(':')[-1].strip()
composer = info[2].split(':')[-1].strip()
actor = info[3].split(':')[-1].strip()
category = info[4].split(':')[-1].strip()
district = info[6].split(':')[-1].strip()
language = info[7].split(':')[-1].strip()
showtime = info[8].split(':')[-1].strip()
length = info[9].split(':')[-1].strip()
othername = info[10].split(':')[-1].strip()

# 电影简介
description = html.find_all("span", attrs={"property": "v:summary"})[0].get_
text()
description = description.lstrip().lstrip('\n\t').rstrip().rstrip('\n\t').replace
('\n','\t')

# 写入数据
record = str(movieId) + '^' + title + '^' + url + '^' + cover + '^' +str(rate)
+ '^' + director.encode('utf8') + '^' + composer.encode('utf8') + '^' + actor.
encode('utf8') + '^' + category.encode('utf8') + '^' + district.encode('utf8')
+ '^' + language.encode('utf8') + '^' + showtime.encode('utf8') + '^' + length.
encode('utf8') + '^' + othername.encode('utf8') + '^' + description.encode
('utf8') + '\n'
fw.write(record)
```

通过 Chrome 开发者工具观察《疯狂动物城》的豆瓣电影详情页（https://movie.douban.com/subject/25662329/），会发现导演、编剧、主演等相当多有用的信息都存在于一个 id 为 info 的 div 中，如图 9-5 所示，故使用 html.select('#info')[0]选择这个 div。由于 select()函数返回的是由 HTML 对象组成的列表，而我们相当肯定符合条件的#info 只有一个，因此使用下标 0 获取想要的 HTML 对象并保存为 info。使用 get_text()函数获取 info 的全部文本内容并以换行符分割，即可得到多项文本字段。通过观察网页结构，将这些文本和导演、编剧、演员等字段一一对应，并进一步提取出相应的字段值。

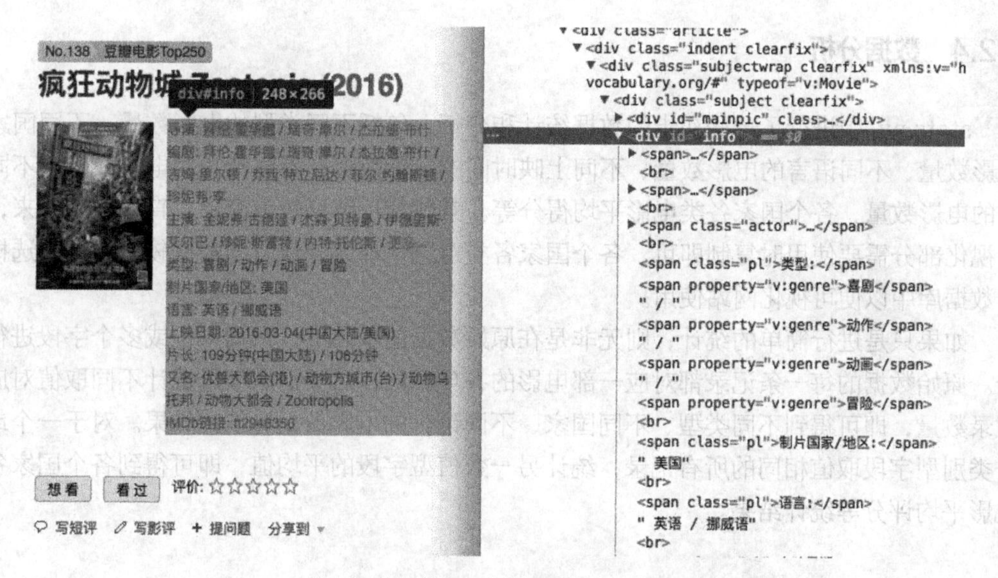

图 9-5 《疯狂动物城》豆瓣电影详情页中的有效字段

类似地，我们发现电影简介出现在一个 span 中，其 property 属性为 v:summary 并且在整个页面中独一无二。使用 find_all()函数，结合 CSS 选择器和属性过滤器，即可准确地获取目标 DOM 元素。由于 find_all()返回的也是由 HTML 对象组成的列表，因此同样需要使用下标 0 获取后才能进一步处理。

最后，将提取的全部字段以逗号拼接并写入文件中，从而实现根据每部电影的 id 获取其详细数据。

9.2.3 数据清洗和存储

数据清洗主要包括数据去重、空值处理、数据去噪、格式统一、对齐融合等内容，目的是提高数据质量，以便于后续进一步分析。在这次的项目中，movieClean.py 读取 douban_movie_detail.txt 中的电影数据，经过简单清洗之后再写入 douban_movie_clean.txt。清洗工作主要包括以下几点。

- 去除编剧、演员、分类、语言、别名、简介等字段中的多余空白。
- 根据上映国家的中文名补全相应的英文名，以便后续使用 ECharts 进行地图展示。
- 将上映时间整理为年份的 4 位数字。
- 将电影片长处理成以分钟为单位的整数。

数据存储的代码参见 insertToDatabase.py，通过 phpMyAdmin 在 MySQL 中新建好相应的数据库和数据表之后，使用 MySQLdb 将清洗好的电影记录逐条添加至数据表中即可。

9.2.4 数据分析

stats.py 中进行了一些初步的数据统计和分析，包括不同类型的电影数量、不同国家的电影数量、不同语言的电影数量、不同上映时间的电影数量、不同片长的电影数量、不同评分的电影数量、各个国家各类电影平均得分等。其他统计结果较为简单，直接打印出来，在可视化部分需要使用时复制即可。各个国家各类电影平均评分涉及的数据较多，因此选择存入数据库中以便可视化网站使用。

如果只是进行简单的统计，则无非是在原始数据的基础上，根据一个或多个字段进行聚合。原始数据的每一条记录都对应一部电影的各项字段，对类别型字段统计不同取值对应的记录数量，即可得到不同类型、不同国家、不同语言的电影数量等统计结果。对于一个或多个类别型字段取值相同的所有记录，统计另一数值型字段的平均值，即可得到各个国家各类电影平均评分等统计结果。

9.2.5 数据可视化

数据可视化通过交互网站实现，使用到的内容主要是之前介绍过的 HTML、CSS、JS、JQuery、Flask 和 ECharts。网站项目完整代码在 web 文件夹中，一共包含 3 个页面：统计、评分、搜索。

统计页面从电影类型、电影语言、上映国家等维度进行统计，并通过折线图展示了历年电影产量和电影时长分布，如图 9-6 所示。代码实现包括 run.py 中的 index()和 templates 文件夹中的 index.html，由于统计数据较为简单，因此直接写在 index.html 的 JS 代码中，并未涉及后端向前端的数据传递，每个图形的实现代码参考 index.html 中对应部分。

评分页面展示了电影评分的分布情况，并且比较了不同国家、不同类型的电影对应的平均评分，如图 9-7 所示。

代码实现包括 run.py 中的 rate()和 templates 文件夹中的 rate.html。在 rate()函数中，从数据库读取全部电影的评分、上映国家、类别、上映时间、片长等数据，以及各个国家各类电影的平均评分数据，经过整理后传递至前端。在之前的简易个人博客项目中，我们接触了如何使用 Flask 由后端向前端传递数据，并且使用 Jinja2 在 HTML 中渲染数据。不同的是，这次需要在 JS 代码中使用数据，因此需要借助 json 作为载体，在后端传递数据之前，将 Python 字典 movies 和 rates 转换成 json 字符串，然后在前端的 JS 中使用 eval()函数将 json 字符串转换成 JS 对象。总而言之，使用 Flask 由后端向前端传递数据时，既可以在 HTML 中直接循环并渲染数据，也可以在 JS 中加载数据并通过 ECharts 等 JS 库进行展示，甚至可以对加载后的 JS 对象数据，使用 JQuery 更新 HTML 中已有的 DOM 元素，或者动态添加新的 DOM 元素。

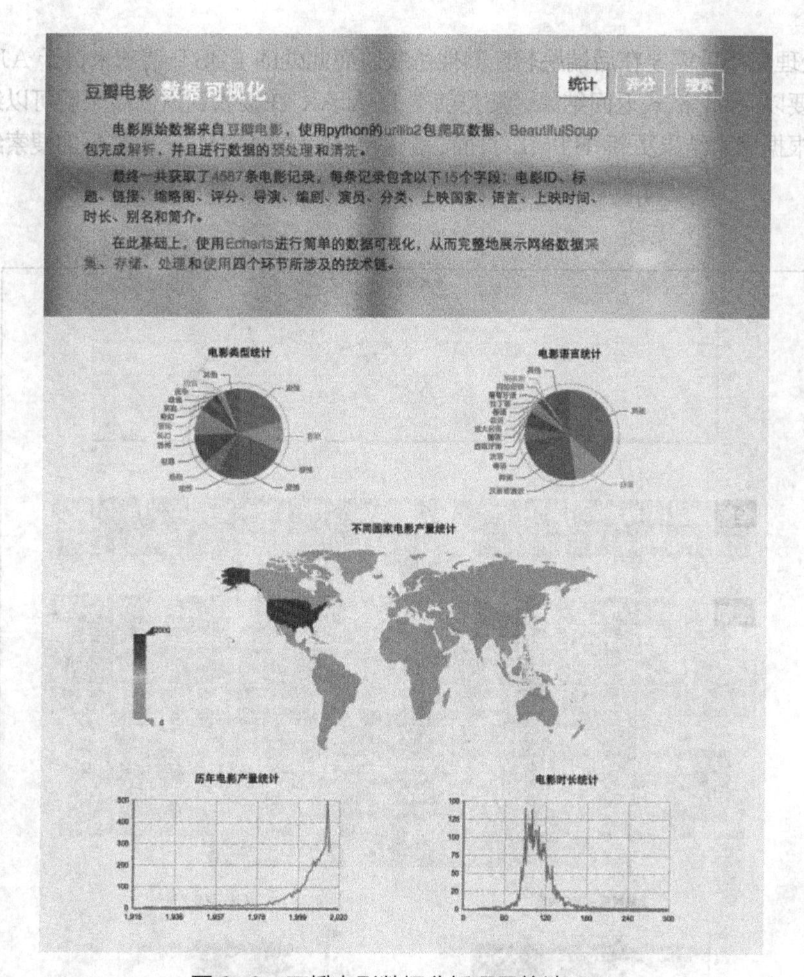

图 9-6　豆瓣电影数据分析项目统计页面

在评分页面选择电影类型或上映国家后，两幅散点图中的数据会相应地更新，通过 JQuery 编写事件响应函数，根据选择的参数更新 option 中使用的数据并再次 setOption()即可。类似地，通过下拉菜单选择国家之后，事件响应函数也会更新数据并展示对应国家各类电影的平均评分。

搜索页面提供了一个简单的搜索功能，通过匹配标题关键词实现，如图 9-8 所示。代码部分包括 run.py 中的 search()和 templates 文件夹中的 search.html，search()中读取了评分最高的 10 部电影并在前端的 HTML 中渲染。当用户在搜索页面提交关键词后，search.html 中的点击响应事件会发起 AJAX 请求，将搜索关键词提交给 run.py 中的 keyword()函数，这是一个接受 POST 请求的 API，根据提供的关键词查询数据库并返回结果。之前简易个人博客项目中的 handle()也是一个接受 POST 请求的 API，但由于请求是由表单提交的，所以

handle()在处理完毕后需要在后端跳转至其他函数。而此处的 POST 请求来自于 AJAX 异步发起，因此需要以 json 格式返回结果，使得前端的 AJAX 在接收到返回结果后可以继续完成后续操作，即根据搜索结果更新 HTML 页面，删除已存在的 DOM 元素并添加搜索结果对应的电影内容。

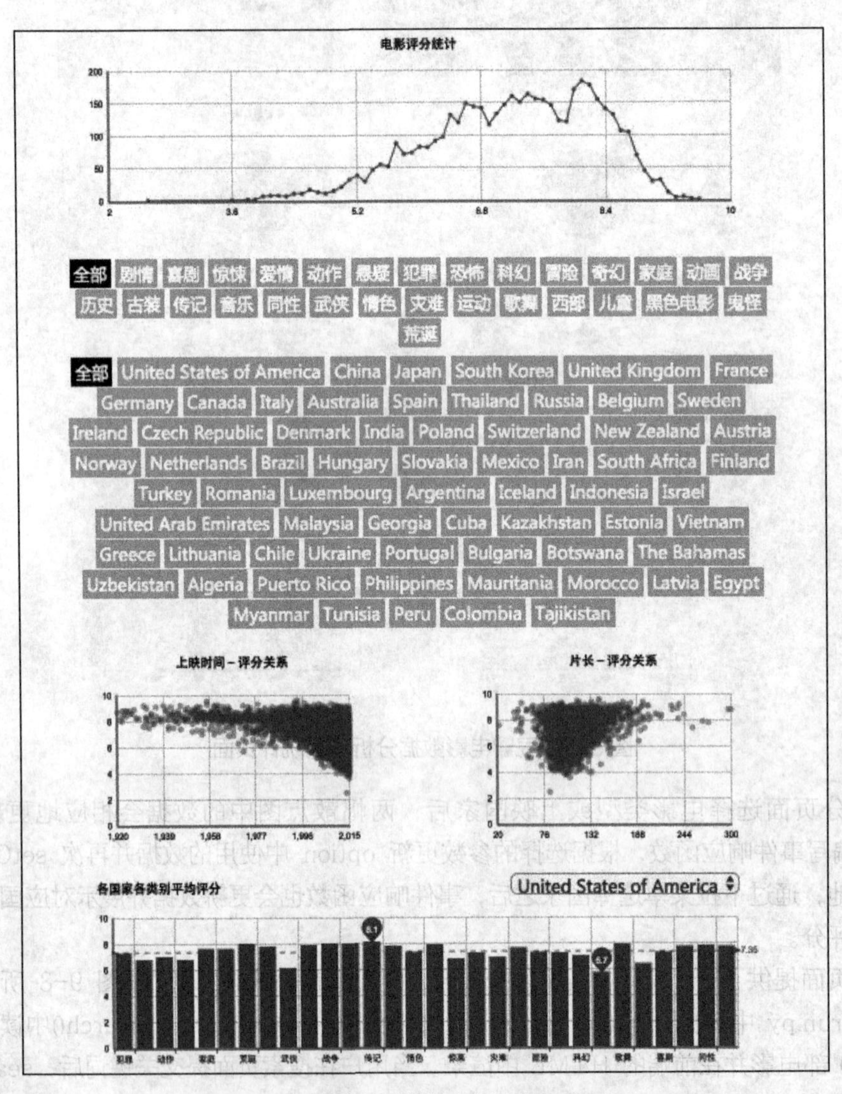

图 9-7 豆瓣电影数据分析项目评分页面

图 9-8　豆瓣电影数据分析项目搜索页面

9.2.6 项目总结

在做本次项目时，ECharts 尚处于 2.0 版本，因此项目中主要使用 ECharts2 进行数据可视化，在引入、加载和使用等语法上稍显繁琐，并且最终的可视化图形也不及 ECharts3 美观。通过以上豆瓣电影数据分析项目，我们进一步熟悉了做数据应用时遵循的获取、存储、分析、可视化这一基本流程，巩固了 HTML、CSS、JS、JQuery、ECharts 等工具的使用，并接触了多种使用 Flask 由后端向前端传递数据的方法，使我们在开发自己的网站项目时更加得心应手。

除了豆瓣电影之外，还可以尝试很多基于网络公开数据的应用，如大众点评、链家网、共享单车等其他领域的数据网站。数据源都是大同小异的，使用的技术和方法也不会有太大区别，但一千个人眼中有一千个故事，每个人对于同一件事情的想法、思考、设计和创意也千差万别，所以不妨行动起来，实现属于你自己的、独具特色的数据应用项目。

9.3 数据可视化之魅 D3

动态可视化 数据可视化之魅 D3

熟悉 ECharts 之后，再来了解另一款更加灵活的数据可视化工具 D3。

9.3.1 D3 是什么

D3（Data Driven Documents）即数据驱动文档，和 ECharts 一样也是 JS 图形可视化工具，在 Github 上已有 63 000 多 stars，是目前最流行的 JS 可视化库之一。使用 D3 可以实现更加灵活且富有变化的图形，如图 9-9 所示，可以访问官网（https://d3js.org/）了解更多内容。

图 9-9 D3 数据可视化

如果将 ECharts 比作已经造好的轮子，D3 就是一块尚未加工的木材。ECharts 使用简单的配置项即可完成绘图，而 D3 需要自己手动实现可视化的每一处细节。因此，D3 门槛更高、难度更大，但使用起来更加灵活自由，能够实现更为复杂多样的可视化效果。

9.3.2 D3 核心思想

D3 的核心思想是数据驱动文档，即通过数据来控制 DOM 元素的内容和外观。使用 D3 一般遵循以下流程。

- 为 DOM 元素绑定数据。
- 利用数据确定 DOM 元素的内容和外观等属性。
- 当数据发生变化时，相应地更新 DOM 元素。

D3 使用的 DOM 元素大多属于 svg 元素，如 line、rect、circle 等。svg 是一种矢量图格式，和 png、jpeg 等位图不同，矢量图经过放大后不会失真。之前在介绍 HTML 5 时也提到了 svg，关于 svg 的更多内容可以参考链接（http://www.runoob.com/svg/svg-tutorial.html）。

正因为 HTML 页面中的 DOM 元素会根据数据的不同而呈现出不同的效果，因此使用 D3 进行数据可视化再合适不过。

9.3.3 一个简单的例子

通过一个简单的例子感受 D3 的魅力。新建一个.html 文件，准备好网页的一些基本内容后引入 D3，使用下载和 CDN 两种方法都可以。

```
<script src="https://d3js.org/d3.v4.min.js"></script>
```

因为还会用到一点点 JQuery，所以将 JQuery 也引入进来。

```
<script src="http://cdn.bootcss.com/jquery/2.1.4/jquery.min.js"></script>
```

输入以下代码，准备好用于 D3 画图的 svg，宽 960 像素、高 600 像素。g 是 svg 元素的一种，可以理解为一张画布，后续操作都将在这张画布上进行。

```
<body style="text-align:center;position:relative;">
    <span>解散</span>
    <svg width="960" height="600" style="margin:40px;">
        <g></g>
    </svg>
</body>
```

准备一个 script 标签并开始编写 JS 代码。

```
<script>
$(document).ready(function(){
});
</script>
```

定义一个变量 mode，因为最终的可视化效果会呈现出两种不同的状态。再定义一个字符串 alphabet，其内容是 26 个英文字母的大小写。随机地从 alphabet 中选取 200 个字母并添加到数组 chars 中，作为驱动 D3 进行可视化的数据。使用 d3.select()选择 HTML 中的 svg 标签并保存为变量便于后续使用，参数可以是任何有效的 CSS 选择器。由于 D3 在进行可视化时会频繁使用到画布的大小，所以使用 attr()函数获取 svg 标签的宽度和高度。

```
var mode = true;

var alphabet = 'abcdefghijklmnopqrstuvwxyzABCDEFGHIJKLMNOPQRSTUVWXYZ';
```

```
var chars = [];
for (var i = 0; i<200; i++){
    chars.push(alphabet[Math.floor(Math.random() * alphabet.length)]);
}

var svg = d3.select('svg');
var width = svg.attr('width');
var height = svg.attr('height');
```

接下来是最为核心的代码。D3 和 JQuery 一样支持链式操作，以下对 svg 变量依次执行 select()、selectAll()、data()、enter()、append()、text()、attr()等操作，即选择画布、选择 DOM 元素、绑定数据、添加数据、驱动数据。

```
svg.select('g')
    .selectAll('text')
    .data(chars)
    .enter()
    .append('text')
    .text(function(d) {
        return d;
    }).attr('transform', function(d,i){
        return 'translate(' + (i*width / chars.length) + ',' + (height / 2
+ (height-40) * Math.sin(i*0.1) / 2) + ')';
    }).attr('font-size',function(d){
        return Math.floor(10 + 15*Math.random());
    }).attr('fill', '#333')
    .attr('fill-opacity', function(d){
        return Math.random() * 0.6 + 0.4;
    });
```

svg 调用 select('g')之后，返回 svg 标签中的 g 标签，select()用于选择一个 DOM 元素。继续调用 selectAll('text')之后，返回 g 标签中的全部 text 标签，selectAll()用于选择多个 DOM 元素。看到这里可能会产生疑问，g 里面不是什么都没有吗？哪来的 text 可选？但这便是 D3 的使用流程，先选择要操作的 DOM 元素，再以列表的形式提供数据。如果 DOM 元素比数据的个数多，则删除多余的 DOM 元素；如果 DOM 元素比数据的个数少，则添加相应的 DOM 元素；当两者一一对应之后，使用每一个数据来驱动对应的 DOM 元素，包括控制内容和外观样式等。

因此，选择要操作的 text 之后，使用 data()为它们绑定数据，即 chars。由于 chars 中一共有 200 个字母，而 g 中目前没有任何 text 标签，所以使用 enter()和 append()函数，为每一个字母对应地添加一个 text。

那么问题来了，这些 text 标签分别显示什么内容？如何确定样式呢？使用 text()函数设置 text 的文本内容，由一个匿名函数指定，这是 D3 中十分常用的写法。d 代表了每个 DOM 元素对应的数据，在这里便是一个个字母，所以匿名函数直接返回 d 作为 text 标签的文本内容。类似地，依次调用 4 次 attr()函数，设置每个 text 的变换、字体大小、字体颜色、透明度。

- 变换的值设置为平移 translate，画布的左上角为原点，使用字符串拼接的方法指定水平方向和竖直方向上的平移，从而控制每个 text 的位置。这里的匿名函数具备两个函数 d 和 i，分别代表当前正在处理的数据以及序号，数据可以用来驱动文档，而序号可以表明当前正在处理 200 个字母中的哪一个。水平方向上的平移和 i 成正比，竖直方向上的平移和 i 的正弦值有关，通过这样的设置，最终 200 个字母将以正弦曲线的形状呈现。
- 因为字体大小设置为一个随机范围，所以这里的匿名函数并不需要 d 或 i。
- 字体颜色设置为统一值，故不需要匿名函数。
- 透明度设置为一个随机范围，所以匿名函数也不需要 d 或 i。

访问写好的.html 文件，效果如图 9-10 所示。D3 使用随机生成的 200 个字母驱动 200 个 text 标签，控制它们的文本内容、位置、大小、颜色等外观属性，可以在开发者工具 Elements 标签中看到，svg 的 g 中确实已经添加了相应的 text 标签。

如果想让图形动起来，只需使用数据再次驱动 DOM 元素即可。为按钮 span 绑定点击事件响应函数，调用让图形动起来的 fly()函数，并根据 mode 的值进行相应处理。

```
$('span').click(function(event){
    fly(mode);
    if(mode) {
      $(this).text('站队');
      mode = false;
    }else{
      $(this).text('解散');
      mode = true;
    }
});
```

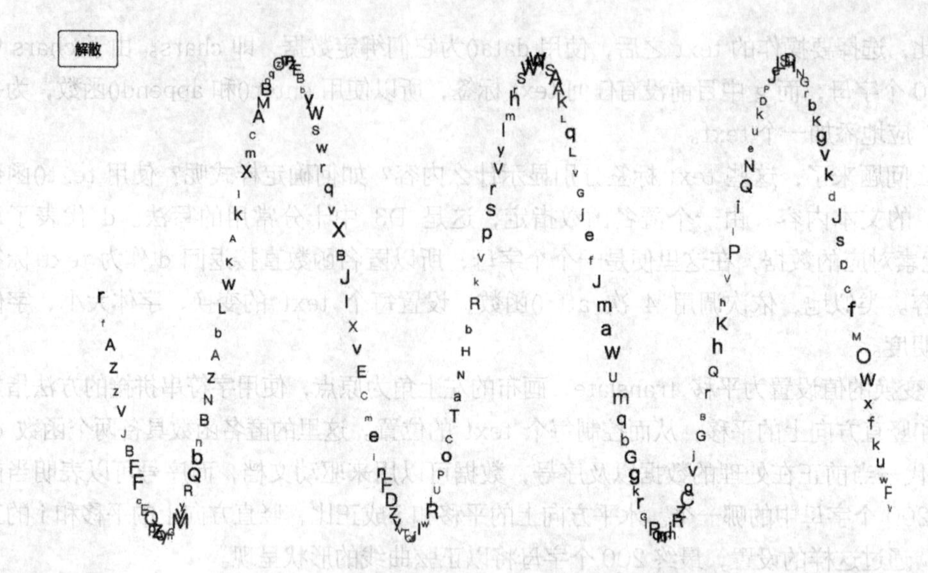

图 9-10　一个简单的 D3 例子——正弦状态

来看看关键的 fly()函数如何编写。同样是选择 svg g 中的全部 text 标签，由于已经绑定了数据，因此无需再用 data()函数。接下来依次使用了 transition()、delay()、duration()三个函数，然后通过 attr()函数设置每个 text 标签的位置，有两种模式，一种为随机打乱，一种为按正弦分布。transition()表示更改属性时使用过渡效果，delay()用于设置过渡的延时，这里使用了一个匿名函数，使得延时和数据在数组中的序号成正比，duration()用于设置过渡的持续时间。

```
function fly(param) {
    d3.select('svg g')
        .selectAll('text')
        .transition()
        .delay(function(d, i) {
            return i * 2;
        })
        .duration(600)
        .attr('transform', function(d, i){
            if (mode) {
                return 'translate(' + (width - 40) * Math.random() + ',' +
(height - 40)*Math.random() + ')';
            }else{
                return 'translate(' + (i*width / chars.length) + ',' +
```

```
                (height / 2 + (height - 40) * Math.sin(i * 0.1) / 2) + ')';
            }
        });
}
```

刷新浏览器页面，字母一开始按正弦曲线排列，点击“解散”按钮后，字母将依次随机打乱，再次点击后将重新呈现出正弦曲线，如图 9-11 所示。

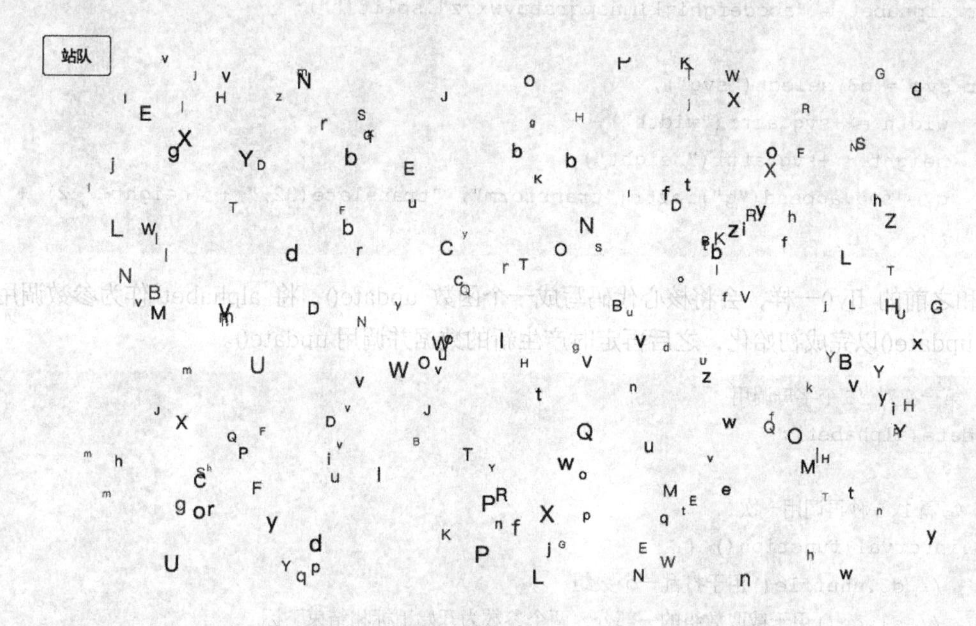

图 9-11　一个简单的 D3 例子——随机状态

完整代码可以参考 codes 文件夹中的 27_d3_first_example.html。

9.3.4　深入理解 D3

以上例子比较简单，因为只进行了一次数据绑定，之后再用数据驱动文档时，数据和 DOM 元素之间满足一一对应关系，因此只需要依次更新每个 DOM 元素的属性即可。在接下来的例子中，会不断绑定新的数据，从而涉及添加 DOM 元素、更新 DOM 元素、移除 DOM 元素三种处理。

这个例子来源于 D3 作者的博客（http://bl.ocks.org/mbostock/3808234），页面上的字母序列会定时更新，绿色为新出现的字母，黑色为已有的字母，红色为不再出现的字母。

首先引入 D3，并在 HTML 中添加相应的 DOM 元素。

```
<svg width="960" height="500"></svg>
<script src="https://d3js.org/d3.v4.min.js"></script>
```

在 script 标签中写 JS 代码，用数组准备好字母表，获取 svg 及其宽高，并向其中添加一个 g 标签。因为 g 标签整体进行了平移，所以 g 中添加的 text 无需再平移，即可显示在 svg 的中间部分。

```
var alphabet = "abcdefghijklmnopqrstuvwxyz".split("");

var svg = d3.select("svg"),
    width = +svg.attr("width"),
    height = +svg.attr("height"),
    g = svg.append("g").attr("transform", "translate(32," + (height / 2) +
")");
```

和之前的 fly()一样，会将核心代码写成一个函数 update()，将 alphabet 作为参数调用第一次 update()以完成初始化，之后再定时产生新的数据并调用 update()。

```
// 第一次对 26 个字母调用
update(alphabet);

// 每隔 1.5 秒再调用一次
d3.interval(function() {
    // d3.shuffle()用于打乱一个数组
    // slice()用于截取数组的一部分，两个参数为开始下标和结束下标
    // sort()对截取的数组按字母表顺序排序
    // 以下操作即从 26 个字母中随机选取若干，排序后以数组形式传递给 update()
    update(d3.shuffle(alphabet)
        .slice(0, Math.floor(Math.random() * 26))
        .sort());
}, 1500);
```

来看看 update()函数的具体代码，将提供的数据绑定到 g 中的全部 text 上，并根据数据中的字母，为新出现的字母添加 text，更新已有字母对应的 text，删除未出现字母对应的 text。

```
function update(data) {
    var t = d3.transition()
        .duration(750);
    // 将提供的数据绑定到 g 中的全部 text 上
```

```
// 使用 data()绑定数据时结合匿名函数，使得每个字母都有唯一对应的 text
var text = g.selectAll("text")
    .data(data, function(d) {
        return d;
    });

// 对于已有的 text，如果对应的字母在 data 中未出现，则移除
// exit()是退出，即开始移除
// 然后执行一系列更新，包括添加 class、过渡、更新 y 值、降低透明度
// 过渡后 text 向下方淡出
// 最后执行 remove()，即完成移除，将 text 从 DOM 中删除
text.exit()
    .attr("class", "exit")
    .transition(t)
    .attr("y", 60)
    .style("fill-opacity", 1e-6)
    .remove();

// 对于已有的 text，如果对应的字母在 data 中出现了，则更新
// 修改 class、更新 y 值、提高透明度、过渡、更新 x 值
// 更新 x 值是为了将 text 移动到字母顺序对应的位置
text.attr("class", "update")
    .attr("y", 0)
    .style("fill-opacity", 1)
    .transition(t)
    .attr("x",function(d, i) {
        return i * 32;
    });

// 对于 data 中新出现的字母，没有 text 与之对应，则添加
// 添加完毕后执行一系列设置，包括 class、dy、y、x、透明度、文本
// 过渡后更新 y 值和透明度，使得 text 从上方淡入
text.enter().append("text")
    .attr("class", "enter")
    .attr("dy", ".35em")
    .attr("y", -60)
    .attr("x", function(d, i) {
        return i * 32;
```

```
            })
            .style("fill-opacity", 1e-6)
            .text(function(d) {
                return d;
            })
            .transition(t)
            .attr("y", 0)
            .style("fill-opacity", 1);
}
```

我们希望进入、更新、退出三种状态的 text 呈现出不同的样式，因此再加上一些 CSS 样式，即可大功告成。

```
text {
    font: bold 48px monospace;
}

.enter {
    fill: green;
}

.update {
    fill: #333;
}

.exit{
    fill: brown;
}
```

以上例子涉及 D3 的选择 DOM 元素和绑定数据，数据添加、更新、移除 DOM 元素等核心操作，有助于进一步深入理解 D3 的使用方法。完整代码可以参考 codes 文件夹中的 27_d3_second_example.html。

9.3.5 开始探索

掌握 D3 的核心语法后，便可以大开脑洞，使用自己的数据驱动 svg 元素，从而实现丰富多样的数据可视化。D3 官网也提供了大量的示例，（https://github.com/d3/d3/wiki/Gallery）都是来自世界各地的 D3 爱好者贡献的代码。可以选择感兴趣的示例，仔细研究其代码和实现过程，并且使用自己的数据复现出相同的效果。

D3 和 ECharts 的区别很明显。ECharts 提供了完整的框架，不同的图形都可以使用相同的方法实现，唯一不同的只是 option 的配置，因此理解了一个示例的代码，其他示例也能很快实现。D3 仅提供了绘图的方法，最终可视化效果的每一处细节都需要自己动手实现，官方示例出自不同人之手，每个人都用不同的想法实现出不同的效果，因此需要逐个理解并实现。ECharts 简单容易上手，通过少量代码即可实现交互图形，但封装度更高，图形的结构和形式基本已经定型。而 D3 虽然门槛高、难度大，但可以更加灵活、更加自由地实现任何天马行空的可视化效果。

总而言之，不妨同时掌握 ECharts 和 D3，使用前者可简单快速地生成多种可视化图形，再通过后者迸发创意，创造出独具特色的数据可视化作品。

9.4 实战：星战电影知识图谱

掌握 D3 的核心语法之后，通过一个实战项目进行巩固。

关系图是一种很常用的可视化形式，用圆形、矩形等形状表示实体，用形状之间的连线表示实体之间的关联，形状的大小和颜色可以蕴含实体的属性，线的粗细和透明度也可以表达关联的强弱。我们使用 D3 来实现关系图，并用来展示七部星战系列电影中涉及的各类实体之间的关联。

实战 星战系列电影知识图谱可视化

9.4.1 项目成果

项目可视化效果可以访问链接（http://zhanghonglun.cn/starwars/）查看，如图 9-12 所示，获取了七部星战系列电影涉及的各类实体数据，经过简单的统计分析后进行交互可视化。项目托管在 Github 上，（https://github.com/Honlan/starwar-visualization）里面包含了所使用的完整代码和全部数据。

可视化网页包括关系图和时间线两部分。在关系图中，每个节点代表星战电影中的一个实体，不同颜色代表不同的类型，如电影、人物、星球等。节点之间的连线表示实体之间存在关联，例如，人物出演了某部电影、电影中出现了某个种族等。可以选择用圆形或文本来表示每个节点，在上半部分的右边可以看到指定节点的详细信息，还提供了一个简单的搜索功能。在时间线中可以直观地看到每部电影中出现了哪些实体，以及每个实体分别出现在哪些电影中，从图中可以看出，只有很少的几个主角才出现在大部分电影中。关于星战项目的更多图文介绍，可以访问链接（https://zhuanlan.zhihu.com/p/23477869）阅读。

将 Github 上的项目下载并解压后，star_war 文件夹中包含了项目的完整代码和全部数据，包括 csv、html、plot、python、R 五个文件夹，分别对应数据、可视化网页、静态绘图、python 代码、R 代码。除此之外，还提供了一个项目讲解的 PPT，是之前线上沙龙分享时做的，分享的演讲稿以 txt 文件保存。

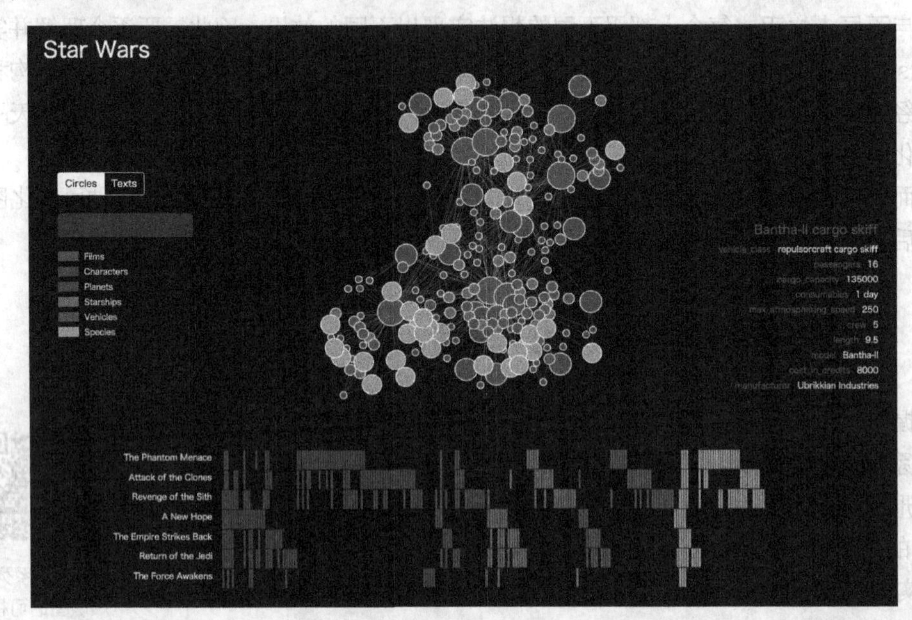

图 9-12　星战系列电影知识图谱可视化

9.4.2　数据获取

星战数据来自于 SWAPI,（http://swapi.co/）是全球首个量化的、可供编程使用的星战数据集，开发者经过漫长的搜集和整理，汇总了星战系列电影中涉及的多个种类实体数据。SWAPI 一共提供了 6 个 API，分别用于获取电影、人物、飞船、装备、种族、星球 6 类实体的详细数据。

数据获取的代码包括 python 文件夹下的 get_films.py 和 get_details.py，使用的方法依然是之前介绍的 urllib2。爬取的 6 类实体数据保存在 csv 文件下的 6 个文本文件中，每一行代表一条实体记录。

9.4.3　数据分析

python 文件夹下的 stat_basic.py、stat_character.py、stat_species.py 分别统计了 7 部电影分别涉及各类实体的数量，人物的性别、身高、体重分布，种族的类别、身高、寿命分布，将相应的结果整理成 csv 文件并用 R 绘制了静态可视化图片。

9.4.4 数据可视化

HTML 文件夹中包含了可视化网页的全部代码和数据，包括一个 index.html 和三个 json 数据，json 数据都是由 python 文件夹下的代码整理而成。我们主要关注 index.html 中，如何使用 D3 实现关系图。

在 D3 官网中也可以找到关系图的示例（https://bl.ocks.org/mbostock/4062045），第一部分是可视化的最终效果，如图 9-13 所示，第二部分是全部的代码 index.html，第三部分是使用的数据 miserables.json。因此为了通过星战的数据复现关系图，只需要使用示例中的代码，并且将星战数据整理成相应的 json 格式即可。

观察 miserables.json 的结构，一共有两个 key，nodes 和 links，对应的 value 都是列表，分别代表节点数据和连线数据。每个节点都是一个字典，包括 id 和 group 两个字段，分别代表节点的名称和类别；每条连线也是一个字典，包括 source、target、value 三个字段，分别代表连线的起点、终点和权重。python 文件夹中的 json_force.py 将各类实体数据整理成同样的结构，即 HTML 文件夹中的 starwar.json。

使用节点数据驱动 circle 标签，每个圆形代表一个节点，圆形的颜色由节点的 group 字段决定。使用连线数据驱动 line 标签，每条线代表一条边，线的粗细由边的 value 字段决定，线两端的节点由 source 和 target 决定。D3 会使用力导向布局算法，将每个节点模拟成彼此互斥的电荷，将节点之间的连线模拟成电荷之间的约束，从而根据节点以及它们之间的关联计算出对应的位置，并将 circle 和 line 都绘制在 svg 中，如图 9-13 所示。代码还为 circle 和 line 绑定了和拖曳相关的事件响应函数，使得用鼠标拖曳节点时，仍然保持彼此之间的弹性关联。完整代码可以参考 codes 文件夹中的 28_d3_force_relation_graph.html。

参考以上官方示例，将代码整合到我们的星战项目中，即可加载 starwar.json 并实现关系图可视化。项目中用节点数据同时驱动 circle 和 text，在模式切换按钮的响应事件里隐藏不需要显示的内容即可，例如，选择 Circles 模式显示全部的 circle 并隐藏全部的 text。鼠标在节点上悬浮时，只显示与其直接相连的节点，而将无关节点全部隐藏，并将该节点对应实体的详细信息展示在页面上，这些都可以通过 JQuery 实现。

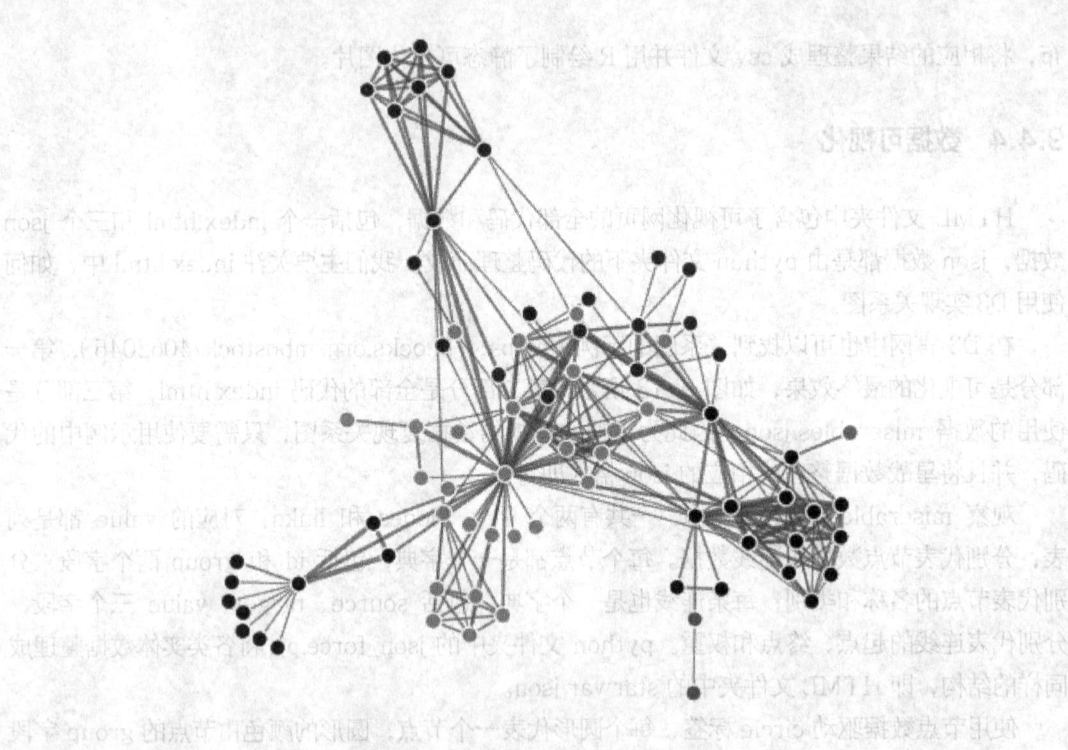

图 9-13　D3 实现关系图官方示例

9.4.5 项目总结

在本项目中，使用星战系列电影数据实现了关系图可视化，节点代表星战故事中的各类实体，连线表示实体之间存在的关联。通过这样一种知识图谱的展示形式，可以全面快速地概览和星战电影相关的各方面内容。关系图和知识图谱在企业、金融、法律等领域也可以起到类似的作用，辅助决策者洞悉领域相关的实体以及它们之间的关联，便于发现体系中的关键点和异常点等。

笔者在网易云课堂上发布了一门在线视频课程，“星战系列电影知识图谱可视化”，完整地介绍和演示项目的全部内容，手动详细地再现项目中的每一个细节，从数据的获取、清洗、存储，到分析和最终的可视化。跟着视频完整实践一遍后，可以重复独立地完成其他数据的分析应用，积累项目经验和提升个人能力，读者感兴趣的话可以进一步了解。

9.5 艺术家爱用的 Processing

动态可视化 艺术家的可视化工具 Processing

掌握 ECharts 和 D3 两款 JS 可视化工具之后，再来了解另一门语法简单但颇具艺术气息的可视化语言——Processing。

9.5.1 Processing 是什么

Processing 是一门用来生成图片、动画和交互软件的编程语言。如同在画布上创作一样，每一行 Processing 代码都可以在最终的界面上生成相应的效果。Processing 语法简单，程序员、设计师、艺术生都可以很快上手并使用，创造出脑洞大开、震撼视觉的艺术效果。

访问链接（https://processing.org/download/）下载并安装 Processing，在 Mac、Linux 和 Windows 上都有相应的版本。安装完毕后打开 Processing 软件，即可看到图 9-14 所示界面，包括上部的工具栏、中部的编辑区、底部的控制台。

和 Python 的.py 文件类似，Processing 代码文件以.pde 为后缀，称作一个 sketch 即草图。在草图中编辑完代码之后，点击工具栏中的播放按钮运行，即可看到相应的作品效果，作品运行过程中的调试信息会出现在控制台中，点击工具栏中的停止按钮可退出运行。

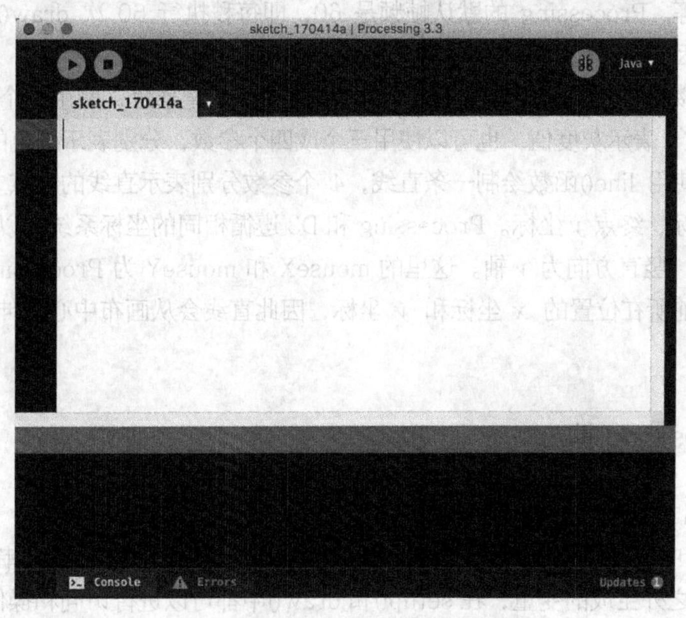

图 9-14 Processing 软件界面

9.5.2 一个简单的例子

在编辑区中输入以下代码并保存草图，取任意名称皆可，保存完毕后点击播放按钮运行草图，即可看到相应的结果。一条直线的一端位于窗口中心，另一端位于当前鼠标所在位置，并且直线会跟随鼠标移动。

```
void setup() {
    size(600, 400);
    frameRate(50);
}
void draw() {
    background(204);
    line(300, 200, mouseX, mouseY);
}
```

Processing 草图中需要提供两个函数，setup()和 draw()。Processing 是强类型语言，因此声明变量时需要指定类型，定义函数时也需要指定返回值类型。setup()函数用于完成一些初始化工具，包括使用 size()函数设置画布即绘图窗口的大小，使用 frameRate()设置 draw()函数运行的帧频等。Processing 的默认帧频是 60，即每秒执行 60 次 draw()函数，由于人眼存在视觉残留，因此运行代码后，画布可以呈现出动态效果。

在 draw()函数中，首先使用 background()填充画布的背景色，使用一个参数时，可以使用 0~255 的整数，表示灰度值，也可以使用三个或四个参数，分别表示颜色的 R、G、B、透明度分量。接着使用 line()函数绘制一条直线，4 个参数分别表示直线的起点 x 坐标、起点 y 坐标、终点 x 坐标、终点 y 坐标。Processing 和 D3 遵循相同的坐标系统，以左上角为原点，水平方向为 x 轴，竖直方向为 y 轴。这里的 mouseX 和 mouseY 为 Processing 提供的特殊变量，表示鼠标当前所在位置的 x 坐标和 y 坐标，因此直线会从画布中心延伸到当前鼠标位置并动态跟随。

9.5.3 Processing 基础

学过 Python 之后，Processing 语法也能一一对应并很快掌握。

Processing 中常用的变量类型主要有整数 int、浮点数 float、字符串 String 等，在 setup()和 draw()之外生成的变量，在 setup()和 draw()中都可以进行访问和操作，类似 Python 中的全局变量。

使用 point()绘制点，需要两个参数，分别为点的 x 坐标和 y 坐标；使用 line()绘制线，需要 4 个参数，分别为起点 x 坐标、起点 y 坐标、终点 x 坐标、终点 y 坐标；使用 rect()绘制矩形，需要 4 个参数，分别为左上角 x 坐标、左上角 y 坐标、矩形宽度、矩形高度；使用 ellipse()绘制椭圆，需要 4 个参数，分别为圆心 x 坐标、圆心 y 坐标、椭圆宽度、椭圆高度。

background()可以将整个画布填充为一种颜色并覆盖已有内容，使用 fill()设置当前填充色，使用 stroke()设置当前边框色，三个函数都需要提供颜色参数。使用 noFill()和 noStroke()可以关闭填充和边框，无需提供参数。以上绘图函数使用后会始终生效，直到再次设置。例如，调用 fill(204)后，之后绘制的所有图形都会使用 204 灰度进行填充。

Processing 中也有运算符、条件判断和循环，使用方法和 Python 类似，只是写法稍有不同。以下代码同时使用到以上三者，在 setup()中判断整数 i 是否为偶数并决定当前填充色，通过循环在画布上绘制 88 个黑白相间的矩形。

```
void setup() {
    size(550, 400);
    for(int i = 0; i < 88; i++) {
        if(i % 2 == 0){
            fill(0);
        }
        else{
            fill(255);
        }
        rect(i % 11 * 50, i / 11 * 50, 50, 50);
    }
}

void draw(){
}
```

Processing 提供了一些非常实用的特殊变量，可用于判断用户行为和进行交互操作。mouseX 和 mouseY 记录了鼠标当前位置的 x 坐标和 y 坐标，pmouseX 和 pmouseY 记录了上一帧鼠标所在位置的 x 坐标和 y 坐标。mousePressed 可用于判断鼠标当前是否存在点击行为，如果有，则 mouseButton 记录了当前帧鼠标被按下的是哪个键。

在 Processing 中可以使用图片、字体等多媒体内容，使用图片包括以下 3 个步骤。

- 将图片文件拖动到 Processing 项目中。
- 通过 loadImage()函数将图片加载到一个 PImage 变量中。
- 使用 image()函数在画布中显示图片。

使用字体包括以下 3 个步骤：准备字体、加载字体、使用字体。关于图片和字体的具体使用方法，将在下一节的实战项目中演示。

在 Processing 中也有函数和对象等编程概念，和 C++、Java、Python 等面向对象的编程语言都是类似的。以下代码定义了一个可以绘制猫头鹰的 owl()函数，接受 4 个参数，分别用于确定猫头鹰的水平位置、竖直位置、填充颜色、缩放比例。

```
void setup() {
    size(480, 120);
    smooth();
}

void draw() {
    background(204);
    randomSeed(0);
    for(int i = 35;i < width + 40; i += 40) {
        int gray = int(random(0, 102));
        float scalar = random(0.25, 1.0);
        owl(i, 110, gray, scalar);
    }
}

void owl(int x, int y, int g, float s){
    pushMatrix();
    translate(x, y);
    scale(s);
    stroke(g);
    strokeWeight(70);
    line(0, -35, 0, -65);
    noStroke();
    fill(255 - g);
    ellipse(-17.5, -65, 35, 35);
    ellipse(17.5, -65, 35, 35);
    arc(0, -65, 70, 70, 0, PI);
    fill(g);
    ellipse(-14, -65, 8, 8);
    ellipse(14, -65, 8, 8);
    quad(0, -58, 4, -51, 0, -44, -4, -51);
    popMatrix();
}
```

在 Processing 中可以使用数组管理和维护多个同类型的变量，和 Python 中的 list、JS 中的 array 大同小异。数组的类型可以是 int、float、String 等，甚至是定义好的 class 类。和 C++等语言一样，在 Processing 中使用数组需要使用 new 申请数组空间，并指定数组的大小，以下代码中的 x 即是一个包含 3 000 个 float 变量的数组。

```
float[] x = new float[3000];
```

9.5.4 更多内容

如果对 Processing 感兴趣、希望进一步了解更多内容，可以访问笔者的博客（http://zhanghonglun.cn/blog/tag/processing/），以上链接以 processing 为标签搜索相关文章，搜索结果中会有一个“爱上 Processing”系列，共 5 篇文章，可作为进一步学习 Processing 的参考资料。

（OpenProcessing）是一个整理了相当多 Processing 案例的分享网站，从可视化、交互、仿真、游戏等多个角度充分展示了 Processing 的编程魅力。所有案例都提供了源代码，并且可以在线运行和浏览，推荐在掌握 Processing 基础后，进一步学习和探索这些丰富有趣的案例。

9.6 实战：上海地铁的一天

在本节中，通过 Processing 实现“上海地铁的一天”动态可视化，进而熟悉和巩固 Processing 的基本使用方法。

实战 上海地铁的一天动态可视化

9.6.1 项目成果

上海地铁目前共有 16 条线路，作为上海交通的重要组成部分，其日均客流量已达千万级别。地铁有多挤，生活就有多不易，通过地铁数据可以感受到早晚高峰的拥挤，无数普通人奔走忙碌的轨迹汇聚成上海这座城市的生息。更多关于本项目的介绍内容，可以访问链接（https://zhuanlan.zhihu.com/p/24025675）阅读。

9.6.2 项目数据

本次项目所用数据整理自 2016 年上海开放数据创新应用大赛，使用了 2016 年 3 月 1 日一整天的地铁卡刷卡记录。项目代码和数据可以访问以下网盘链接（https://pan.baidu.com/

s/1hrHIGr6）下载，提取密码为 ny7j，包括一个 stations.pde 即 Processing 代码文件，以及存放了三个 csv 数据和一张背景图的 data 文件夹。

stations_with_geo.csv 记录了各个地铁站点的名称、纬度、经度、所属线路、是否为换乘站，字段之间以逗号分隔。例如，莘庄为换乘站，属于一号线和五号线。

```
莘庄,36.2561449,135.1340074,1-5,1
```

links_with_geo.csv 记录了地铁站点之间的连接数据，包括两个站点的名称、纬度、经度，以及所属线路和线路配色的 RGB 值，以下记录表示莘庄和外环路相连，两者属于一号线，线路配色为 rgb(233,27,57)。

```
莘庄,36.2561449,135.1340074,外环路,36.2695344,135.143125,1,233,27,57
```

oneday_traffic.csv 记录了 2016 年 3 月 1 日的地铁客流量统计数据，共计 2 880 行。数据每分钟汇总一次，因此共汇总 60×24 共计 1 440 次。在前 1 440 行中，每行代表所有站点在对应一分钟之内的进站客流量和出站客流量，每个站点包括纬度、经度、R、G、B、进站客流、出站客流共计 7 个字段，这里的客流量经过了适当处理，从而便于直接在可视化中使用。在后 1 440 行中，每行代表在对应的一分钟之内，进站客流量排名前十的站点名称和进站客流，以及出站客流量排名前十的站点名称和出站客流，每行共计 40 个字段，这里的客流量为实际数据，以人次为单位。

9.6.3 项目思路

在本次项目中，将读取各个地铁站点每分钟的进出站客流并进行动态可视化。地图背景可以使用准备好的图片，地铁站点用 ellipse()展示，地铁线路用 line()绘制，站点和线路的颜色分别使用 fill()和 stroke()控制。在 setup()函数中完成一些初始化工作，如读取数据、读取背景图片、加载字体等。由于每分钟提供一次数据汇总，因此需要 60×24 共计 1 440 帧，在每帧的 draw()中使用对应的数据重新绘制画布，用 ellipse()的大小来表示客流量的多少。

9.6.4 项目实现

使用 Processing 打开下载好的 pde 文件后即可直接运行，运行结果如图 9-15 所示，右上角显示了当前时刻以及对应的客流量排名，地图上则用圆形动态展示了各个地铁站点的客流量。

当然，建议新建一个草图，从零开始完整地实现一次，进而巩固对相关内容的掌握。在新建的草图中输入以下代码，主要是定义一些后续会用到的变量，如背景图、画布的宽和高、地图的经纬度范围等。Table 是一种类似二维数组的变量类型，Processing 读取 csv 文件后即可返回一个 Table 变量，因此这里定义了 3 个 Table 变量：table、link、traffic，分别用于存储站点数据、线路数据、客流数据。N 等于 1 440，表示一天一共有 1 440 分钟，interval 为每帧对应的时间，即 1 分钟。current 为当前帧对应的时间，由于凌晨零点至五点地铁尚未运营，所以这里选择从五点开始展示。

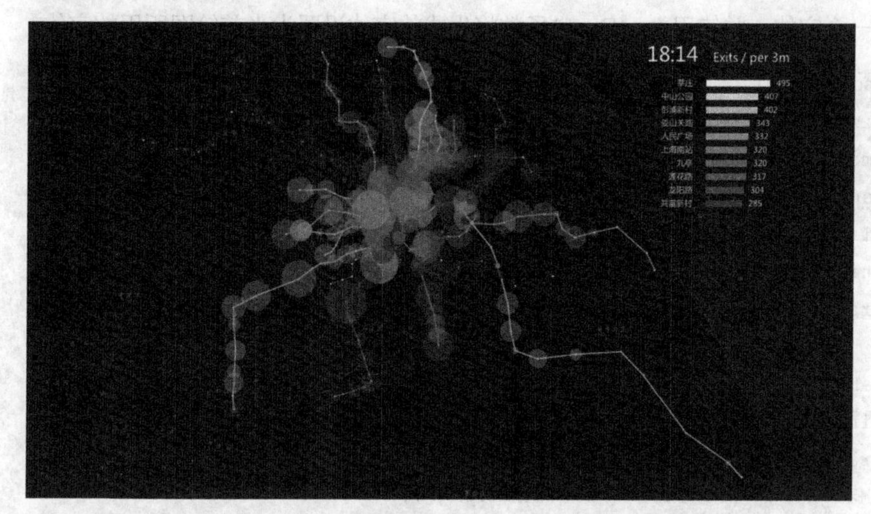

图 9-15　上海地铁的一天——出行客流量

```
Table table;
Table link;
Table traffic;
PImage shanghai;
int R;
int C;
float w = 1280;
float h = 720;
float minLng = 134.6412879;
float maxLng = 135.9199972;
float minLat = 35.9535469;
float maxLat = 36.6819062;
int interval = 1;
int N = 24 * 60 / interal;
int current = 5 * 60;

int offset = 0;
```

编辑 setup()函数以完成一些初始化工作，包括设置画布大小、启用平滑处理、设置背景颜色、设置填充色、启用圆角绘图、设置帧频等。将下载的图片和三个 csv 数据拖入 Processing 软件界面中，Processing 会自动在当前所编辑的.pde 文件同级目录下新建一个 data 文件夹，用于存放和当前草图相关的资源和数据。使用 loadTable()函数加载 csv 数据并赋值给三个 Table 变量，使用 loadImage()函数加载背景图片并赋值给 PImage 变量，使用 createFont()函数生成一个字体，并使用 textFont()函数将生成的字体设置为当前绘图所用的字体。

```
void setup(){
    size(1280, 720);
    smooth();
    background(250);
    fill(102);
    strokeCap(ROUND);
    frameRate(60);

    table = loadTable("stations_with_geo.csv");
    link = loadTable("links_with_geo.csv");
    traffic = loadTable("oneday_traffic.csv");
    shanghai = loadImage("shanghai.png");

    textFont(createFont("MicrosoftYaHei", 13));

}
```

由于在每帧中调用 draw()函数时，需要先绘制地图、地铁站点、地铁线路等静态底层内容，因此不妨编写一个函数，用于绘制和动态客流量无关的内容。使用 image()函数显示图片，4 个参数分别为图片左上角 x 坐标和 y 坐标、图片显示区域的宽和高。获取线路数据的行数和列数并保存至 R 和 C，遍历其中的每一行，根据线路配色设置当前所用的边框色，将两个站点的经纬度映射到画布上的相应坐标，并使用 line()函数绘制站点之间的线路。getFloat()和 getInt()可以用于读取 Table 指定某行某列的数据，并分别返回浮点数和整数。类似地，遍历站点数据的每一行，获取地铁站点的经纬度并映射，如果为换乘站，则以 6 为直径在对应坐标处绘制圆形，否则以 3 为直径绘制。

```
void drawBackground(){
    image(shanghai, 0, 0, 1280, 720);

    R = link.getRowCount();
```

```
    C = link.getColumnCount();

    for(int i = 0; i < R; i++){
        float latO = link.getFloat(i, 1);
        float lngO = link.getFloat(i, 2);
        float latD = link.getFloat(i, 4);
        float lngD = link.getFloat(i, 5);
        int cr = link.getInt(i, 7);
        int cg = link.getInt(i, 8);
        int cb = link.getInt(i, 9);
        stroke(cr, cg, cb);
        strokeWeight(2);
        line(w*(lngO-minLng)/(maxLng-minLng),  h*(maxLat-latO)/(maxLat-minLat),
w*(lngD-minLng)/(maxLng-minLng), h*(maxLat-latD)/(maxLat-minLat));
}

    R = table.getRowCount();
    C = table.getColumnCount();

    for(int i = 0;i < R; i++){
        //String name = table.getString(i, 0);
        float lat = table.getFloat(i, 1);
        float lng = table.getFloat(i, 2);
        int category = table.getInt(i, 4);
        if(category == 1){
           fill(204);
           noStroke();
           ellipse(w*(lng-minLng)/(maxLng-minLng), h*(maxLat-lat)/(maxLat-
minLat), 6, 6);
        }
        else {
            fill(204);
            noStroke();
            ellipse(w*(lng-minLng)/(maxLng-minLng), h*(maxLat-lat)/(maxLat-
minLat), 3, 3);
        }
    }
}
```

在 draw()中调用以上函数，并根据当前时间对应的客流量数据进行展示。一共有 304 个地铁站、1 440 帧客流量数据，每个站点客流数据包括 7 个字段（纬度、经度、R、G、B、进站客流量、出站客流量）。offset 为 0 则展示进站客流，为 1 则展示出站客流。对于 current 行对应的客流数据，设置填充色后，使用 ellipse()函数依次为 304 个站点绘制圆形，圆形直径使用对应的客流量数据即可。saveFrame()函数可以将每一帧画布保存为 tif 图片，在 draw()函数的最后，记得修改 current 的值，将 current 加 1 表示下一帧使用下一分钟对应的客流量数据。当 current 等于 N 即 1 440 时，说明已经展示完一天的数据，可以使用 exit()退出画布的运行，或者将 current 重置以循环展示。

```
void draw(){
    drawBackground();

    for(int i = 0; i < 304; i++){
        float lat = traffic.getFloat(current, i * 7);
        float lng = traffic.getFloat(current, i * 7 + 1);
        int cr = traffic.getInt(current, i * 7 + 2);
        int cg = traffic.getInt(current, i * 7 + 3);
        int cb = traffic.getInt(current, i * 7 + 4);
        float entry;
        if(offset == 0){
          entry = traffic.getFloat(current, i * 7 + 5) * 3;
        }
        else {
           entry = traffic.getFloat(current, i * 7 + 6) * 3;
        }
        fill(cr, cg, cb, 120);
        ellipse(w*(lng-minLng)/(maxLng-minLng), h*(maxLat-lat)/(maxLat-
minLat), entry, entry);
    }

    //saveFrame("frames/####.tif");

    current = current + 1;
    if(current == N) {
        // current = 5 * 60;
        exit();
    }
}
```

完成以上代码后，即可运行草图并看到动态展示的上海地铁客流量。还需要在画布上加上当前时间等文本信息，从而便于更好地理解可视化的内容。在 drawBackground()函数中添加以下代码，根据 current 计算出当前时间对应的时和分，将文字大小设置为 30，进行适当的格式化后显示在画布上，text()函数的 3 个参数分别表示需要显示的文本、文本的 x 坐标和 y 坐标。将文字大小设置为 18，offset 为 0，显示 Entries 表示进站，为 1 则显示 Exits 表示出站。

```
int bg = 250;

int hour = current / 60;
int minute = current % 60;
fill(bg);
textSize(30);
if (hour < 10 && minute < 10){
    text('0' + str(hour) + ":0" + str(minute), 950, 60);
}
else if (hour > = 10 && minute < 10){
    text(str(hour) + ":0" + str(minute), 950, 60);
}
else if (hour < 10 && minute >= 10){
    text('0' + str(hour) + ':' + str(minute), 950, 60);
}
else {
    text(str(hour) + ':' + str(minute), 950, 60);
}
textSize(18);
if (offset == 0){
    text("Entries / per 3m", 1050, 60);
}
else {
    text("Exits / per 3m", 1050, 60);
}
```

还有一份数据没有使用，即不同时间对应的进出站客流量排名数据。在 drawBackground()函数中再添加以下代码，将文字大小设置为 12，依次读取当前时间对应的排名数据，这里将 current 对 10 取余，使得排名内容每 10 帧变化一次，避免刷新过快导致无法看清。对于排名前十的地铁站点，以文本形式分别显示站点名称和客流量数据，使用 rect()为客流量绘制矩形，从而实现动态变化的条形图效果。

```
textSize(12);
int tmp = 0;
for (int i = 0; i < 10; i++){
    String s = traffic.getString(N + current - current % 10, 10 * 2 * offset +
i * 2);
    int number = traffic.getInt(N + current - current % 10, 10 * 2 * offset + i
* 2 + 1);
    if (number >= 20) {
        textAlign(RIGHT);
        fill(bg);
        text(s, 1020, 96 + 20 * tmp);
        textAlign(LEFT);
        text(number, 1050 + number / 5, 96 + 20 * tmp);
        noStroke();
        fill(bg, 255 - tmp * 20);
        rect(1040, 96 + 20 * tmp - 9, number / 5, 10);
        tmp += 1;
    }
}
```

最后，可以使用 Processing 制作一段动态可视化视频。将 draw()函数中的 saveFrame()一行取消注释，运行草图，Processing 将会在.pde 文件的同级目录中新建一个 frames 文件夹，用于存放每一帧画布对应的 tif 图片。草图运行完毕后，点击 Processing 菜单栏中的工具，选择 Movie Maker，在弹出的对话框中将 frames 文件夹选为图片源，设置好帧频、视频宽高等信息，点击 Create movie，如图 9-16 所示，即可选择目标目录并生成视频。

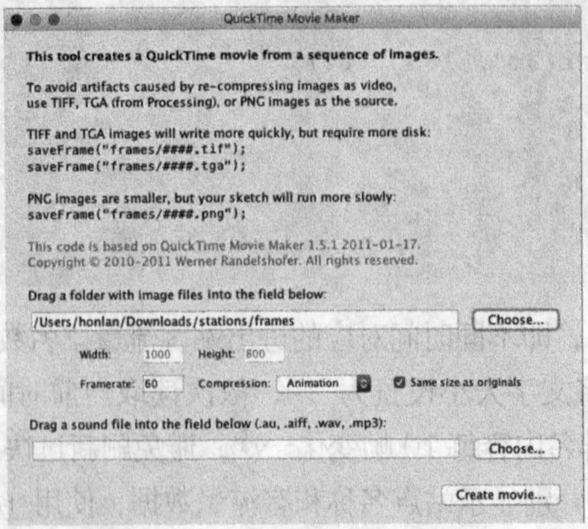

图 9-16　使用 Processing 生成动态可视化视频

9.6.5 项目总结

通过“上海地铁的一天”这一实战项目，我们巩固了 Processing 中常用的一些语法和知识点，也掌握了使用 Processing 实现动态可视化的基本思想：准备好不同时间对应的数据，在 draw()中根据当前时间获取对应的数据，使用点、线、圆形、矩形等绘图元素进行可视化。

在 Processing 中还可以实现粒子、光晕、流体等更为复杂的视觉效果，结合丰富多样的交互功能，可以做出一些非常炫酷的可视化作品，上节中提到的 OpenProcessing 便整理了相当多值得一试的案例。接下来要做的，便是选择感兴趣的数据，打开我们的脑洞，创造出独具特色的 Processing 可视化作品。

第 10 章 机器学习

10.1 明白一些基本概念

机器学习在我们日常生活的很多领域中都得到了广泛应用，先明白一些基本概念，学会从机器学习的角度来思考生活中的问题。

机器学习 明白一些基本概念

10.1.1 机器学习是什么

机器学习研究如何通过计算的手段，利用经验来改善系统自身的性能。通俗来讲，就是让代码学着干活，完成一些简单而有规律的任务。中文维基百科中对学习的定义如下：学习是透过外界教授或从自身经验提高能力的过程。因此，人的学习主要包括两个要素，被学习的内容、人自身的学习能力。一个小孩子在见过几次猫狗之后，便可以学会区分两者。在这个学习的过程中，被学习的内容是待区分的动物，人自身的学习能力从已经见过的动物中发现并总结出一些规则和特点，从而更准确地完成区分猫和狗的任务。

从数据的角度来看，日常生活中的大多数实体都可以用行和列的结构来表示，即之前多次提到的二维表。每一列表示该类实体的一个特征（Feature），如人的身高、体重、年龄、学历等；每一行表示该类实体的一条具体记录，例如，我们可以收集到大量用户的基本信息。一种实体可能会有非常多的特征，这些特征的采集难度、信息含量、应用价值也存在显著差异。以用户信息为例，姓名、年龄、邮箱、手机号等属于基本特征，学历、收入、银行卡、个人信用等属于敏感特征。基本特征采集难度相对较低，在采集的数据记录中缺失值更少、数据质量更高；敏感特征采集难度相对更高，但蕴含着更丰富的信息含量和应用价值。

在具体的应用场景中，我们会更多地关注一些隐性的特征，这类特征大多难以采集并且更为抽象。例如，西瓜是否好吃、猫和狗的区分、借款人信用如何，可以称为目标特征，或者说标签（Label）。我们希望从显性且易采集的特征，推测出隐性且难以采集的标签，例如，根据借款人的年龄、学历、收入、银行卡、信用卡还款记录等特征，推测出借款人是否存在逾期行为这一标签。为了学习到这一判断能力，我们需要研究大量已有的历史记录，尝试发现特征和标签之间的关联，人工归纳和总结出特征如何影响标签，从而对于没有提供标签的新数据，依然可以根据其特征进行判断。类似地，机器学习也主要包括两个要素，数据和模型。我们需要准备好足够的数据，训练一些经典的机器学习模型，并使用训练好的模型完成从特征到标签的关联。

10.1.2 学习的种类

学习分为很多种，人的学习可以通过外界教授实现，也可以从自身经验提高个人能力。在机器学习的领域中，常见的学习种类包括有监督学习、无监督学习、增强学习、主动学习、迁移学习、集成学习等。

1. 有监督学习

有监督学习（Supervised Learning）即存在外界指导的学习。当看到一只动物时，家长会告诉孩子这是一只猫还是一只狗，通过不断地观察和指导，才能逐渐在脑海中沉淀出猫和狗的概念。在机器学习中进行有监督学习时，一般都会涉及两个数据集，训练集和测试集。训练集中的数据记录既有特征也有标签，称为有标注数据（Labeled Data），而测试集中的数据记录虽然也有特征和标签，但我们假定标签为未知，称为无标注数据（Unlabeled Data）。我们需要在训练集上训练模型，通过这些训练数据让模型挖掘出特征和标签之间的关联，然后在测试集上应用模型，根据已知的特征推测出未知的标签，并根据真实的标签评估模型的性能。只有当模型性能达到一定要求之后，才能真正将模型应用于实际问题中，用于处理大量存在的未标注数据。

有监督学习主要分为两大类，分类和回归。分类对应标签为类别型的情况，例如，根据身高、体重、年龄等特征判断人的性别，可以是男或女，只能在有限的类别中选择其一。回归对应标签为数值型的情况，例如，根据年龄、学历、工作经验等特征判断人的收入，可以是某个范围内的任意取值。当分类的不同类别之间存在有序关系时，也可以将分类理解为回归的一种离散情况，例如，根据用户评论进行情感分析，分为非常积极、积极、一般、消极、非常消极五大类，或者给出一个 0~1 的情感评分，那么只需要将连续的回归值按照不同的阈值处理成对应的类别值即可。

2. 无监督学习

无监督学习（Unsupervised Learning）即不存在外界指导的学习。当看过很多次猫和狗之后，即使每次并没有被告知看到的是猫还是狗，仍然会在脑海中沉淀出两种动物的形象，下次再见到新的猫或狗时，同样可以将其区分为已知的两种动物之一。在机器学习中进行无监督学习时，一般仅提供了数据的特征，我们需要根据数据之间的相似程度，将特征相似的数据聚为一类，而将特征差异显著的数据分到不同的类中，这一操作称为聚类。通过聚类的思想，可以将数据划分成差异显著的几大类，从而发现不同类之间的区别，以及同一类数据之间的关联，例如根据身高、体重、年龄等特征将数据记录聚成两类。理想情况下，聚类之后的结果正好可以和应用场景关注的分类标签一一对应。例如，根据身高、体重、年龄等特征聚成两类后，正好分别对应男和女两种分类类型，即其中一类的性别大多都为男，而另一类的性别大多都为女。

有监督学习往往更加准确并且应用价值更高，因为明确指定了训练集每一条记录中特征和标签的对应关系，使得有监督学习模型的学习能力更强。然而，有标注数据的建立需要耗费大量的人力和时间，例如，为了建立一份足够规模的图片分类数据集，需要人工标注上万甚至更大规模的图片。具体应用中涉及的有监督学习任务种类繁多，存在有标注数据可供训练的情况则少之又少。相比之下，无监督学习不需要人工标注，仅从数据特征本身出发，自动进行聚类并完成一些有价值的任务，在无监督数据大量产生和积累的大数据时代，拥有更多的应用场景和更高的潜在价值。

半监督学习（Semi-supervised Learning）则结合使用有监督学习和无监督学习，例如先通过无监督学习将训练集数据进行聚类，然后将每条记录的聚类结果做为新的特征加入有监督学习。或者在无标注数据上应用无监督学习发现一些规则和模式，将这些规则和模式应用于有标注数据的清洗等预处理操作上，从而提升有监督学习的最终效果。在具体的应用场景中，涉及到的数据情况和质量可能非常多样和复杂，应用无监督学习的思路和方法也十分灵活。

3. 增强学习

增强学习（Reinforcement Learning）也称作强化学习，主要解决一个能感知环境的个体，在马尔科夫决策过程（Markov Decision Process）中，如何通过学习选择当前情况下的最优行动。例如，如何根据当前棋局决定最优落子选择，以及在 Flappy Bird 等游戏中如何根据当前游戏状态决定最优操作。马尔可夫决策过程是指下一状态仅和当前状态以及当前采取行动有关的变化过程。例如，围棋都是由空盘的初始状态开始，通过双方交替落子不断变化为新的状态。“能感知环境”是指可以用一个状态函数来表示当前所处的状态，“最优行动”是指通过定义一个目标函数并选择使得目标函数尽可能增加的行动。因此，增强学习中主要涉及三个内容：状态函数、可执行的行动集合、目标函数。在不同的状态下执行不同的行动，都会达到新的状态并对应地更新目标函数。通过不断地尝试和积累，增强学习能够从历史数据中归纳和总结出经验，从而在面对新的状态时，做出使得目标函数尽可能增加的最优行动。

4. 主动学习

主动学习（Active Learning）的核心思想是边学习边标注，同时涉及有标注数据和无标注数据。在有标注数据上训练多个模型，并使用训练好的模型对无标注数据进行分类或回归等标注。对于模型标注结果，介入人工标注以确认标注的准确性，从而将部分无标注数据转化为有标注数据。扩大有标注数据的数据集规模后再次训练模型，在不断地迭代、学习和人工标注中提升模型的性能。主动学习涉及的一个核心问题是选择哪些无标注数据进行人工确认，毕竟无标注数据的数据量较大，而人工标注十分耗费人力和时间。一种思路是选择多模型处理结果置信度较高或无冲突的记录，这些记录的标注结果比较可靠，通过人工进一步确认后再加入有标注数据，从而保证有标注数据的准确性。另一种相反的思路是选择置信度较低或发生冲突的记录，这些记录可能存在争议，是目前的模型无法解决并且需要进一步学习的，因此要求通过人工标注以确保准确性后再加入有标注数据，从而弥补当前模型的不足。

5. 迁移学习

迁移学习（Transfer Learning）是指，在一个域（Domain）中训练好模型之后，应用到另一个域中并实现类似的性能。例如，在服装购物评论数据上训练情感分类模型，再用于进行书籍购物评论数据的情感分析，以及使用北京地铁数据训练的客流预测模型，用于预测上海地铁数据的客流。域和域之间存在较强的相关性，具备一些共有的规律和特征，但来自于不同的数据源或类别。迁移学习解决了大数据时代下有标注数据极度有限的问题，在一个有标注数据上通过有监督学习训练好的模型，通过迁移学习即可应用到相关的大量无标注数据上并实现类似的性能。因此迁移学习是目前十分热门的一类学习，在未来也会有很大的发展和应用前景。

6. 集成学习

集成学习（Ensemble Learning）是指融合多个弱模型以实现一个强模型。例如，将多个模型的结果进行加权整合，从而使得结果更准确、更可靠，其思想类似于“三个臭皮匠顶个诸葛亮”和“人多力量大”。集成的方法主要有 3 种：同一种模型使用多种参数组合分别训练之后集成、多种模型进行集成、训练集的不同部分分配给多个模型之后集成。基于集成学习的经典算法有 Random Forest、AdaBoost、GBDT、XGBoost 等，相对于对应的单模型而言都能实现较大的性能提升。

在实际应用中，需要灵活地结合使用多种学习方法以实现更好的性能，例如，使用无监督学习丰富有监督学习所需的特征，结合主动学习增加训练集的数据量，通过迁移学习将模型应用于更多的无标注数据，使用集成学习进一步提升模型的最终性能等。

10.1.3 两大痛点

机器学习中经常会面临以下两大问题：维度灾难和过拟合。

1. 维度灾难

维度灾难（Curse of Dimensionality）是指数据量过大和特征数过多导致的一系列问题。随着数据的不断积累，在实际应用问题中我们接触到的数据集、数据记录可能有几万、几十万、几百万乃至更多，特征数量也可能达到几百甚至几千个。我们自然希望获取尽可能多的数据，即希望二维表的行和列都尽可能多，因为更多的数据和更丰富的特征都能使模型学到更多，从而提升最终的任务性能，但是这些无疑也都会导致更复杂的模型、更长的训练时间和更高的计算成本。

一些模型在低维度下可以实现很好的性能，但在高维度的情况下可能会变得极为复杂甚至性能下降。例如，对于简单的二分类问题，在一维中只需要用一个点进行分割即可，在二维中则需要一条曲线，在三维中甚至需要一个曲面，在更高的维度中则更是难以想象。随着维度的增加，模型训练所需的等待时间和计算成本都有可能随之呈指数级增加。低维度下在个人电脑上足以处理的模型，高维度下也许不得不部署到服务器上进行训练；低维度下训练模型只需要十几秒的时间，高维度下也许需要几小时、几天甚至更久，这在生产环境和实际应用中几乎是无法容忍的。在实验环境中，我们可以为了实现很小的性能提升，使用更复杂的模型、付出更多的时间和计算成本，但在实际应用中则更看重简单的模型和实时的处理能力，因此需要在性能和成本之间合理权衡。

2. 过拟合

过拟合是指在训练集上训练的模型，在训练集上能够取得很好的性能，在测试集上的表现却不尽人意。评估一个模型时，主要考虑的是模型的学习能力和泛化能力，前者是指模型是否能够很好地学习到数据的分布、特征与标签之间的关联等内容，后者是指模型在训练集上训练后，能否很好地泛化到测试集等其他数据上。一般来说，模型越复杂，学习能力越强，但泛化能力越弱，越容易过拟合；模型越简单，泛化能力越强，但学习能力越弱，更容易欠拟合。在性能相似的情况下，一般更青睐简单的模型。例如，探索体重和身高之间的关系时，简单的线性模型便足以揭示两者之间的关联并较好地完成回归任务。如果以 x 轴为身高、y 轴为体重，将训练集中的数据点绘制成散点图，那么使用一条直线便足以拟合。相反的，如果使用一条极度复杂扭曲但涵盖了所有数据点的曲线进行拟合，则很容易导致过拟合并且在测试集上造成更大的误差。

为了防止过拟合，可以在训练的过程中采用正则项（Regularization）等方法。正则项是指在训练过程中人为引入一些误差，从而避免模型过度拟合训练数据中特征和标签之间的对应关系，而把注意力更多地放在学习一些通用而泛化的关联和规律上。

10.1.4 学习的流程

使用机器学习解决应用问题时，一般包含以下几个流程：预处理、特征工程、特征选择、特征降维、模型训练、模型调参、模型评估。

1. 预处理

首先需要进行一些预处理操作，例如通过数据重塑将原始数据整理成需要的格式，以及通过数据清洗处理缺失值，以提高数据质量。对于数据中的缺失值，最简单的方法是将包含大量缺失值的行或列直接丢弃。也可以进行补全，使用 0、-1 等标识值，或者对应字段的统计值，如平均值、中位数等。还可以将缺失值转换为新的特征，例如，统计每条记录的缺失字段数量并作为新的特征，从而发挥缺失值的潜在作用。

2. 特征工程

特征工程是在原始特征的基础上，融合和生成更多样的新特征，从而为后续训练模型带来更多潜在的性能提升空间。俗话说，特征没做好，参数调到老，我们希望获取更多的数据和特征，而优秀的特征工程可以让机器学习迈上一个更高的起点，在整个项目中可能会占据 60% 甚至更多的时间。对于数值型特征，可以两两之间进行加、减、乘、除以及其他更复杂的组合，从而生成极为丰富的新特征，这些组合可能是完全没有意义的，但也有可能会带来意想不到的新涵义。也可以将全部数据记录按某一数值型特征进行排序，得到对应的排序特征，即将连续的数值取值转换为离散的排序顺序，而排序特征相对于数值特征更稳定、鲁棒性更强。对于类别型特征，可以通过 One-Hot 编码转换为向量，类似自然语言理解中的词袋模型，从而可以和数值型特征一起进行后续模型的训练。

3. 特征选择

特征工程生成了非常多的新特征，然而并不是每一个特征都是有意义的，完全无效的特征甚至会带来不必要的噪音，因此需要经过特征选择，筛选出和标签相关的有用特征，去除和标签无关的无用特征。在这个过程中，如何选择特征、保留多少特征、去除多少特征，都是需要反复探索和尝试的问题。常用的做法是使用最大信息系数（Maximal Information Coefficient）、Pearson 相关系数等可以反映特征和标签之间相关性强弱的判别系数进行排序，仅保留相关性最强的一些特征。有些模型如 XGBoost 在训练的过程中也会对特征进行重要性评估和排序，因此也可以作为特征选择的依据。

4. 特征降维

特征降维虽然也是将原始数据由高维变为低维，即减少特征的数量，但特征选择是从已有的特征中直接选出有用的部分，而特征降维则是根据已有的特征融合出更少更有用的特征，因此是一个多对多的融合过程。常用的降维算法有 PCA（Principal Component Analysis）和 tSNE（t-distributed Stochastic Neighbor Embedding）等，也可以用于将高维特征数据降低至二维，便于在平面上进行数据分布的降维可视化分析。

5. 模型训练、模型调参

就像读书一样，通过以上“由薄到厚”，再“由厚到薄”的过程，我们准备好了信息量最大、和标签关联最强、对后续训练模型作用最大的特征集合。可以使用单模型进行训练，可能需要尝试各种经典的机器学习模型并比较性能，每种模型都会涉及对应的一些设置参数，不同的参数组合也会影响到模型最终的表现。也可以使用多模型进行融合，使用之前介绍的集成学习分别训练多个模型，然后将它们的输出结果加权融合。这一过程涉及的选择非常之多，使用哪种模型？参数如何设置和调整？选择哪些模型进行融合？多模型的结果以何种方式进行融合？这些问题都会影响到最终的性能，需要经过大量的探索尝试和经验指导。

6. 模型评估

完成以上工作后，需要评估模型在测试集上的输出结果，主要针对有监督学习模型。首先讨论二分类问题，在训练集上训练好模型之后，对测试集中的每条记录进行二分类，即分为正例和反例，并和真实标签进行比较。理想情况自然是将每一条测试记录都划分为正确的类别，而实际情况中则可能会出现以下 4 类结果。

- 真实标签为正并且分类为正，分类正确，称为 True Positive（TP）。
- 真实标签为正但是分类为负，分类错误，称为 False Negative（FN）。
- 真实标签为负并且分类为负，分类正确，称为 True Negative（TN）。
- 真实标签为负但是分类为正，分类错误，称为 False Positive（FP）。

一种简单的评估指标便是统计分类正确的记录数量占总数量的比例，称为正确率（Accuracy），对于多分类模型的评估也可以采用类似的思路。在正确率的基础上，还可以通过准确值（Precision）、召回值（Recall）和 F 值（F-Score）评估分类模型的性能，以上三个参数也是通过 TP、FN、TN 和 FP 计算出来的。

当样本比例失衡时，使用正确率无法恰当地评估模型的性能。例如，使用分类模型判断是否患有某种疾病时，由于实际上患病的人数远比健康人数要少，即便模型对于任何记录都判断为健康，依然能达到非常高的正确率。在这种二分类情况下，使用 ROC 曲线和 AUC 值能够更加准确地评估模型的性能。在二分类的具体实现中，模型一般是给测试数据中的每一条记录进行评分，当评分高于阈值时，判断为正例，低于阈值时，则判断为负例。AUC 值主要关注模型对正负例评分的相对高低，处于 0 至 1 之间。当测试集中全部正例的评分比全部负例的评分都要高时，AUC 值等于 1；当全部正例的评分比全部负例的评分都要低时，AUC 值等于 0；如果将全部记录都判断为正例或负例，即全部记录的评分都相等，则 AUC 值等于 0.5。

对于回归任务，可以计算测试集中，每条记录的回归标签值和真实标签值之差，并进行统计汇总。常用的回归模型评估指标包括平均绝对差值（Mean Absolute Error）、均方误差（Mean Square Error）、均方根误差（Root Mean Square Error）等。

10.1.5 代码实现

熟悉了以上和机器学习相关的基本概念之后，再来了解如何通过 Python 实现这些内容。Python 中的 scikit-learn 可以用于完成机器学习领域的大部分工作，其官网首页如图 10-1 所示，可以看到之前介绍的分类（Classification）、回归（Regression）、聚类（Clustering）、降维（Dimensionality Reduction）、模型选择（Model Selection）、预处理（Preprocessing）。scikit-learn 提供了完整而友好的说明文档和丰富全面的示例代码，功能强大，简单易上手，是使用 Python 进行机器学习的不二选择。可以访问其官网（http://scikit-learn.org/）了解更多内容。

图 10-1 scikit-learn 官网首页

scikit-learn 不仅实现了大多数常用的机器学习模型，而且这些模型在 scikit-learn 中遵循相同的使用规范，例如都包括了定义模型、训练模型、预测结果、评估性能等函数，使得掌握一种模型的实现方法之后，便能很快熟悉如何使用其他模型。在下节内容中，将了解一些常用经典模型的核心思想，以及如何在 scikit-learn 中实现。

10.2 常用经典模型及实现

明白了分类、回归、聚类等机器学习中的基本概念之后，介绍一些常用经典模型的核心思想，以及如何在 scikit-learn 中实现它们。在以下内容中，使用小写字母表示数值，使用粗体的小写字母表示向量，使用粗体的大写字母表示矩阵。

机器学习 常用经典模型及其实现

10.2.1 线性回归

线性回归（Linear Regression）属于有监督学习。将每条记录表示为一个 *m* 维向量 x，*m* 表示记录的特征数量，向量 x 各个维度上的分量即对应特征的值。线性回归模型可以表示为 y=Wx+b，其中 y 和 b 为 *n* 维向量，分别表示模型输出和偏置项。*n* 等于 1 时，进行回归，模型输出一个连续值；*n* 大于 1 时，进行分类，模型输出一个 *n* 维向量，各分量表示不同类别对应的概率，归一化后选择最大者即可得到分类结果。W 为 *n*×*m* 维矩阵，表示从输入 x 到输出 y 之间的线形映射。

线形回归模型的训练过程主要是根据已有的数据调整 W 和 b。对于训练集中的每一条记录，可以由其特征 x 得出对应的 y，并计算 y 与该记录真实标签之间的误差。将全部记录的误差进行求和，即可得到当前 W 和 b 对应的总误差，记作模型的损失函数。训练模型的目标便是让损失函数尽可能小，使用梯度下降法对损失函数求导，并根据梯度下降的方向调整模型参数即可，从而使得模型可以反映出训练集数据中特征和标签之间的关系。这种在训练集数据上定义并计算损失函数、根据梯度下降法调整模型参数的训练思想，对于大多数有监督学习模型而言都是适用的。

10.2.2 Logistic 回归

Logistic 回归（Logistic Regression）在线性回归的基础上增加了一些额外处理，公式表达为 y=*logit*(Wx+b)，这里的 *logit*()即为 Logistic 函数，输入为一个 *n* 维向量，输入同样是一个 *n* 维向量，只过过将向量的每一个值都进行了归一化处理。例如，y=*logit*(x)，那么两个向量的对应元素满足以下公式。

$$y_i = \frac{\exp(x^i)}{\sum_{j=1}^{n}\exp(y^j)}$$

这样的好处是，向量 x 中可能会包含负值，而经过处理后，向量 y 中各个分量都为非负值并且全部加起来等于 1，因此可以作为每个类别对应的输出概率，进行分类任务时，选择概率最大的类别即可。

10.2.3 贝叶斯

朴素贝叶斯（Naive Bayesian）属于有监督学习，其核心思想是，最可能的分类是概率最大的分类。举一个非常简单的例子，当训练集中大多数长发用户对应的标签都是女生，而大多数短发用户对应的标签都是男生，那么对于测试集中的一名用户，如果为长发则分类为女生，如果为短发则分类为男生，即最可能的分类是概率最大的分类，而各个分类的概率可以通过基于训练集的统计获得。因此，朴素贝叶斯和概率论有密不可分的关系，还会涉及先验概率、后验概率、贝叶斯网络等更多内容。尽管朴素贝叶斯比较理论，但其在日常生活中有非常丰富的应用，感兴趣的话可以进一步了解。

10.2.4 K近邻

K 近邻（K Nearest Neighbor，KNN）属于有监督学习，其思想比较简单，为了确定一条测试记录的标签，可以找出训练记录中和其距离最近的 K 条记录。如果需要进行分类，则选出这 K 条训练记录中出现最多的分类标签；如果需要进行回归，则将这 K 条训练记录的标签值加权求和即可，权重和距离呈反比，距离该记录越远，对应的权重越小。

在使用 K 近邻模型时，主要需要考虑两个因素：如何选择最恰当的 K，以及如何定义记录之间的距离。K 的选择一般需要进行多次尝试，不宜过大或过小，和训练集数据量也存在关联。记录之间的距离可以使用最简单直观的欧拉距离进行计算。例如，当特征维度等于 2 时，每条记录对应 xy 坐标系平面上的一个点，使用欧拉公式即可计算点之间的距离。需要注意的是，在计算距离之前需要将各个特征进行归一化，因为不同特征的取值范围可能完全不同。

10.2.5 决策树

决策树（Decision Tree）属于有监督学习。举一个非常简单的例子，如果身高大于120cm，则分类为成年人，否则分类为未成年人，这里的条件判断就是一次决策。假设已经有一棵训练好的决策树，树的每个非叶节点都对应一次条件判断，每个叶节点都对应一种分类标签。那么为了对一条记录进行分类，需要从根节点开始，根据判断结果进入相应的分支，并继续判断子节点的条件，如此不断进行直到抵达叶节点，将叶节点对应的类别作为分类结果。

决策树的训练过程即根据训练集数据，确定树的结构、每个非叶节点对应的条件判断、每个叶节点对应的分类标签。决策树的训练随着特征数量的增加会变得更加复杂，因为以上三方面内容的选取和设置将变得更加灵活。在训练之前需要设定一些决策树的模型参数，如树的最大深度、叶节点对应的最少记录数量、叶节点最大数量等，从而对决策树的结构进行适当限制，缩短训练时间并改善决策树的最终性能。

决策树的另一个特点是非线性分类边界。当以体重和身高为特征、以性别为标签时，每条记录都可以用 xy 坐标平面上的一个点来表示，那么二分类任务便是寻找一条最优的分界线，使得分界线一侧的点尽可能多地为男性，而另一侧则尽可能多地为女性。线性分类模型最终得到的分界线是一条直线，即线性分类边界。而决策树主要是通过树形判断分支实现的，例如身高是否大于 120cm、体重是否小于 60kg 等，因此得到的分界线呈锯齿状，为非线性分类边界，并且每一段都垂直于 x 轴或 y 轴。决策树也可以用于回归，如图 10-2 所示，来自于 scikit-learn 的官方示例，得到的回归拟合线同样呈锯齿状。还可以使用集成学习的方法，训练多个决策树并融合，即随机森林林（Random Forest）模型，从而实现更好的性能表现。

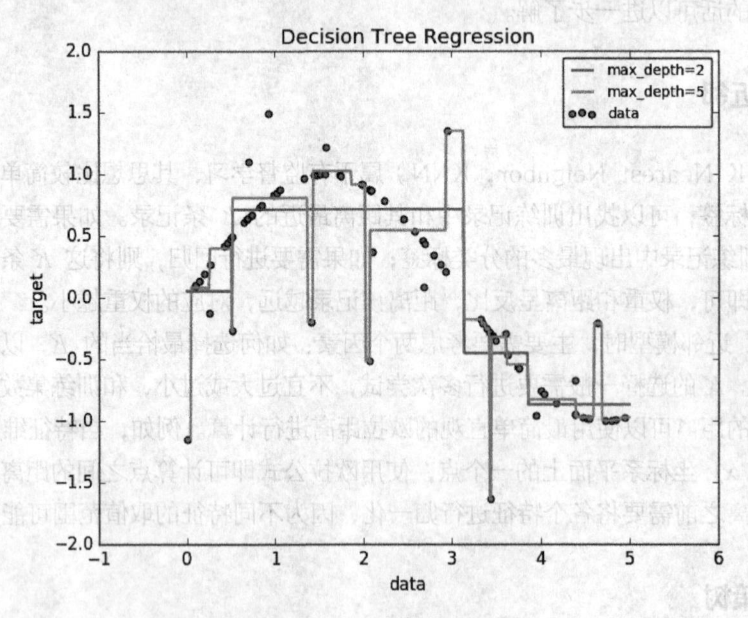

图 10-2　使用决策树进行回归

10.2.6 支持向量机

支持向量机（Support Vector Machine）属于有监督学习，其核心思想是将记录点所在的原始空间，通过一些可选的核函数，变换到另一空间，使得在新空间中大大简化原始分类任务。例如，将平面坐标系变换为极坐标系之后，极坐标系中与半径轴垂直的一条分割直线，对应平面坐标系中的一个圆形分割曲线。

在新空间中进行二分类时，需要选择一个超平面（Hyperplane）作为分界面。一维空间中使用点进行分割，二维空间中使用曲线进行分割，三维空间中使用曲面进行分割，更高维空间中的分界面称作超平面。需要着重关注每一类中和超平面之间距离最近的记录点，因为它们更容易被分错类别，这些记录点对应的距离向量即一个个支持向量（Support Vector），最优的超平面应当使得全部支持向量的范数之和尽可能大，就如同被这些支持向量共同推动到一个稳定的位置一样。举个类似的例子，当需要将两群人分开时，自然是在两群人的正中间垂直地设置一道隔离线。相对于线性回归、朴素贝叶斯等模型，支持向量机的模型更为复杂，训练模型也需要更多的时间，但支持向量机无疑是一种非常经典而且有效的有监督学习模型，在分类和回归等任务上也都能取得很好的性能。

10.2.7 K-Means

K-Means 属于无监督学习中的聚类。为了将无标注数据记录汇聚成 K 个类，使得同一类记录之间特征相似，不同类记录之间差异显著，K-Means 使用期望最大化（Expectation Maximization）算法进行训练和迭代。首先在特征空间中，随机选择 K 个点作为各个类的初始化聚类中心。在每轮迭代中，将每个记录点分配到对应的聚类中，即选择与其距离最近的聚类中心，全部分配完毕后，根据每个聚类中全部记录点的位置，更新和修正对应的聚类中心位置，例如，使用这些记录点的位置均值。不断重复以上迭代过程，聚类中心将逐渐趋于稳定位置，各个记录点也会正确地分配到相应的聚类中。当一轮迭代所得的修正量小于阈值时，即可停止迭代过程并完成训练。

K-Means 在实际问题中的应用十分广泛。当我们对未标注数据中特征之间的关联一无所知时，使用 K-Means 进行恰当的聚类，往往能发现一些潜在的规律和模式。即便是对于有标注数据，将记录点进行聚类，并且根据标签对记录点进行着色，同样可以直观地比较特征和标签之间的关联。使用 K-Means 时面对的一个问题是如何选择最恰当的 K，至少为 1，即全部记录都属于同一类，至多等于全部记录的数量，即每条记录单独对应一类。在以上范围中，一个合适的 K，应当使得同一类记录之间特征尽可能相似，不同类记录之间差异尽可能显著，一般需要经过多次尝试和评估后才能确定。

10.2.8 神经网络

神经网络是一类内容非常丰富的模型，既可以进行有监督学习，也可以进行无监督学习。

神经网络的模型结构来自于人类神经元的启发。神经元可以看作一个包含输入、处理、输出的单元，当收到负电荷信号时，神经元呈抑制状态而且无输出；当收到正电荷信号并且大于阈值时，神经元呈激活状态并且有输出，输出信号强度和输入信号强度存在正相关。无数个神经元彼此相连，遵循相似的结构呈现抑制或激活，从而完成神经信号的处理和传递。

近年来，随着数据的大量积累和计算资源的快速发展，深度学习逐渐成为一门强大有效、应用广泛的热门研究领域，在计算机视觉、自然语言理解、语音识别等领域都取得了突破性成就。深度学习属于机器学习的一个分支，深度学习模型即层数很深的神经网络，因此模型的结构设计和训练等步骤都可以参考机器学习中的相关概念，在下一章中会更详细地介绍更多关于神经网络和深度学习有关的内容。

10.2.9 代码实现

通过 scikit-learn 可方便地实现和使用机器学习中的大多数模型，使用 pip 即可安装 scikit-learn。scikit-learn 使用 numpy 的 array，即多维数组作为主要的数据类型，其中 numpy 是 Python 中的一个用于进行数值计算的工具包。安装完毕后，通过一个简单的例子来熟悉 scikit-learn 的使用方法。

```
pip install scikit-learn
```

首先，引入 scikit-learn 中的 svm 模块，用于实现支持向量机模型，scikit-learn 在 Python 中的名称为 sklearn。

```
from sklearn import svm
```

准备好数据的特征 *X* 和标签 *y*，其中 *X* 包括两条记录，每条记录都具有两个特征，*y* 包括两条记录的标签，分别为 0 和 1。

```
X=[[0, 0],[1, 1]]
y=[0, 1]
```

在 scikit-learn 中使用模型主要包括定义模型、训练模型、预测结果、评估性能等步骤。以下代码定义了一个支持向量机分类器，使用默认的模型参数进行初始化，使用 fit()函数在特征 *X* 和标签 *y* 上进行训练拟合，训练好后对新的记录进行预测和分类。预测结果显示，根据已有的训练数据和训练好的支持向量机模型，[2,2]对应的标签应当为 1。完整代码可以参考

codes 文件夹中的 32_sklearn_svm_example.py。

```
clf = svm.SVC()
clf.fit(X, y)
clf.predict([[2., 2.]])
```

再来看一个更有意义的例子，来自于 scikit-learn 提供的官方示例，使用多种支持向量机模型即 SVM 对 Iris 数据集进行分类。Iris 数据集中的每条记录都是一株鸢尾花的各项特征，包括花萼长度、花萼宽度、花瓣长度、花瓣宽度，标签包括 Setosa、Versicolour、Virginica 三类，以下通过花萼长度（Sepal length）和花萼宽度（Sepal width）两个特征进行分类。

引入相关的包，如用于数值计算的 numpy、用于画图的 matplotlib、用于定义模型的 svm、用于加载数据的 datasets。

```
import numpy as np
import matplotlib.pyplot as plt
from sklearn import svm, datasets
```

加载 Iris 数据集，提取出数据的特征和标签，其中特征部分仅保留第一个和第二个特征，即 Sepal length 和 Sepal width。

```
iris = datasets.load_iris()
# 特征 X 保留全部行，只保留前两列，即 Sepal length 和 Sepal width
X = iris.data[:, :2]
# 标签 y
y = iris.target
```

训练 4 个 SVM 模型，分别为线性 SVM，以及使用 3 种不同核函数的 SVM 模型。SVM 模型主要涉及 3 个参数，所使用的核函数、正则化参数 C、核函数系数 gamma。

```
# C 为 SVM 模型的正则化参数
C = 1.0
# 线性核函数
svc = svm.SVC(kernel='linear', C=C).fit(X, y)
# RBF 核函数
rbf_svc = svm.SVC(kernel='rbf', gamma=0.7, C=C).fit(X, y)
# 多项式核函数
poly_svc = svm.SVC(kernel='poly', degree=3, C=C).fit(X, y)
# 线性 SVM
lin_svc = svm.LinearSVC(C=C).fit(X, y)
```

为每一个 SVM 模型绘制相应的分类结果，包括代表数据记录的不同颜色的散点，以及作为背景的模型分类区域。

```
# 绘制图像
# 选择x、y范围，分别为Sepal length范围和Sepal width范围
# 将x、y范围网格化，生成一个二维数组
h = .02
x_min, x_max = X[: ,0].min() - 1, X[:, 0].max() + 1
y_min, y_max = X[: ,1].min() - 1, X[:, 1].max() + 1
xx, yy = np.meshgrid(np.arange(x_min, x_max,h), np.arange(y_min, y_max, h))

# 4个绘图标题
titles = ['SVC with linear kernel','LinearSVC (linear kernel)','SVC with
RBF kernel','SVC with polynomial(degree3)kernel']

# 分别绘制4个SVM模型的分类结果
for i, clf in enumerate((svc, lin_svc, rbf_svc, poly_svc)):
    # 选择对应的子图
    plt.subplot(2, 2, i + 1)
    plt.subplots_adjust(wspace=0.4, hspace=0.4)

    # 对网格数据进行预测并绘制相应的区域
    Z = clf.predict(np.c_[xx.ravel(), yy.ravel()])
    Z = Z.reshape(xx.shape)
    plt.contourf(xx, yy, Z, cmap=plt.cm.coolwarm, alpha=0.8)

    # 将训练集中的记录绘制成散点并根据标签着色
    plt.scatter(X[:, 0],X[:, 1], c=y, cmap=plt.cm.coolwarm)
    plt.xlabel('Sepal length')
    plt.ylabel('Sepal width')
    plt.xlim(xx.min(), xx.max())
    plt.ylim(yy.min(), yy.max())
    plt.xticks(())
    plt.yticks(())
    plt.title(titles[i])

# 显示绘图结果
plt.show()
```

运行结果如图 10-3 所示，使用线性核函数的 SVM 以及线性 SVM 都得到了线性分类边界，而使用 RBF 和三阶多项式核函数的 SVM 则得到了非线性分类边界。完整代码可以参考 codes 文件夹中的 32_sklearn_svm_iris_classification.py。

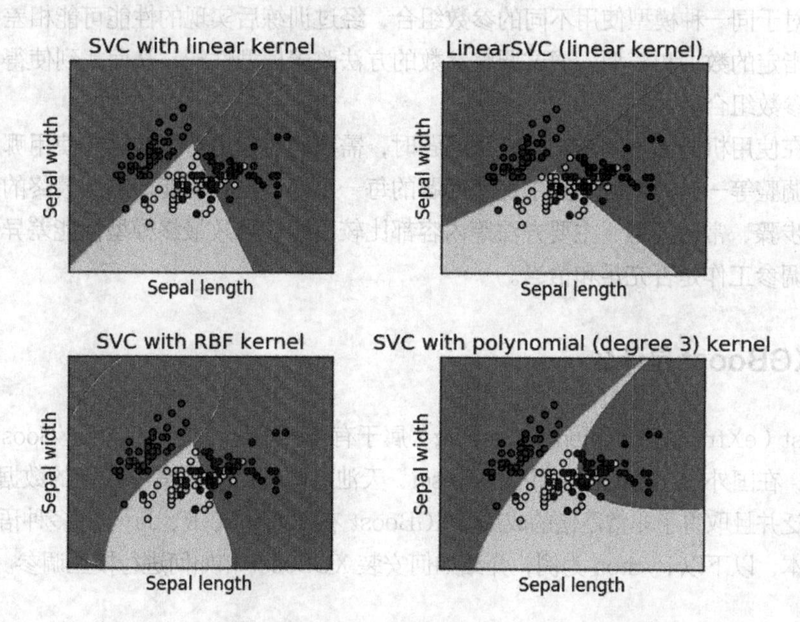

图 10-3　使用多种支持向量机模型进行 Iris 数据集分类

scikit-learn 提供了完整而友好的说明文档和丰富全面的示例代码，不仅实现了大多数常用的机器学习模型，而且这些模型在 scikit-learn 中遵循相同的使用规范，使得掌握一种模型的实现方法之后，即可快速熟悉如何使用其他模型。scikit-learn 提供的文档和示例非常之多，而我们的时间十分有限，因此并没有必要将文档和示例全部完整学习一遍。最为重要的是理解常见模型的核心思想和操作原理，并且熟悉 scikit-learn 的基本语法和使用流程，从而在需要实现某种模型时，只要查看对应的说明文档，了解相应的函数如何使用、有哪些参数可以调整、各个参数分别代表什么含义等内容，必要时再尝试下该模型的官方示例，即可融会贯通、举一反三。

10.3　调参比赛大杀器 XGBoost

机器学习 调参比赛大杀器 XGBoost（1）

在这一节中介绍数据算法比赛中一种十分常用而且性能优秀的模型——XGBoost。

10.3.1 为什么要调参

每种机器学习模型都有一些参数可以设置，如支持向量机的 C 和 gamma、决策树的最大树深度等。对于同一种模型使用不同的参数组合，经过训练后实现的性能可能相差甚远，调参便是指根据指定的数据和模型，通过调整参数的方法改善模型性能，从而找到使得模型性能最优化的最优参数组合。

因此，在使用机器学习解决实际应用问题时，需要确定使用哪些数据，使用哪些模型，模型参数如何调整等一系列问题，其中每个问题的每一个细节都有可能影响到最终的结果。机器学习的基本步骤、常用模型、主要方法等内容都比较固定，导致最终模型性能差异的一个重要因素，便是调参工作是否充足和恰当。

10.3.2 XGBoost 是什么

XGBoost（eXtreme Gradient Boosting）属于有监督学习，是 Gradient Boosting 模型的一种改进版，在国外的 Kaggle，国内的 Kesci、天池、DataCastle 等平台上的数据比赛中，应用都十分广泛并且取得了非常不错的成绩。XGBoost 在 Python、R、Java 等多种语言中都有相应的实现版本，以下以 Python 为例，介绍如何安装 XGBoost 和如何进行模型调参。

10.3.3 XGBoost 安装

XGBoost 的项目托管在 Github 上，（https://github.com/dmlc/xgboost）提供了详细的安装说明，（https://xgboost.readthedocs.io/en/latest/build.html）介绍了如何在 Mac、Linux、Windows 三大操作系统下安装。以 Mac 为例，打开命令行后，使用 cd 进入某一目录中，如桌面 Desktop。

```
cd Desktop/
```

使用 git clone 命令将 Github 上的 XGBoost 项目完整克隆下来，执行完毕后即可在桌面上看到下载好的文件夹。

```
git clone --recursive https://github.com/dmlc/xgboost
```

继续在命令行中操作，使用 cd 进入下载好的文件夹，使用 cp 复制编译配置文件，使用 make 命令进行编译。

```
cd xgboost
cp make/minimum.mk ./config.mk
```

```
make -j4
```

编译完毕后，使用 cd 进入 xgboost 文件夹中的 python-package 文件夹，以管理员身份运行文件夹中的安装文件。

```
cd python-package
sudo python setup.py install
```

安装完毕后，删除桌面上的安装文件夹即可。系统中的所有用户都可以使用 XGBoost，通过 pip list 命令查看 XGBoost 是否安装成功，或者在 Python 中尝试引入 XGBoost，如果没有报错，则说明安装成功。

```
import xgboost as sgb
```

10.3.4 XGBoost 模型参数

XGBoost 的模型参数主要分为三大类：General Parameters、Booster Parameters、Learning Task Parameters。

1. General Parameters

General Parameters 包括一些比较通用的模型配置。

- booster：XGBoost 使用的单模型，可以是 gbtree 或 gblinear，其中 gbtree 用得比较多。
- silent：设置为 1，表示在模型训练过程中不打印提示信息，为 0 则打印，不设定时，默认为 0。
- nthread：训练 XGBoost 模型时使用的线程数量，默认为当前最大可用数量。

2. Booster Parameters

Booster Parameters 包括和单模型相关的参数，因为使用 gbtree 作为 booster 的情况比较多，因此以下介绍当 booster 设置为 gbtree 时，对应的一些 Booster Parameters，和决策树、随机森林林等模型类似，会涉及一些和树结构相关的参数。

- eta：单模型的学习率，默认初始化为 0.3，一般经过多轮迭代后会逐渐衰减到 0.01~0.2。
- min_child_weight：树中每个子节点所需的最小权重和，默认为 1。
- max_depth：树的最大深度，默认为 6 层（不包括根节点），一般设置为 3~10 层。
- max_leaf_nodes：树中全部叶节点的最大数量，默认为 2^6，即一棵 6 层完全二叉树对应的叶节点数量。

- gamma：在树结构的训练过程中，将每个节点通过判断条件拆分为两个子节点时，所需的损失函数最小优化量，默认为 0。
- subsample：每棵树采样时所用的记录数量比例，默认为 1，一般取 0.5~1。
- colsample_bytree：每棵树采样时所用的特征数量比例，默认为 1，一般取 0.5~1。
- lambda：单模型的 L_2 正则化项，默认为 1。
- alpha：单模型的 L_1 正则化项，默认为 1。
- scale_pos_weight：用于加快训练的收敛速度，默认为 1。

3. Learning Task Parameters

Learning Task Parameters 包括一些和模型训练相关的参数。

- objective：模型训练的目标函数，默认为 reg:linear，即线性回归，还可取 binary:logistic、multi:softmax、multi:softprob 等。
- eval_metric：模型训练的误差函数，如果进行回归，则默认为 rmse 即均方根误差（Root Mean Square error），如果进行分类，则默认为 error 即分类误差，其他可取值包括 rmse、mae、logloss、merror、mlogloss、auc 等。
- seed：训练过程中涉及随机操作时所用的随机数种子，默认为 0。

尽管 XGBoost 的模型参数非常之多，在实际应用中却并不是每一个参数都需要仔细调整，而是按照一定的顺序，逐个调整一些比较重要的参数。如果积累了丰富的调参经验，那么便可以更快地找到最优的参数组合。

10.3.5 XGBoost 调参实战

这里以 AnalyticsVidhya 上的一篇文章（https://www.analyticsvidhya.com/blog/2016/03/complete-guide-parameter-tuning-XGBoost-with-codes-python/）为例，介绍如何在 Python 中进行 XGBoost 调参和训练。文章名称为 *Complete Guideto Parameter Tuningin XG Boost (with codes in Python)*，感兴趣的话可以阅读英文原文。

实战需要用到的数据和代码可以在全栈项目的 data 文件夹中找到，Parameter_Tuning_XGBoost_with_Example 文件中包含了两个数据文件 Train_nyOWmfK.csv 和 Test_bCtAN1w.csv，以及两个 IPython Notebook 文件 data_preparation.ipynb 和 XGBoost_models.ipynb。

之前简单介绍过 IPython，它是一款基于 Web 网页的交互式 Python 编程工具，具有便于管理文件和项目、交互式编程、分块编辑代码并多次运行、轻松实现代码分享等优点。在命令行中使用 cd 进入以上项目文件夹，输入以下命令即可启动 IPython 服务，启动完毕后会自动在浏览器中打开初始化界面，如图 10-4 所示，即以 Web 网页的形式浏览当前目录下的文件和文件夹。

```
jupyter notebook
```

jupyter

Files　Running　Clusters

Select items to perform actions on them.　Upload　New

data_preparation.ipynb

XGBoost_models.ipynb

Test_bCtAN1w.csv

Train_nyOWmfK.csv

图 10-4　IPython Notebook 初始化界面

如果还没有安装 jupyter，使用 pip 安装即可。

```
pip install jupyter
```

点击.ipynb 文件即可运行 Notebook，右上角的 Upload 和 New 可分别用于上传文件和新建文件。先点击 data_preparation.ipynb，浏览器中会自动弹出对应的页面，如图 10-5 所示，这一文件主要完成加载数据和预处理等操作。

可以看到，在 IPython Notebook 中，代码都是以块（Cell）为单位进行编辑和管理的，点击某个块后可选中，再点击工具栏中的播放键可运行块内的代码，并选中下一个块。块的左边出现一个星号（*），说明块中的代码正在运行，如果星号变成数字，则说明块中的代码已经运行完毕。也可以点击菜单栏中的 Cell 并选择 RunAll，从上至下依次运行每一个块中的代码。

只要没有在初始化界面中手动关闭 Notebook，即便 Notebook 对应的网页关闭之后，Notebook 依然会一直运行。这使得 IPython Notebook 非常适合于调试和分享，因为运行了一些块中的代码之后，在后续的块中还可以自由编辑新的代码并使用已生成的变量，不像在 Sublime Text 中编辑 Python 代码那样，只能将代码整体全部运行。如果对 IPython 的使用方法感兴趣，可以进一步学习和探索。

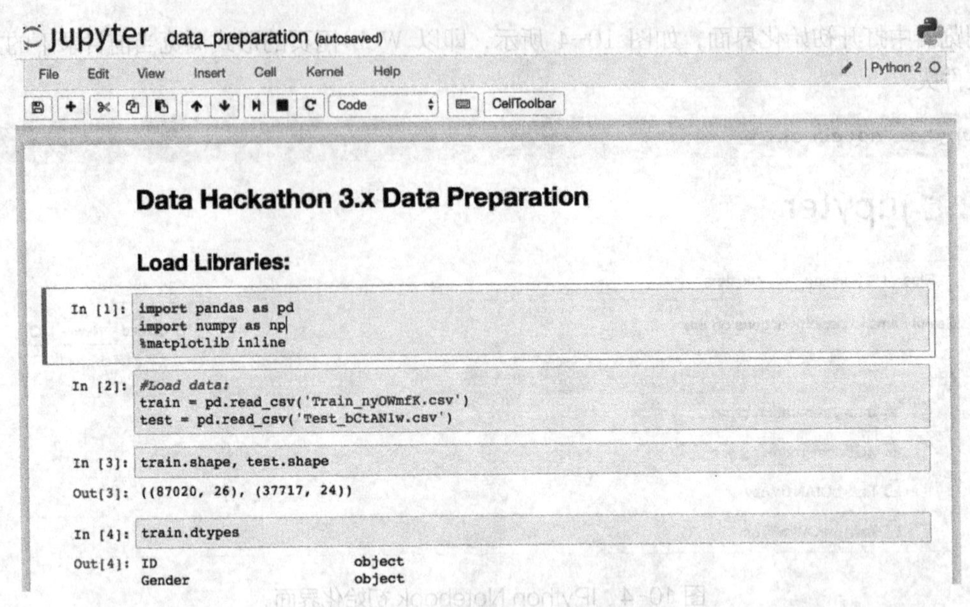

图 10-5 Notebook 运行界面

在 data_preparation.ipynb 中，首先引入相关的包，如用于数据清洗的 pandas、用于数值计算的 numpy。

```
import pandas as pd
import numpy as np
%matplotlib inline
```

在介绍 scikit-learn 时已经接触过 numpy，而 pandas 则是 Python 中非常好用的一款数据清洗工具。pandas 使用 DataFrame 作为最主要的数据格式，就如同 numpy 和 array 之间的关系一样，DataFrame 和 R 中的数据框类似，都是以二维表的形式组织关系型数据。链接（http://pandas.pydata.org/pandas-docs/stable/10min.html）提供了一份 pandas 的 10 分钟上手教程，推荐学习一遍以巩固 pandas 基础。

使用 pandas 提供的 read_csv()函数读取 csv 文件，加载训练数据和测试数据，函数使用相对路径，返回对应的 DataFrame。

```
train = pd.read_csv('Train_nyOWmfK.csv')
test = pd.read_csv('Test_bCtAN1w.csv')
```

对于一个 DataFrame，可以使用 shape 查看其形状，即二维表的行数和列数。训练数据有 87 020 行 26 列，测试数据有 37 717 行 24 列。

```
train.shape, test.shape
```

可以使用 dtypes 查看 DataFrame 每一列的名称和变量类型，test 比 train 少两列：LoggedIn 和 Disbursed，其中 Disbursed 即分类标签。

```
train.dtypes
```

向 train 和 test 两个 DataFrame 中添加一列 source，用于指明每条记录来自于训练数据还是测试数据，之后使用 pandas 的 concat()函数，将两个 DataFrame 进行行拼接，拼接后得到的 data 仍然是一个 DataFrame，包含 124 737 行 27 列，即原来的 26 列加上 source 这一列。

```
train['source'] = 'train'
test['source'] = 'test'
data = pd.concat([train, test], ignore_index=True)
data.shape
```

查看并统计 data 中每一列的缺失值数量。对一个 DataFrame 执行 apply()函数，会对其中的每一行或每一列执行参数中提供的函数，默认为按列执行。这里用 lambda 定义了一个临时函数，即对于 DataFrame 的每一列 x，使用 isnull()函数判断该列的每一行是否为空，然后将全部判断结果用 sum()函数加起来，即可得到每一列的缺失值数量。

```
data.apply(lambda x:sum(x.isnull()))
```

之前使用 dtypes 查看了 DataFrame 每一列的变量类型，对于类别型特征，即 dtypes 结果为 object 的列，如 Gender、Salary_Account、Mobile_Verified、Var1、Filled_Form、Device_Type、Var2、Source 等，需要了解该特征可以选的全部类别，使用 value_counts()即可统计某一列中出现的不同取值以及对应的次数。

```
var = ['Gender', 'Salary_Account', 'Mobile_Verified', 'Var1', 'Filled_Form',
'Device_Type', 'Var2','Source']
for v in var:
    print '\nFrequency count for var iable %s' % v
    print data[v].value_counts()
```

对于 City 这一列，由于该类别型特征可取的值多达 724 个，因此直接整列删除。unique()函数返回某一列去重后的结果，drop()函数可用于删除 DataFrame 的某一列。

```
print len(data['City'].unique())
data.drop('City', axis=1, inplace=True)
```

DOB 这一列为用户的出生日期（Day of Birth），使用日期字符串的形式存储。为了便于后续计算，根据 DOB 生成一列 Age，使用数值来表示用户的年龄。使用 head()函数可以查看

DataFrame 的前几行记录，便于了解数据存储的形式。

```
data['DOB'].head()
data['Age'] = data['DOB'].apply(lambda x: 115 - int(x[-2:]))
data['Age'].head()
data.drop('DOB', axis=1, inplace=True)
```

使用 boxplot()函数绘制 EMI_Loan_Submitted 这一列的分布箱线图，由于其缺失值过多，因此根据 EMI_Loan_Submitted 生成一列 EMI_Loan_Submitted_Missing，如果缺失则为 1，否则为 0。之后再删除原来的 EMI_Loan_Submitted，从而完成对缺失值的处理。

```
data.boxplot(column=['EMI_Loan_Submitted'], return_type='axes')
data['EMI_Loan_Submitted_Missing'] = data['EMI_Loan_Submitted'].apply(lambda
 x: 1 if pd.isnull(x) else 0)
data[['EMI_Loan_Submitted','EMI_Loan_Submitted_Missing']].head(10)
data.drop('EMI_Loan_Submitted', axis=1, inplace=True)
```

对于 EmployerName 这一列，由于不同的名字多达 57 193 个，因此也直接整列删除。

```
len(data['Employer_Name'].value_counts())
data.drop('Employer_Name', axis=1, inplace=True)
```

Existing_EMI 这一列只有 111 个缺失值，因此使用 0 填充缺失值即可。

```
data.boxplot(column='Existing_EMI', return_type='axes')
data['Existing_EMI'].describe()
data['Existing_EMI'].fillna(0, inplace=True)
```

使用类似的方法处理 Interest_Rate、Lead_Creation_Date、Loan_Amount_Applied、Loan_Tenure_Applied、Loan_Amount_Submitted、Loan_Tenure_Submitted、LoggedIn、Salary_Account、Processing_Fee 等列，如果缺失值过多或者特征没有意义，则直接整列删除，如果缺失值较少，则使用 0 或统计值进行填充，否则根据原始特征生成一列对应的新特征，用于说明该特征是否缺失，并删除原始特征。

Source 这一列为类别型特征，有 55 249 条记录取值为 S122，42 900 条记录取值为 S133，并且这一列没有任何缺失值，因此 Source 可能是一个比较有用的特征。将其进行简单处理，将其他类别值都设置为 others，使得 Source 这一列只有 3 种取值可能。

```
data['Source'] = data['Source'].apply(lambda x: 'others' if x not in ['S122',
'S133']else x)
data['Source'].value_counts()
```

经过以上处理后，可以看到最终的数据中，只有 Disbursed 包含 37 717 个缺失值，即测试集数据都没有标签，其他列的缺失值数量都为 0。

```
data.apply(lambda x: sum(x.isnull()))
data.dtypes
```

处理 data 中的类别型特征，使用 One-hot 编码将类别值编码成向量，从而可以和其他数值型特征一起参与后续模型的训练。LabelEncoder()将不同的类别值编码成对应的整数，而 get_dummies()再将整数特征编码成向量。

```
from sklearn.preprocessing import LabelEncoder
le = LabelEncoder()
var_to_encode = ['Device_Type', 'Filled_Form', 'Gender', 'Var1', 'Var2', 'Mobile_
Verified', 'Source']
for col in var_to_encode:
    data[col] = le.fit_transform(data[col])

data = pd.get_dummies(data, columns=var_to_encode)
data.columns
```

在进行数据预处理时，之所以合并训练集和测试集，是因为需要知道每个特征的整体分布和缺失情况。因此，完成数据预处理之后，再将处理好的 data 按照 source 列分割成训练集和测试集，并使用 to_csv()函数将 DataFrame 保存为 csv 文件。

```
train = data.loc[data['source']=='train']
test = data.loc[data['source']=='test']

train.drop('source', axis=1, inplace=True)
test.drop(['source', 'Disbursed'], axis=1, inplace=True)

train.to_csv('train_modified.csv', index=False)
test.to_csv('test_modified.csv', index=False)
train.shape, test.shape
```

在 IPythonNotebook 的初始化界面中，再点击运行 XGBoost_models.ipynb，使用上一步准备好的数据训练 XGBoost 模型并调参优化。

机器学习 调参比赛大杀器 XGBoost（2）

首先，引入相关的包，如 pandas、numpy、xgboost 等。scikit-learn 中的 cross_validation 可以用于进行交叉验证，GridSearchCV 用于进行网格

参数搜索，之后还对 matplotlib 设置了一些绘图参数。

```
import pandas as pd
import numpy as np
import xgboost as xgb
from xgboost.sklearn import XGBClassifier
from sklearn import cross_validation, metrics
from sklearn.grid_search import GridSearchCV

import matplotlib.pylab as plt
%matplotlib inline
from matplotlib.pylab import rcParams
rcParams['figure.figsize'] = 12,4
```

使用 pandas 的 read_csv()加载上一步处理好的数据，目标分类标签为 Disbursed，ID 这一列可以作为每条记录的唯一标识。

```
train = pd.read_csv('train_modified.csv')
test = pd.read_csv('test_modified.csv')
train.shape, test.shape

target = 'Disbursed'
IDcol = 'ID'
```

不妨查看训练数据中标签的分布情况，85 747 条记录为 0，而只有 1 273 条记录为 1，说明正负样本分布极度不均衡，因此需要使用 AUC 作为模型评估指标。

```
train['Disbursed'].value_counts()
```

以下代码定义了一个用于训练 XGBoost 模型的函数，alg 为需要训练的模型，dtrain 和 dtest 分别为训练数据和测试数据，predictors 指定 DataFrame 中用于训练模型的特征。训练完毕后，使用 XGBoost 模型对特征重要性进行评估排序并绘制条形图。

```
def modelfit(alg, dtrain, dtest, predictors, useTrainCV=True,cv_folds=5, early_
stopping_rounds=50):
    # 如果在训练过程中使用交叉验证
    if useTrainCV:
        # alg是一个xgboost模型
        # 获取模型的参数
        xgb_param = alg.get_xgb_params()
```

```
        # 将训练数据和测试数据处理成 xgboost 的 DMatrix 格式
        xgtrain = xgb.DMatrix(dtrain[predictors].values, label=dtrain[target]
.values)
        xgtest = xgb.DMatrix(dtest[predictors].values)
        # 通过交叉验证确定 n_estimators 的最优值
        cvresult = xgb.cv(xgb_param, xgtrain, num_boost_round=alg.get_params()
['n_estimators'], nfold=cv_folds,metrics='auc', early_stopping_rounds=early_
stopping_rounds)
        print cvresult.shape[0]
        #将 n_estimators 的最优值设置到 alg 中
        alg.set_params(n_estimators=cvresult.shape[0])

    # 在训练数据上训练 alg，评估指标为 AUC
    alg.fit(dtrain[predictors], dtrain['Disbursed'], eval_metric='auc')

    # 根据训练好的模型，在训练数据上进行预测
    dtrain_predictions = alg.predict(dtrain[predictors])
    dtrain_predprob = alg.predict_proba(dtrain[predictors])[:,1]

    # 评估训练好的模型在训练集上的正确率和 AUC
    print "\nModel Report"
    print "Accuracy:%.4g"%metrics.accuracy_score(dtrain['Disbursed']
.values,dtrain_predictions)
    print"AUCScore(Train):%f"%metrics.roc_auc_score(dtrain['Disbursed'],
dtrain_predprob)

    # 使用当前训练好的 xgboost 模型
    # 对特征重要性进行排序并绘制条形图
    feat_imp=pd.Series(alg.booster().get_fscore()).sort_values(ascending=
False)
    feat_imp.plot(kind='bar',title='Feature Importances')
    plt.ylabel('Feature Importance Score')
```

在调参的过程中，一开始会使用一个较大的学习率（learning rate）以便更快地实现收敛，等各个参数都经过调优之后，再使用一个较小的学习率以实现更准确的收敛。可以将学习率理解成我们走路的步伐，步伐大可以走得更快，但也容易造成更多误差，步伐小虽然走得慢，但是能够更准确地接近我们的目标位置。

首先，选择一个较大的学习率，调用以上定义的函数，确定在当前参数组合下最优的 n_estimators 是多少，即 XGBoost 模型所用的 booster 数量。

```
predictors = [x for x in train.columns if x not in [target, IDcol]]
xgb1 = XGBClassifier(
      learning_rate=0.1,
      n_estimators=1000,
      max_depth=5,
      min_child_weight=1,
      gamma=0,
      subsample=0.8,
      colsample_bytree=0.8,
      objective='binary:logistic',
      nthread=4,
      scale_pos_weight=1,
      seed=27)
modelfit(xgb1, train, test, predictors)
```

结果显示，在当前参数组合以及 0.1 的学习率下，最优的 n_estimators 为 128。使用 XGBoost 对特征重要性进行评估和排序，如图 10-6 所示，可以看到 Monthly_Income 即月收入这一特征对于预测分类结果的贡献最大。

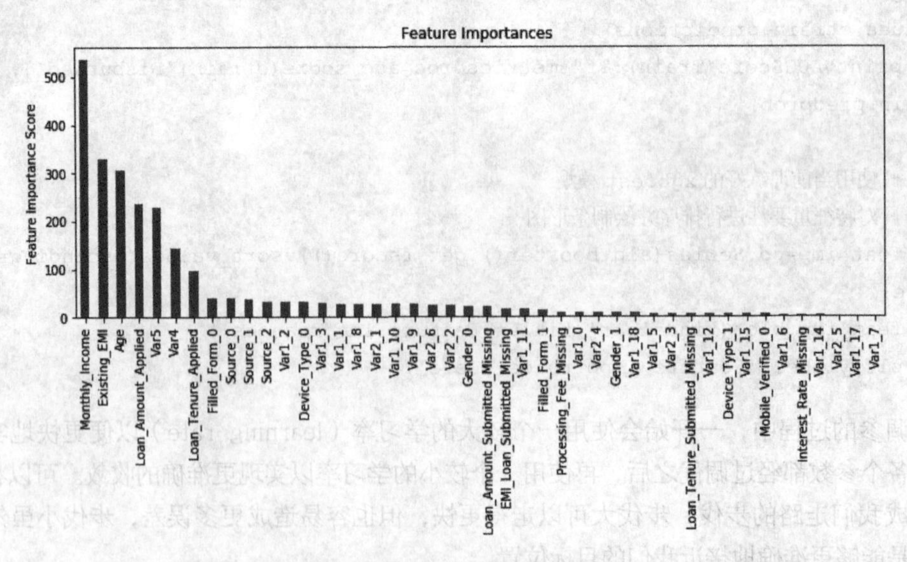

图 10-6　使用 XGBoost 进行特征重要性评估和排序

接下来对 max_depth 和 min_child_weight 两个参数进行调优，分别尝试多个候选值，保持其他参数固定不变，使用网格搜索交叉验证确定最优的 max_depth 和 min_child_weight，结果显示分别为 5 和 5。

```
param_test1={
    'max_depth':range(3,10,2),
    'min_child_weight':range(1,6,2)
}
gsearch1 = GridSearchCV(estimator=XGBClassifier(learning_rate=0.1, n_
estimators=128, max_depth=5, min_child_weight=1, gamma=0, subsample=0.8,
colsample_bytree=0.8, objective='binary:logistic', nthread=4, scale_pos_
weight=1, seed=27), param_grid=param_test1, scoring='roc_auc', n_jobs=4,
iid=False, cv=5)
gsearch1.fit(train[predictors], train[target])
gsearch1.grid_scores_, gsearch1.best_params_, gsearch1.best_score_
```

之后将 max_depth 和 min_child_weight 设置为最优值，再对 gamma 进行调优，结果显示其最优值为 0。

```
param_test3 = {
    'gamma':[i / 10.0 for I in range(0,5)]
}
gsearch3 = GridSearchCV(estimator=XGBClassifier(learning_rate=0.1, n_
estimators=128, max_depth=5, min_child_weight=5, gamma=0, subsample=0.8,
colsample_bytree=0.8, objective='binary:logistic', nthread=4, scale_pos_
weight=1, seed=27),param_grid=param_test3, scoring='roc_auc', n_jobs=4,
iid=False, cv=5)
gsearch3.fit(train[predictors],train[target])
gsearch3.grid_scores_,gsearch3.best_params_,gsearch3.best_score_
```

将调好的 3 个参数替换为对应的最优值并定义一个新的 XGBoost 模型 xbg2，进一步确定新的参数组合下 n_estimators 的最优值。结果显示为 117，而且在新的参数组合下，XGBoost 对各个特征的重要性权重也产生了细微的变化。

```
predictors = [x for x in train.columns if x not in [target, IDcol]]
xgb2 = XGBClassifier(
      learning_rate=0.1,
      n_estimators=1000,
      max_depth=5,
```

```
        min_child_weight=5,
        gamma=0,
        subsample=0.8,
        colsample_bytree=0.8,
        objective='binary:logistic',
        nthread=4,
        scale_pos_weight=1,
        seed=27)
modelfit(xgb2, train, test, predictors)
```

使用类似的方法，依次再调优 subsample 和 colsample_bytree、reg_alpha，最优值分别为 0.9，0.8，0。使用以上最优参数组合再定义一个 xgb3，确定 n_estimators 的最优值后，训练 XGBoost 模型并评估性能。

```
xgb3 = XGBClassifier(
        learning_rate=0.1,
        n_estimators=1000,
        max_depth=5,
        min_child_weight=5,
        gamma=0,
        subsample=0.9,
        colsample_bytree=0.8,
        reg_alpha=0,
        objective='binary:logistic',
        nthread=4,
        scale_pos_weight=1,
        seed=27)
modelfit(xgb3, train, test, predictors)
```

最后，使用更小的学习率以及更多的 booster，结合其他已经调优的参数，定义 xgb4 并进行训练和评估。xgb4 的训练需要耗费更多时间，因为学习率更小而且 booster 更多，但是一般能够实现更好的最终性能。

```
xgb4 = XGBClassifier(
        learning_rate=0.01,
        n_estimators=5000,
        max_depth=5,
        min_child_weight=5,
        gamma=0,
```

```
        subsample=0.9,
        colsample_bytree=0.8,
        reg_alpha=0,
        objective='binary:logistic',
        nthread=4,
        scale_pos_weight=1,
        seed=27)
modelfit(xgb4, train, test, predictors)
```

10.3.6 总结

这一节中学习了调参的概念、XGBoost 的模型参数、pandas 的基本用法，以及如何训练和调优 XGBoost 模型等内容。尽管在对不同模型进行调参时都会遵循一些基本的流程和步骤，但优秀的调参能力主要还是依赖于反复的练习、尝试和使用。所谓熟能生巧，有机会的话可以尽量多做一些实战项目，参加一些数据算法比赛，在动手尝试中不断积累经验，发现新的方法和技巧，提升自己的个人能力。

10.4 实战：微额借款用户人品预测

实战 微额借款用户人品预测

本节通过一个机器学习算法比赛的实战项目，巩固之前学习的基本概念和常用模型。

10.4.1 项目背景

互联网金融近年来异常火热，吸引了大量资本和人才进入。在金融领域中，无论是投资理财还是借贷放款，风险控制永远是最为核心和重要的问题，而在目前所有的互联网金融产品中，微额借款，即借款金额在 500~1000 元的借款，由于其主要服务对象的特殊性，被公认为是风险最高的细分借贷领域。将要进行的实战比赛的主题便是通过数据挖掘和机器学习等技术，分析小额微贷申请借款用户的信用状况，从而分析其是否会产生逾期行为。

比赛名称为“微额借款用户人品预测大赛”，由 CashBUS 现金巴士主办、DataCastle 数据城堡承办，比赛的官方页面为（http://www.pkbigdata.com/common/cmpt/微额借款用户人品预测大赛_竞赛信息.html）。比赛提供了多个 csv 文件数据，注册 DataCastle 并参加比赛后即可下载。数据包括训练数据、测试数据、无标注数据三部分，本质上是有监督学习中的二分类问题，即根据用户特征分为正常用户和逾期用户两类，使用 AUC 作为模型评估标准。

比赛的冠军队伍是“不得直视本王”，他们的项目已经在 Github 上开源（https://github.com/wepe/DataCastle-Solution），包括全部的代码、项目解决方案 PDF、代码目录及运行说明 PDF，非常详细地分享了他们如何实现项目中的每一步。这一比赛涵盖了应用机器学习所需的常用技术和基本流程，解决了互联网金融这一火热领域中的真实问题，而且冠军团队的完整项目全部开源，因此非常适合作为一个入门和巩固的机器学习实战项目，以下便基于他们的解决思路来学习和复现一遍。

10.4.2 数据概况

首先来看一下数据的概况，从而对有什么、做什么、如何做有基本的规划。大赛方一共提供了 5 个 csv 文件，train_x.csv、train_y.csv、test_x.csv、train_unlabeled.csv、features_type.csv，分别为训练数据特征、训练数据标签、测试数据特征、无标注数据特征、特征类型说明。我们需要做的，便是根据 train_x.csv 和 train_y.csv 训练一个二分类模型，对 test_x.csv 中的每条记录预测分类结果，将分类结果在 DataCastle 比赛页面中上传之后，即可得到结果的对应得分。数据的详细介绍如下。

- train_x.csv 为训练数据特征，共 15 000 行记录，每行记录都有一个主键 uid，代表该用户的唯一 id。除此之外，每名用户还有 1 138 维特征，其中 1 045 维为数值型特征，其他 93 维为类别型特征，特征名称都采取了匿名处理，缺失值统一使用-1 标识。
- train_y.csv 为训练数据标签，只有两列，uid 表示用户的 id，用于和 train_x.csv 中的数据对齐，y 为每名用户的标签，1 表示正常，0 表示有问题，属于经典的二分类问题。
- test_x.csv 为测试数据特征，共 5 000 行记录，和训练数据特征一样，每行包括 uid 和 1 138 维特征，用户的标签未知，需要通过训练的模型进行分类预测。
- train_unlabeled.csv 为无标注数据特征，共 50 000 行记录，每行包括 uid 和 1 138 维特征，虽然这些记录的标签同样未知，但通过无监督学习也能提取出一些有用信息。
- features_type.csv 为特征类型说明，包含特征名和特征类型两列，用于说明 1 138 维特征中，每个特征是数值型（numeric）还是类别型（category）。

10.4.3 缺失值处理

首先需要进行数据清洗等预处理操作，其中最为重要的便是处理数据中的缺失值。之前介绍过处理缺失值的几种方法，如直接丢弃包含缺失值的行或列、使用缺失值标识或统计值进行补全、将缺失值转换成新的特征等。在我们的认知中，一个可靠的借款人应当尽可能地完善各方面资料，因此不妨统计每条记录的缺失特征数量，并生成新的特征。

使用 Python 中的 pandas 包可以方便地完成以上统计，如果将训练集、测试集、无标注集中的全部记录，按缺失特征数量由少到多排序，会惊喜地发现缺失特征数量呈现出分段特征，如图 10-7 所示，其中 x 轴表示排序序号，一共有 70 000 条记录，y 轴表示每条记录的缺失特征数量。绝大多数记录的缺失特征数量在 194 以下，因此删除缺失特征数量大于 194 的记录，避免可能导致的噪声，并生成两个新特征 miss_num 和 miss_group。miss_num 即每条记录的缺失特征数量，将 miss_num 进行区间化并得到 miss_group，即选择 32，69，147 作为阈值，将全部记录分为 4 类，并根据每条记录的 miss_num 将对应的 miss_group 设置为 1，2，3，4。

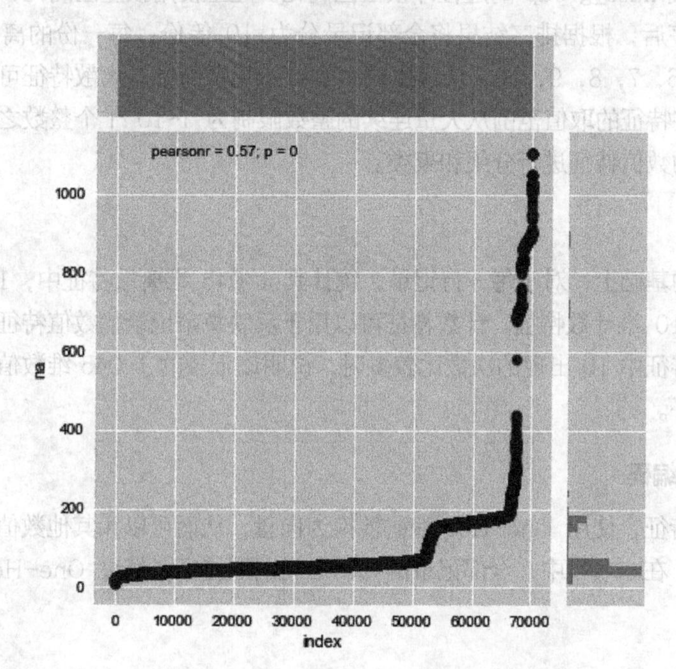

图 10-7　全部记录缺失特征数量排序统计

10.4.4 特征工程

完成数据预处理之后，需要在已有特征的基础上，通过特征工程生成尽可能丰富的新特征，这里主要从排序特征、离散特征、计数特征、类别特征编码、交叉特征等几个方面进行特征工程。

1. 排序特征

对于清洗后的全部记录，分别按照每一维数值特征从小到大排序，将排序后每条记录的序号作为该数值特征对应的排序特征，即可由 1 045 维数值特征生成 1 045 维排序特征。由于数值特征可以取任意数值，因此不同记录在同一特征上的取值之差可大可小，而排序特征只能依次取连续的整数，因此相对于数值特征而言更加稳定、鲁棒性更强。

2. 离散特征

接下来，分别将每一维数值特征进行区间化，可以使用按值区间化或按量区间化，之前根据 miss_num 生成 miss_group 的过程即按值区间化。这里使用按量区间化，按照每一维数值特征从小到大排序后，根据排序结果将全部记录分为 10 等份，每一份的离散特征分别取为 1，2，3，4，5，6，7，8，9，10，从而生成 1 045 维离散特征。离散特征可以看作更加粗粒度的排序特征，将特征的取值范围从大量连续的整数限制为 1~10 十个整数之中，有助于将全部记录按照不同的数值特征进行分组和聚类。

3. 计数特征

在离散特征的基础上，对于每一行记录，统计其 1 045 维离散特征中，1~10 分别出现的次数，从而生成 10 维计数特征。计数特征可以用于反映每条记录的数值特征水平。例如，当一条记录的离散特征中 10 出现的次数比较多时，说明该记录的 1 045 维数值特征相对其他记录处于较高的水平。

4. 类别特征编码

对于类别型特征，使用 One-Hot 编码转换为向量，从而可以和其他数值型特征一起参与后续模型的训练。在本项目中，全部记录的 93 维类别型特征，经过 One-Hot 编码后可以得到 832 维特征。

5. 交叉特征

最后，还可以尝试已有数值型特征两两之间的交叉组合，例如，$x+y$、$x-y$、$x\times y$、$x\div y$、x^2+y^2，甚至其他更复杂的组合，从而生成大量交叉特征。交叉特征不一定都有意义，但未知而巨大的尝试空间也许会产生新的融合和可能，因此，虽然交叉特征的计算和筛选需要耗费大量的时间和计算，但是如果条件允许的话，仍然值得一试。

10.4.5 特征选择

毫无疑问，有用的特征越多，有监督学习模型最终的性能也会越好。对于特征工程生成的大量特征，并不是每一维特征都是有用的，不好的特征甚至会给学习带来额外的噪声，因此需要对特征进行筛选和保留。

在上一节的 XGBoost 调参实战中，每次训练结束后，都可以使用 XGBoost 对当前所用的全部特征进行重要性评估和排序。这里继续使用 XGBoost 选择特征，即使用特征工程生成的全部新特征，和原始特征一起训练 XGBoost 二分类模型，并使用 XGBoost 对以上特征进行重要性排序，仅保留排名顺序靠前的部分中，对分类结果具有积极作用的特征。

10.4.6 模型设计

完成特征选择后，接下来需要在选好的特征上训练模型。

首先考虑最简单的单模型，可以使用线性回归、随机森林、支持向量机等，也可以参照上一节内容，训练一个 XGBoost 二分类模型。使用 Python 中的 XGBoost 实现，可以达到 0.717 左右的 AUC。

可以尝试多个 XGBoost 模型的集成，即训练 36 个 XGBoost 二分类模型，并将它们在测试集上的预测结果加权融合。36 个 XGBoost 模型之间的差异性和多样性主要体现在以下两个方面。

- 特征多样。每个 XGBoost 使用的特征集合存在差异，分别保留前 N_1 个原始特征、前 N_2 个排序特征、前 N_3 个离散特征，以及 10 个计数特征，其中 N_1、N_2、N_3 分别在 300~500、300~500、64~100 的范围内随机选取。以上 3 个随机范围的选择，也是根据各类特征的特征重要性排序结果确定的。
- 模型多样。每个 XGBoost 的模型参数存在差异，使用上一节介绍的方法进行调参后确定每一个模型参数的最优值。为了实现模型的多样化，每个 XGBoost 模型的各项参数都在对应的最优值附近小范围内随机选取即可。

使用不同的特征集合，训练好不同模型参数的多个 XGBoost 之后，并将它们在测试集上的预测结果加权融合，可以达到 0.725 左右的 AUC，即通过集成学习实现了将近 1%的提升。

完成单模型的集成之后，进一步可以尝试多模型的融合，充分利用不同模型的原理和特点进行取长补短。将 XGBoost 分别用 Python、R、Java 等不同语言实现并训练，将对应的预测结果和 SVM、XGBoost 集成等模型进一步融合，可以达到 0.728 左右的 AUC。

我们已经在模型设计上进行了不少工作，接下来需要挖掘无标注数据的价值，通过半监督学习方法扩充训练集的规模。每次从无标注数据中选取若干条记录，如每次 20 条，使用目前得到的最优模型预测这些记录的分类结果，从而将无标注数据转换成有标注数据。尝试将这些生成的有标注数据加入训练集中并再次训练最优模型，如果能够带来性能提升则保留，否则将其从训练集中移除。通过以上半监督学习方法，从 50 000 条无标注数据中生成大量有效的有标注数据，扩充训练集规模后将带来不小的性能提升，可以达到 0.734 左右的 AUC。

10.4.7 项目总结

通过本次比赛项目实战，熟悉了算法类数据比赛涉及的一些基本内容，大赛方一般会提供实际应用场景中的真实数据，通常会包括训练集和测试集等，需要使用机器学习中的技术和方法，完成分类、回归、时序预测等一系列任务。Python 中的 numpy、pandas、scikit-learn 等工具包便足以完成大部分任务，主要包括数据预处理、特征工程、特征选择、特征降维、模型设计、模型调参、模型评估等几个步骤。随着我们参与和完成越来越多的比赛和项目，会逐步积累更多关于以上各个步骤的经验和方法，在遇到新的问题时，也能很快找到解决方案并快速实现。

在这一节中主要讨论了微额借款用户人品预测大赛的解决思路，完整的项目报告、源代码、代码运行目录和说明文件都可以在冠军团队的 Github 项目中找到（https://github.com/wepe/DataCastle-Solution），可以参考其中的说明和代码，将整个项目动手实践一次，从而提高自己的代码能力，巩固对机器学习相关内容的掌握。

笔者也还在筹划两本新书，以数据比赛为主题，一本以算法挖掘类为主，另一本以应用开发类为主，以国外的 Kaggle，国内的 Kesci、天池、DataCastle 等数据比赛平台上的一些典型比赛为例，详细地讨论解决思路和完整实现，通过实战项目巩固各方面理论，提升个人代码能力和项目积淀。如果感兴趣，敬请期待。

第 11 章 深度学习

11.1 初探 Deep Learning

随着数据的大量积累和 GPU 等计算资源的发展，深度学习成为了近年来十分热门的研究领域，在计算机视觉、自然语言理解、语音识别等领域都得到了重大突破和广泛应用。

深度学习
揭开 DL 的神秘面纱

11.1.1 深度学习是什么

从名字上来看，深度学习即深度神经网络中的机器学习。在第 10 章机器学习中，我们接触过神经网络的概念，它是一类内容非常丰富的模型，既可以进行有监督学习，也可以进行无监督学习。当神经网络模型的层数变多时，可得到深度神经网络。

从领域划分上来看，如图 11-1 所示，深度学习属于表示学习中的一个分支。为了进行有效而准确的机器学习，需要将原始数据整理成恰当的表示（Representation）。例如，使用之前介绍的特征工程将数据记录转换成多维的数值向量，表示学习的目的便是学习出数据特征的最优表示。深度学习之所以强大，是因为它可以通过多层神经网络对输入特征进行融合，从而自动有效地完成特征工程和表示学习。

“深”是深度学习的一个典型特点。深度学习中的深度神经网络一般都会涉及大量需要训练的模型参数，具备很强的学习能力。深度学习通过多层线性映射和非线性变换实现复杂的特征融合，使得网络每一层获得的特征都越来越抽象和有意义。以人脸识别为例，输入模型的是图片像素点的 RGB 值，经过一层抽象后，可以获取一些局部的边缘特征，经过二层抽象后可以获取眼睛、鼻子、嘴巴等有意义的区域特征，经过三层抽象后，可以获取和人脸有关的整体特征，通过不断抽象获取更高层次的概念，从而实现更准确的人脸识别等计算机视觉任务。

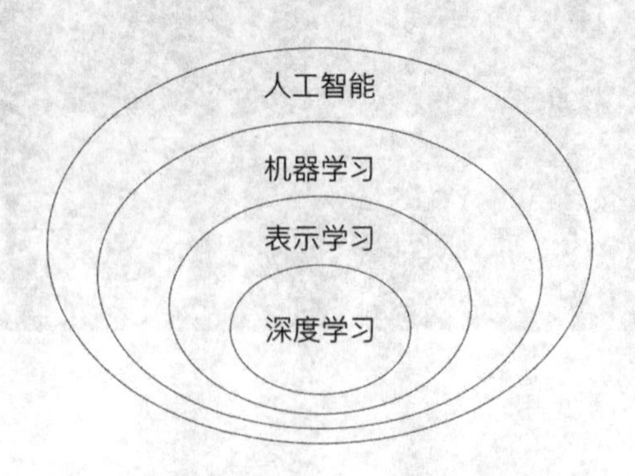

图 11-1　人工智能、机器学习、表示学习、深度学习

11.1.2　神经元模型

在了解深度学习的概念之前，有必要先介绍最为基础的神经元模型。

人类大脑中存在大量的神经元，神经元具备以下特性：当接收到信号刺激时，如果信号为负电荷，则抑制不响应；如果信号为正电荷并且超过一定阈值时，则激活并传递信号，而且输出信号的强弱和输入呈正相关。

参照以上生物学原理，可以更好地理解深度学习中的神经元模型，它包括输入信号、加权求和、加偏置项、激活函数、输出信号 5 个部分，如图 11-2 所示。

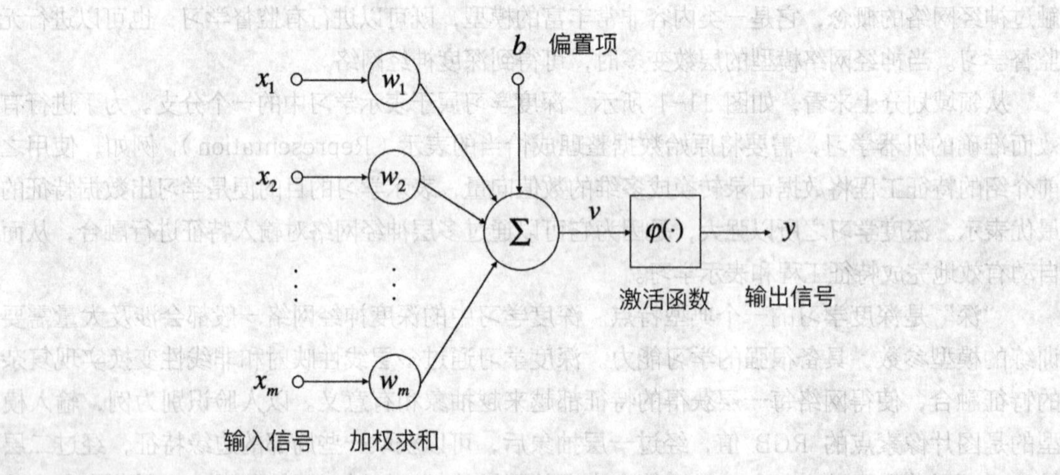

图 11-2　神经元模型

神经元模型可以使用以下公式表达，其中输入信号 x 是一个 m 维向量，m 表示记录的特征数量，向量 x 各个维度上的分量即对应特征的值。权重 w 也是一个 m 维向量，b 为偏置项，输出信号 y 是一个值。

$$v = \sum_{i=1}^{m} w_i x_i + b$$

$$y = \varphi(v)$$

为了模拟生物学神经元的激活特性，激活函数 $\varphi(v)$应当满足以下两个条件。

- 当 $v \leqslant 0$ 时，$y=0$；
- 当 $v>0$ 时，$y>0$ 并且 y 随 v 增加而增加。

常用的激活函数 $\varphi(v)$包括 ReLU、tanh、sigmoid 等，其中 ReLU 表达式最简单并且为分段函数，tanh 和 sigmoid 都是连续可微的函数，在训练深度学习模型时更便于计算梯度。

为了训练以上神经元模型，需要根据训练数据确定 w 和 b。对于每一条记录的输入特征 x，计算对应的 y，与其真实值进行比较并计算误差，那么训练目标便是使得全部记录的总误差尽可能小。我们定义一个损失函数用于表示全部记录的总误差，并使用梯度下降法等方法调整 w 和 b，以减小损失函数的值。我们知道，对函数求导之后，按照梯度下降的方向调整被求导的变量，可以使得函数值减小，这便是使用梯度下降法优化损失函数的基本原理。可以看出，经过训练优化 w 和 b 之后，神经元模型可以吻合和反映训练数据中输入特征和输出标签之间的关联，即具备一定的学习能力，并且可以用于对测试数据的预测任务。

11.1.3 全连接层

在神经元模型的基础上，介绍深度学习中最简单、最常用的一种深度神经网络——全连接层，又称作多层感知器（Multi-Layer Perceptron）。

全连接层的输入依然是每条记录的特征向量 x，最大的改变是引入了隐层的概念。全连接层可以包含多个隐层，每个隐层中都可以包含任意数量的神经元，图 11-3 中的全连接层便只包含一个隐层，隐层中包含 5 个神经元，每个神经元都接受输入的特征向量 x 并输出各自的 y，从而将特征数量变成 5。输出层中也可以包含任意数量的神经元，不过一般都是和具体的任务相对应的。例如，需要完成一个二分类任务时，输出层便只需要两个神经元，它们接受隐层的输出作为输入，经过神经元模型的处理后，得到各个分类对应的输出值，将不同分类的输出值归一化后输出最大者，即可完成分类任务。

如果全连接层包含多个隐层，那么每个隐层中的每个神经元都接受上一层的输出作为输入，经过神经元模型得到各自的输出。通过这样一种多层线性映射（加权求和）和非线性变换（激活函数）的组合结构，全连接层在每一个隐层中都实现了特征数量的改变和特征的进一步抽象，并将最终得到的特征传递给输出层，以完成分类任务。

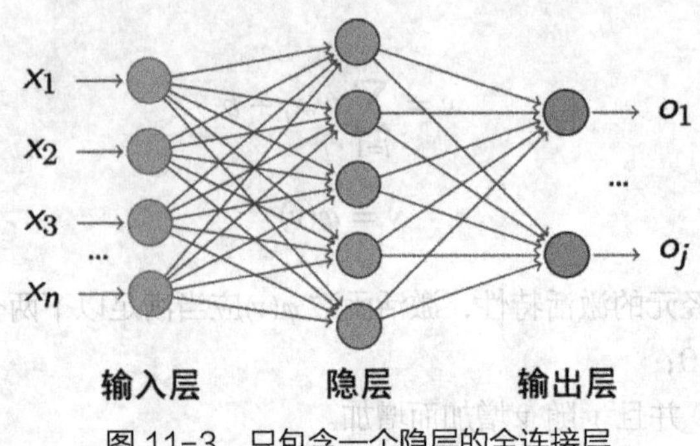

图 11-3　只包含一个隐层的全连接层

为了训练全连接层，需要根据训练数据的输入特征和输出标签确定每个隐层以及输出层各自的权重矩阵 W 和偏置向量 b。W 组合了每个隐层或输出层中每一个神经元的权重向量，因此是一个矩阵。b 组合了每个隐层或输出层中每一个神经元偏置项的值，因此是一个向量。类似地，需要为全连接层定义一个损失函数，用于表示训练集中全部记录的总误差，那么模型的训练便是通过调整每一层的权重和偏置这些参数，使得损失函数尽可能小。

由于全连接层的结构涉及多个层，因此主要采用反向传播法（Error Back Propagation，BP 算法）进行训练。首先用一些分布函数对全部参数进行随机初始化，然后对于每一个输入 x，由于上一层的输出即下一层的输入，所以可以依次表示出每一层的输出，直到计算出最终的结果。使用梯度下降法对损失函数求导时，由于嵌套函数的求导遵循链式法则，所以需要先求出后一层的梯度，才能计算前一层的梯度，因此求出的梯度会从后向前逐层传播，即从后向前依次根据求出的梯度更新每一层的参数，这便是 BP 算法名称的由来。

在实际应用中，大多会使用随机梯度下降法（Stochastic Gradient Descent）或批量梯度下降法（Batch Gradient Descent）代替梯度下降法进行训练，因为梯度下降法中的损失函数是根据全部数据记录计算的，迭代一次需要耗费更多的时间和运算，在全局数据上计算梯度也有可能会导致收敛缓慢等问题。SGD 在每轮迭代中随机从全部数据中选择一些记录，而 BGD 则将全部数据分批并且每次只选出一批记录，以上两者仅根据选出的记录计算损失函数，计算量更小、迭代速度更快，并且使得每次选出的记录集合都不相同，使得计算出来的梯度更加灵活多样，更容易找到梯度真正下降的方向。

11.1.4　代码实现

了解理论上的基本概念之后，再来看看如何在代码中实现以上讨论的全连接层。

目前有非常多的深度学习开源框架可供选择，如 TensorFlow、Caffe、MXNet、Theano、Torch 等。这些框架提供了深度学习中常用的函数和模型，我们不用自己从最底层开始造轮子，直接使用封装好的模块和接口即可。这里推荐一款 Python 中的深度学习包——Keras。

Keras 使用 TensorFlow 和 Theano 作为后端进行高度封装，支持 GPU 加速，让入门深度学习和开发深度学习应用变得异常简单。在 Keras 中，无需关注任何细节内容，如全连接层等模型如何定义和初始化、如何使用 BP 算法和 SGD 进行训练、如何判断收敛并停止迭代，我们要做的只是将数据准备成需要的格式，然后调用几个简单的函数即可。Keras 中的深度学习模型都遵循相同的使用规范，就如同在 scikit-learn 中使用机器学习模型一样。

可以访问 Keras 官网（https://keras.io/）了解更多内容，如图 11-4 所示。Keras 提供了深度学习领域中比较成熟的绝大多数内容，如全连接层、卷积层、池化层、循环层、嵌入层等 Layers，用于初始化参数的 Initializers，用于定义损失函数的 Losses，用于训练模型的 Optimizers，用于评估模型的 Metrics，用于定义激活函数的 Activations，用于防止过拟合的 Regularizers 等。在 Keras 中实现全连接层只需要使用 Dense()函数即可，将在后续实战项目中结合具体数据介绍 Dense()的使用方法。

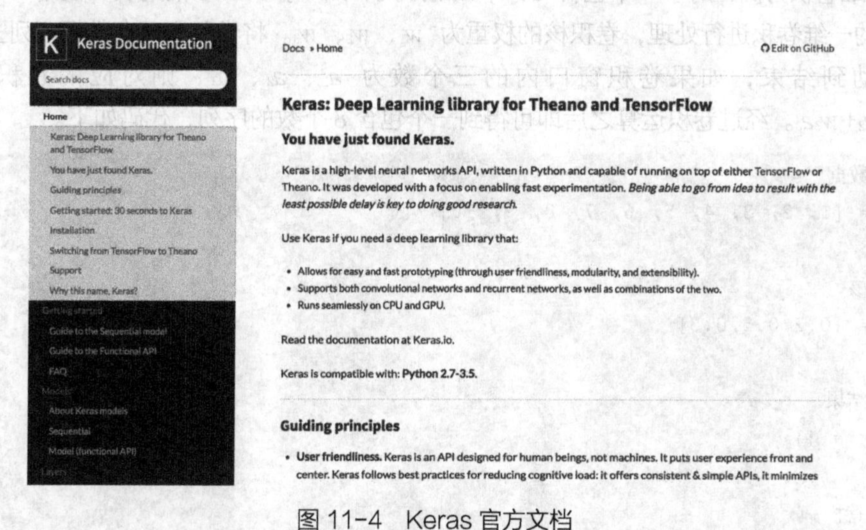

图 11-4 Keras 官方文档

由于 Keras 属于高度封装的深度学习框架，因此在使用 Keras 时，只能调用提供好的模块和函数，而不便于从底层开发一些定制的模型。尽管使用 Keras 不需要了解太多深度学习领域的理论知识，适当地掌握一些模型的基本结构和训练原理等理论基础，对于我们理解 Keras 中函数的用法和意义，无疑有很大的帮助。

11.2 用于处理图像的 CNN

深度学习 用于处理图像的 CNN

掌握深度学习基本概念和全连接层之后，再来了解用于处理图像的 CNN。

11.2.1 CNN 是什么

CNN（Covolutional Neural Network）即卷积神经网络。我们知道，深度学习有两大优势，通过多层结构实现特征的抽象，自动实现有效的特征表示，使得深度学习在计算机视觉、自然语言理解、语音识别等领域取得了巨大进展和广泛应用。以上领域都和人的思维、理解、抽象、认知等能力有关，对于这些领域涉及的一些任务，用经典机器学习模型大多遇到了瓶颈，很难再有性能上的显著突破，而深度学习模型则带来了新的发展机遇和研究方向，在计算机视觉领域应用最多的便是卷积神经网络。

卷积是指对数据依次进行局部窗口内的线性加权并输出，就如同我们用眼睛观察世界一样，看到的并不是一个个独立的点，而是局部范围内的图像融合在一起之后的效果。

以一维卷积为例，对于一个包含 10 个数的序列，如 Python 中的列表，使用一个窗口大小为 3 的一维卷积进行处理，卷积核的权重为 w_1、w_2、w_3。将卷积窗口在数据序列上从开始依次滑动到结束，如果卷积窗口内的三个数为 a_1、a_2、a_3，则对应的卷积结果为 $w_1a_1+w_2a_2+w_3a_3$。经过卷积运算之后即可得到一个包含 8 个数的序列，代码如下。

```
# 原始数据
data = [1, 2, 3, 4, 5, 6, 7, 8, 9, 10]

# 卷积核
conv = [0.2,0.5,0.3]

# 卷积结果
result = []

# 进行卷积
for x in xrange(0, len(data) - len(conv) + 1):
    result.append(data[x] * conv[0] + data[x + 1] * conv[1] + data[x + 2] *
conv[2])
print len(result)
```

对于二维卷积，例如，一个 10×10 的二维数组，可以使用一个窗口大小为 3×3 的二维卷积进行处理，卷积核的权重依次为 w_1~w_9。可以将卷积窗口先沿着行滑动，抵达行末则换行，经过卷积运算之后，可得到一个 8×8 的二维数组，代码如下。

```
# 原始数据
data = []
for x in xrange(0, 10):
```

```
    data.append([1, 2, 3, 4, 5, 6, 7, 8, 9, 10])
# 卷积核
conv = [[0.1, 0.1, 0.1],
        [0.1, 0.2, 0.1],
        [0.1, 0.1, 0.1]]

# 卷积结果
result = []

# 进行卷积
for x in xrange(0, len(data) - len(conv) + 1):
    r = []
    for y in xrange(0,len(data[0]) - len(conv[0]) + 1):
        r.append(data[x][y]*conv[0][0]  +  data[x][y  +  1]  *  conv[0][1]  +
data[x][y + 2] * conv[0][2] + data[x + 1][y] * conv[1][0] + data[x + 1][y + 1]
* conv[1][1] + data[x + 1][y+2] * conv[1][2] + data[x + 2][y] * conv[2][0] +
data[x + 2][y + 1] * conv[2][1] + data[x + 2] [y+2] * conv[2][2])
    result.append(r)
print len(result), len(result[0])
```

完整代码可以参考 codes 文件夹中的 36_convolution_example.py。可以发现，通过卷积运算之后，数据各个维度的大小会减小，因为卷积窗口需要占据一定的空间。

11.2.2 CNN 核心内容

以经典的手写字母识别问题为例，了解 CNN 的网络结构和核心思想。

图片数据可以用一个三维数组表示，第一个维度表示颜色通道的个数，使用 RGB 时，颜色通道数为 3，使用灰度图时，颜色通道数为 1，第二个维度表示图片的高，第三个维度表示图片的宽。数组中的每个值即对应像素点的值，可以是 0~255 的任意整数，代表对应颜色通道的分量，也可以经过归一化后转换为 0~1 的浮点数。

CNN 核心内容有两点。

- 局部连接：相邻层的神经元之间仅卷积部分需要连接，而不像全连接层那样，下一层每个神经元都和上一层每个神经元相连。
- 权值共享：每一个卷积层中的神经元，所用的卷积核都是相同的。

以经典的 LeNet 为例进行讨论，从而加深对 CNN 结构的理解，如图 11-5 所示。

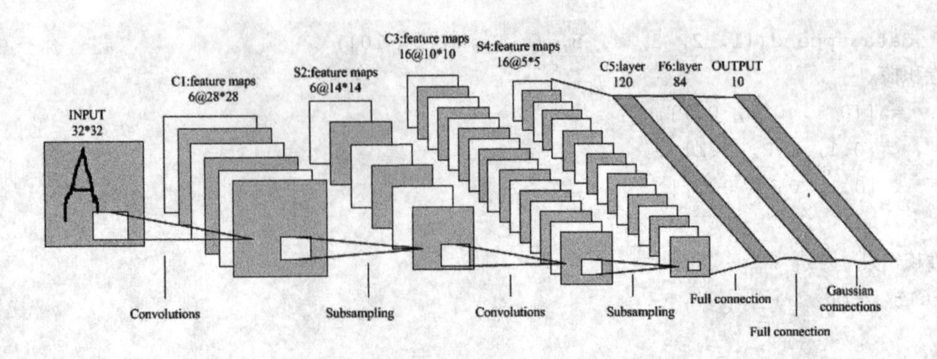

图 11-5 LeNet 手写字母识别模型

在 LeNet 中，输入图片都是 32×32 的灰度图片，因此可以用 1×32×32 的三维数组表示每一张图片。输出标签为 A~J 10 个字母中的一个，因此输出层需要包含 10 个神经元。

LeNet 中共进行了两次卷积和两次池化，在第一次卷积中使用了 6 个卷积核得到 6 个卷积层，卷积窗口大小都是 5×5，每个卷积层中包含 28×28 个神经元（C1），同一个卷积层中的神经元共用一个卷积核，此即“权值共享”。每个神经元通过该卷积层的卷积核，由上一层中卷积窗口内对应的神经元输出计算所得，此即“局部连接”。通过局部连接和权值共享，CNN 大大减少了需要训练的参数数量。例如，第一次卷积操作所需的参数只有 6 个卷积核对应的 5×5 卷积权重，共计 6×5×5=150 个参数而已，远少于相同情况下全连接层所需的 32×32×28×28×6=4 816 896 个。从人类视觉的角度来看，只有空间上连续或相近的像素点之间才存在较强关联，因此在进行卷积操作时，下一层神经元只需要接受上一层对应卷积窗口内的神经元输出即可。每个卷积层都对应一种图像的融合模式，之所以使用多个卷积层，是希望“用不同人的视角”去生成更加丰富多样的特征。

接下来对每个卷积层都使用了一个窗口大小为 2×2 的池化层，也称作子采样层。和卷积类似，池化操作也是对窗口内的输入进行运算。例如，常用的最大池化和平均池化，分别计算池化窗口内全部神经元输出的最大值和平均值。最大池化和平均池化的设计同样来自于人类的视觉效应。我们在观察事物时，更容易注意到事物的亮部，即各个颜色通道中数值更大的点，并且会进行默认的平滑处理，使图像看起来更连续。在卷积中，卷积窗口滑动的步长为 1，因此经过卷积操作后，数据对应维度的大小会相应减小，而在池化中，池化窗口滑动的步长为窗口对应维度的大小，即每次池化的窗口互不重叠，因此经过池化操作后，数据对应维度的大小会相应按比例缩小。此处经过 2×2 的池化操作后，由 6 个 28×28 的卷积层得到了 6 个 14×14 的池化层（S2），每个池化层中的每个神经元仅与对应卷积层中池化窗口内的神经元相连，并且池化层不需要任何训练参数。

同理，再进行一次 5×5 卷积操作和 2×2 池化操作。这里使用了 16 个卷积层，使用更多的卷积核可以生成更加丰富多样的特征，每个卷积层中的每个神经元都和之前 6 个池化层中对应卷积窗口内的神经元相连，经过卷积操作后，由 6 个 14×14 的池化层，得到了 16 个 10×10 的卷积层（C3）。池化操作则比较简单，每个池化层中的每个神经元仅与对应卷积层中池化窗口内的神经元相连，经过池化操作后，由 16 个 10×10 的卷积层，得到了 16 个 5×5 的池化层（S4）。通过依次使用卷积和池化，将图片数据的宽和高越变越小，从最初的像素逐步抽象出边缘、区域等更高层的概念，同时将图片数据越做越“厚”，使用多个不同的卷积核生成丰富多样的特征。

最后，再加上两个神经元数量分别为 120（C5）和 84（F6）的全连接层作为隐层，将之前通过卷积和池化生成的特征再次融合后传递给输出层，输出层中的 10 个神经元都会得到对应的输出值，经过归一化后，选择最大者即可得到手写字母识别的分类结果。

11.2.3 CNN 使用方法

总结一下，使用 CNN 进行深度学习时，一般会遵循以下步骤。

- 将原始数据的每一条记录都整理成三维数组的形式，分别表示层数、高度、宽度。
- 依次进行卷积操作和池化操作，卷积窗口大小、卷积层数、池化策略、池化窗口大小等设置都可以调整，可重复进行多轮卷积和池化。
- 在最后一轮池化层之后，接上若干全连接层作为隐藏层。
- 在最后一个隐藏层之后，接上输出层进行分类和回归等任务。
- 在训练集上训练模型，在测试集上评估模型性能。

CNN 的卷积结构使得其天然适合于处理二维数据，如图像数据等，可以挖掘出空间上连续或相近的数据之间潜在的关联和模式。当然，CNN 也可以用于处理文本数据，如进行文本的情感倾向分类。首先将全部文本记录处理成相同的长度，然后通过词嵌入，将文本记录中的每个词替换为词向量，从而将每条文本记录整理成三维数组的形式，第一维等于 1，即层数，第二维为文本序列的长度，第三维为词向量的维度。之后便可以使用 CNN 实现文本分类任务，只不过文本数据仅在词语序列维度上存在显著的语义关联，因为一句话中连续或相近的词语之间往往存在较强的语义相关性，而沿着词向量维度的卷积似乎没有那么直观的语义含义，不像图像数据那样在空间的两个维度上都存在局部相关性。在下一节中，将介绍更适合处理文本等序列数据的循环神经网络。

在具体应用中，可以根据算法需求，将 CNN 和其他类型的神经网络进行结合，从而构建更为复杂的网络结构。以著名的 GoogleNet 为例，同样是进行图像分类，GoogleNet 深度多达 22 层，如果算上池化层则多达 27 层。GoogleNet 证明了一件事情，使用更多的卷积和更深的网络可以得到更好的结果，尽管它并没有证明更浅的网络不能达到同样的效果。在使用深度学习模型解决实际问题时，网络结构的设计、卷积层的数量、卷积窗口的大小、全连接层的神经元数量等，都存在极大的灵活性和可调整性。

11.2.4 CNN 模型训练

CNN 模型需要的训练参数只有每个卷积层所用到的卷积核，通过局部连接和权值共享大大减少了模型参数数量。尽管如此，CNN 模型涉及了更多的神经元和大量的卷积运算，训练所需时间比简单的全连接层要多上许多。因此，在训练 CNN 模型时，相对于使用 CPU，一般会使用 GPU 进行加速并大大缩短训练时间。

和之前介绍过的神经元模型、全连接层等类似，CNN 模型的训练同样是根据训练集数据调整卷积核等模型参数，使得模型输出结果尽可能接近对应的真实标签。使用 SGD 或 BGD 每次从训练集中选出一些记录，作为模型输入并计算相应的模型输出，定义一个损失函数用于表示这些记录的总误差，使用 BP 算法根据求得的梯度更新每一层网络的相关参数，重复以上步骤直到一定次数或模型收敛，则停止训练并在测试集上评估模型的性能。

11.2.5 代码实现

在 Keras 中也可以十分方便地实现和使用 CNN，通过 Conv1D()和 Conv2D()，可分别定义一维卷积层和二维卷积层，MaxPooling1D()、MaxPooling2D()、AveragePooling1D()、AveragePooling2D()分别对应一维最大池化层、二维最大池化层、一维平均池化层、二维平均池化层，将在后续实战项目中结合具体数据介绍以上函数的使用方法。

11.3 用于处理序列的 RNN

熟悉了用于处理图像的 CNN 之后，再来了解用于处理序列的 RNN。

11.3.1 RNN 是什么

RNN（Recurrent Neural Network）即循环神经网络。全连接层中仅考虑了不同层神经元之间的连接，而同一层神经元之间的连接则没有考虑。除此之外，全连接层和卷积层只能接受固定维度大小的输入，对于长度可变的序列数据则无法处理。为了解决以上两个问题，可以使用 RNN 进行处理。

深度学习 用于处理序列的 RNN

还有一类神经网络称为 RecNN（Recursive Neural Network），即递归神经网络。RecNN 也可以解决变长的序列数据，但其原理和 RNN 不同，有兴趣的读者可以进一步了解。

11.3.2 RNN 模型结构

RNN 的模型输入一般满足以下结构。

- 每条记录都是一个序列，长度可变，如一段文本。
- 序列中的每个元素都是一个向量，如一段文本中的每个词都使用相应的词向量表示。

以文本分类为例，首先需要将每条文本记录整理成一个二维数组，第一维表示文本序列的长度，第二维表示词嵌入使用的词向量维度。RNN 中引入了一个重要概念，隐藏状态（Hidden State），同样使用一个数值向量表示，可以理解为 RNN 的记忆单元。对于每一条文本数据，将其中每个词的词向量依次输入 RNN 中，当前输入会作用于隐藏状态并维持。当输入下一个词的词向量时，隐藏状态会根据当前输入和当前状态更新，即接受输入之后的记忆元不仅和当前输入有关，也和上一刻的记忆元有关。RNN 的结构特征和人脑处理文本的特点非常吻合，我们在理解一段话时，也是从前向后阅读，并且上下文之间存在较强的语义关联，我们读到文本某个位置时产生的理解结果，也是和之前的内容紧密相关的。

RNN 的结构如图 11-6 中左半部分所示，仅包含一层隐层，可以包含任意数量的神经元。假设神经元的数量为 n，那么这 n 个神经元的输出值即代表了 RNN 的隐藏状态。如果将 RNN 展开，即可得到右半部分所示的全连接层，网络的层数等于文本序列的长度。

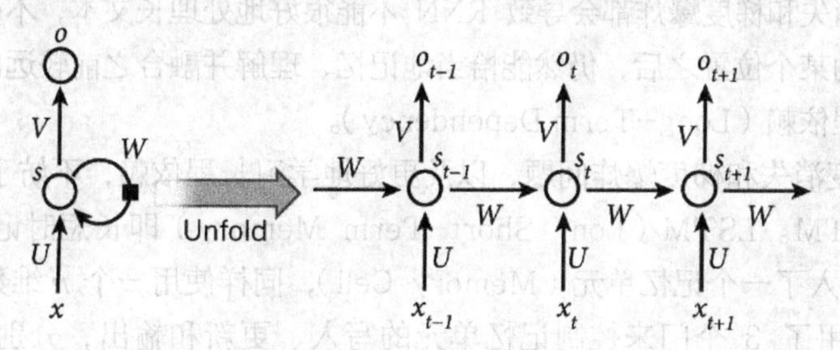

图 11-6　RNN 模型结构和展开图

假设文本序列的长度为 T，那么可以用 x_t来表示序列中每个词对应的词向量，其中 t 可以是 1~T 的整数。文本序列中的每个词依次输入 RNN 中，所以不同位置的词也可以理解成不同时刻的输入，即将 t 理解成一个时间变量。t 时刻的输入 x_t是一个 d 维向量，d 表示词向量的维度，而 t 时刻的隐藏状态 h_t（即图中的 s_t）则是一个 n 维向量，n 表示隐层神经元的个数，那么 h_t和 x_t之间满足以下公式，其中的 W 为 $n\times n$ 矩阵，而 U 为 $n\times d$ 矩阵。从神经元连接关系的角度来看，隐层中的每个神经元，都和输入层中的全部输入，以及隐层中的全部神经元相连，连接权重分别包含在 U 和 W 中。在有些地方的表述中也许会将 W 和 U 互换，但只是写法上的不同，使用不同的符号表示不同的含义而已，因此并不重要，关键在于理解 h_t、x_t和 h_t-1 之间的关系。

$$\mathbf{h}_t = \begin{cases} 0 & t = 0 \\ \varphi(\mathbf{W}\mathbf{h}_{t-1} + \mathbf{U}\mathbf{x}_t + \mathbf{b}) & t > 0 \end{cases}$$

通过以上这样一种循环的网络结构，RNN 可以接受任意长度的向量序列并输出一个隐藏状态向量 h_t，之后可以再接上全连接层和输出层等，以完成对应的分类或回归任务。RNN 的核心能力在于学习如何将任意长度的向量序列转换成固定长度的输出向量，并且输出向量和之前的全部输入都存在序列上的关联，就如同我们阅读和理解文本时的特点一样。

11.3.3 LSTM

RNN 模型的训练和 CNN 类似，同样使用 SGD、BGD 和 BP 算法等。但由于在 RNN 中隐层不断与自身相连，因此在使用 BP 算法求导损失函数时，根据链式法则所得的表达式中会存在一项指数项，并且指数项的幂数即为 RNN 展开后对应网络的层数。当网络的层数较大时，如果指数项的底数小于 1，则由后向前传递的梯度会快速收敛至 0，导致相关参数的调整量过小，经过迭代后几乎没有变化，此即梯度消失问题；如果指数项的底数大于 1，则由后向前传递的梯度会呈指数级增长，导致相关参数的调整量过大，无法稳定地达到收敛，此即梯度爆炸问题。梯度消失和梯度爆炸都会导致 RNN 不能很好地处理长文本，不能像人脑一样，在阅读到大段文本的某个位置之后，仍然能恰当地记忆、理解并融合之前较远距离处的内容，即文本理解中的长程依赖（Long-Term Dependency）。

为了解决梯度消失和梯度爆炸问题，以及更好地学习长程依赖，不妨了解 RNN 的一个改进版本——LSTM。LSTM（Long Short-Term Memory）即长短时记忆元，LSTM 在 RNN 的基础上引入了一个记忆单元（Memory Cell），同样使用一个 n 维数值向量 c_t表示。除此之外，还使用了 3 个门来控制记忆单元的写入、更新和输出，分别是输入门（Input Gate）、遗忘门（Forget Gate）、输出门（Output Gate），如图 11-7 所示。在 LSTM 中，记忆单元扮演着内部存储的角色，而隐藏状态则像 RNN 中一样作为模型的输出，模型输入 x_t、隐藏状态 h_t、记忆单元 c_t三者之间相互作用，使得 LSTM 具备更强的学习能力，可以很好地解决长程依赖问题。

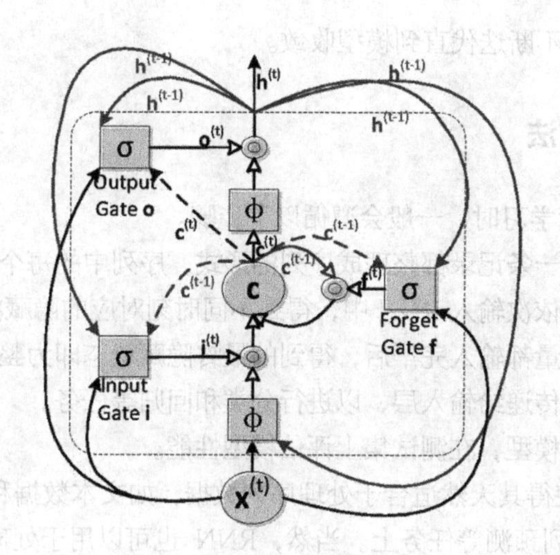

图 11-7 LSTM 模型结构

3 个门分别使用 3 个 n 维数值向量 i_t、f_t、o_t表示。输入门控制了当前输入 x_t作用于记忆单元 c_t的输入比例，遗忘门控制了上一时刻记忆单元 c_{t-1}的遗忘比例，输出门控制了当前时刻，记忆单元 c_t输出给隐藏状态 h_t的输出比例。从图 11-8 所示的 LSTM 的模型公式也可以看出，输入门 i_t、遗忘门 f_t、输出门 o_t都是通过类似的公式，由当前输入、隐藏状态、记忆单元计算所得，只是使用了不同的参数。为了更新记忆单元，需要根据遗忘门 f_t对上一时刻的记忆单元 c_{t-1}进行部分擦除，根据输入门 i_t对当前时刻的输入进行部分保留，并将两者相加作为新的记忆单元 c_t，最后根据输出门 o_t和新的记忆单元 c_t计算出新的隐藏状态 h_t。通过引入新的记忆单元和 3 种门限机制，LSTM 会根据当前输入和历史存储，仅在必要时才有选择性地接受输入、更新记忆、输出隐态，从而能够更好地理解整个文本序列并解决长程依赖问题。

$$
\begin{aligned}
\mathbf{i}_t &= \sigma(\mathbf{W}_i\mathbf{x}_t + \mathbf{U}_i\mathbf{h}_{t-1} + \mathbf{V}_i\mathbf{c}_{t-1} + \mathbf{b}_i) \\
\mathbf{f}_t &= \sigma(\mathbf{W}_f\mathbf{x}_t + \mathbf{U}_f\mathbf{h}_{t-1} + \mathbf{V}_f\mathbf{c}_{t-1} + \mathbf{b}_f) \\
\mathbf{o}_t &= \sigma(\mathbf{W}_o\mathbf{x}_t + \mathbf{U}_o\mathbf{h}_{t-1} + \mathbf{V}_o\mathbf{c}_t + \mathbf{b}_o) \\
\tilde{\mathbf{c}}_t &= \tanh(\mathbf{W}_c\mathbf{x}_t + \mathbf{U}_c\mathbf{h}_{t-1}) \\
\mathbf{c}_t &= \mathbf{f}_t \odot \mathbf{c}_{t-1} + \mathbf{i}_t \odot \tilde{\mathbf{c}}_t \\
\mathbf{h}_t &= \mathbf{o}_t \odot \tanh(\mathbf{c}_t)
\end{aligned}
$$

图 11-8 LSTM 模型公式

RNN 和 LSTM 的训练和全连接层、CNN 等神经网络类似，同样是将训练集中记录的特征输入模型中，将模型输出和记录真实标签进行比较并计算损失函数，使用 SGD、BGD 和

BP 算法调整模型参数，不断迭代直到模型收敛。

11.3.4 RNN 使用方法

使用 RNN 进行深度学习时，一般会遵循以下步骤。

- 将原始数据的每一条记录都整理成序列的形式，序列中的每个元素都是数值向量。
- 将序列中的向量依次输入 RNN 中，得到不同时刻对应的隐藏状态。
- 序列中的全部向量都输入完毕后，得到的最终隐藏状态即为整个序列的一个表示。
- 将最终隐藏状态传递给输入层，以进行分类和回归等任务。
- 在训练集上训练模型，在测试集上评估模型性能。

RNN 的循环结构使得其天然适合于处理序列数据，如文本数据和时序数据，因此同样可以将 RNN 用于时间序列预测等任务上。当然，RNN 也可以用于处理图像数据，由于图像数据可以用二维数组的形式表示，因此可以将图像的每一行依次输入 RNN，直到最后一行，或者依次输入每一列直到最后一列。总而言之，使用 CNN 和 RNN 时对数据的类别并没有严格要求，只需要将数据整理成可以进行卷积或循环的形式即可。

在具体应用中，可以根据算法需求，将 RNN 和其他类型的神经网络结合，从而构建更为复杂的网络结构。例如，将 RNN 和 CNN、全连接层结合，从而实现图片说明（Image Captioning）、视图问答（Visual Question Answering）等任务。图片说明是指对于一张图片，根据其图像内容自动生成一个恰当而准确的标题，视觉问答则是指对于一张图片以及根据图片给定的问题，自动生成相应的答案。在这些任务中，可以使用 CNN 处理图像数据，使用 RNN 处理文本数据，通过合适的网络结构将任务转换成分类和回归等经典的机器学习问题。

11.3.5 代码实现

在 Keras 中也可以十分方便地实现和使用循环神经网络，通过 SimpleRNN()和 LSTM()可分别定义最简单的 RNN 和 LSTM。Keras 中还实现了 LSTM 的一种简化版本——GRU（Gated Recurrent Unit，门限循环单元），将在后续实战项目中结合具体数据介绍以上函数的使用方法。

11.4 实战：多种手写数字识别模型

实战 多种手写数字识别模型

在本节中，以经典的 MNIST 数据集为例，分别通过全连接层、CNN、RNN 等深度学习模型，实现手写数字的识别任务。

11.4.1 手写数字数据集

MNIST 是一个非常经典的图片分类数据集，可以访问链接（http://yann.lecun.com/exdb/mnist/）了解其内容并下载。MNIST 数据集中包含 6 万条训练集记录和 1 万条测试集记录，每条记录的特征都是 28×28 的黑白像素点，像素值为 0~255 的整数，对应的标签为 0~9 中的一个数字，代表手写数字图片的分类结果。在 MNIST 官网上可以分别下载训练集图片、训练集标签、测试集图片、测试集标签，并且可以看到所有目前已有的公开模型在 MNIST 数据集上实现的分类性能。

将 MNIST 数据集的图片和标签下载下来之后，还需要自己使用 Python 进行处理，例如读取所有图片并使用 PIL 将其处理成 numpy 的 array 类型变量，便于后续进一步分析。PIL（Python Image Library）是 Python 中最常用的图片处理库，numpy 的 array 即数组，是 scikit-learn 等工具中最常用的数据类型，可以理解成高维的列表。其实，Keras 已经替我们完成了这些准备工作，直接使用即可。Keras 提供了 CIFAR10、CIFAR100、MNIST 等图片分类数据集，以及 IMDB、Reuters 等文本分类数据集，使用 Keras 提供的函数,可以方便地加载这些处理好的数据集。

使用 pip 即可安装 Keras，Keras 可以选择 TensorFlow 或者 Theano 作为后端，因为 Keras 只是基于这两个框架提供了更为高层的封装。安装好之后可以尝试引入 Keras，如果没有报错并且打印出了当前使用的后端，则说明安装成功，如图 11-9 所示。

```
HonlandeMacBook-Air:~ honlan$ pip install Keras
Requirement already satisfied: Keras in ./anaconda/lib/python2.7/site-packages
Requirement already satisfied: pyyaml in ./anaconda/lib/python2.7/site-packages (from Keras)
Requirement already satisfied: theano in ./anaconda/lib/python2.7/site-packages (from Keras)
Requirement already satisfied: six in ./anaconda/lib/python2.7/site-packages (from Keras)
Requirement already satisfied: numpy>=1.7.1 in ./anaconda/lib/python2.7/site-packages (from theano->Keras)
Requirement already satisfied: scipy>=0.11 in ./anaconda/lib/python2.7/site-packages (from theano->Keras)
HonlandeMacBook-Air:~ honlan$ python
Python 2.7.13 |Anaconda custom (x86_64)| (default, Dec 20 2016, 23:05:08)
[GCC 4.2.1 Compatible Apple LLVM 6.0 (clang-600.0.57)] on darwin
Type "help", "copyright", "credits" or "license" for more information.
Anaconda is brought to you by Continuum Analytics.
Please check out: http://continuum.io/thanks and https://anaconda.org
>>> import keras
Using Theano backend.
>>>
```

图 11-9 安装和引入 Keras

以上只是在 Python 中安装了 Keras，在 Github 上还可以找到 Keras 的完整项目（https://github.com/fchollet/keras），其中的 examples 文件夹中包含相当多使用 Keras 的示例代码，如使用 Keras 进行文本分类、图片分类等经典的机器学习任务，以及实现涂鸦图片生成、图片风格迁移等非常有意思的案例，图 11-10 中便是一张普通风景图片被迁移了梵高的《星空》艺术风格之后的效果，感兴趣的话不妨逐个尝试一下。

图 11-10　使用 Keras 实现图片风格迁移

接下来以 examples 中的示例代码为例，介绍如何分别使用全连接层、CNN 和 RNN 来实现手写数字识别模型。

11.4.2　全连接层

为了将 MNIST 图片数据输入全连接层中，只需要准备一个包含 28×28=784 个神经元的全连接层作为第一层隐层即可。

将 Github 上的 Keras 项目下载下来并解压后，在 SublimeText 中打开 examples 文件夹下的 mnist_mlp.py 文件，此即使用全连接层实现手写数字识别的示例代码。从一开始的说明介绍中可以看到，使用代码中定义的模型，在 20 轮（epochs）训练之后，在测试集上可以达到 98.40%的二分类准确率，并且尚有很大的调参提升空间。训练深度学习模型时，每轮训练所需的时间也是我们需要着重关注的一件事情，因为复杂的深度学习模型甚至会需要几小时甚至几天的训练时间，在 K520 这一型号的 GPU 上运行该代码并训练时，每轮训练只需要 2 秒。

首先引入相关的包，包括 keras、keras 中的 mnist 数据集、核心模型结构 Sequential、Dense 等核心网络层、优化算法 RMSprop。在 Sequential 中，输入层、隐层、输出层等以串联的形式依次相连，上一层的输入即下一层的输入，是一种最为简单的单向神经网络。Dense 即全连接层，Dropout 是一种用于防止过拟合的下采样层。

```
import keras
from keras.datasets import mnist
```

```
from keras.models import Sequential
from keras.layers import Dense, Dropout
from keras.optimizers import RMSprop
```

定义 3 个变量：batch_size、num_classes、epochs。batch_size 表示使用 BGD 算法对训练集进行分批时，每批数据的记录数量，这里设为 128，即每批包含 128 条记录；num_classes 表示标签类别的数量，由于手写数字可能是 0~9，所以一共 10 类；epochs 表示训练的轮数，这里设为 10 轮，在每轮的训练中，都会依次选择全部训练数据中的每一批记录并输入模型中，根据相应的损失函数和梯度调整模型参数，如此重复 10 轮则停止训练。

```
batch_size = 128
num_classes = 10
epochs = 20
```

使用 Keras 中 mnist 模块的 load_data()函数，加载已经准备好的 MNIST 数据集，返回两个元组，第一个为训练集的特征和标签，第二个为测试集的特征和标签，并且已经完成了打乱、分割等处理。打乱是指将记录随机打乱，主要是为了让各类标签对应的记录尽量均匀分布，分割则是指将全部数据划分为训练集和测试集。

```
# the data, shuffled and split between train and test sets
(x_train, y_train), (x_test, y_test) = mnist.load_data()

x_train = x_train.reshape(60000, 784)
x_test = x_test.reshape(10000, 784)
x_train = x_train.astype('float32')
x_test = x_test.astype('float32')
x_train /= 255
x_test /= 255
print(x_train.shape[0], 'train samples')
print(x_test.shape[0], 'test samples')
```

由于返回的 x_train、y_train、x_test、y_test 都是 numpy 的 array 类型，因此可以使用 reshape()函数改变训练数据和测试数据的数组形状，将 x_train 和 x_test 分别由 60 000×28×28 和 10 000×28×28 的三维数组，变成 60 000×784 和 10 000×784 的二维数组，从而可以直接输入全连接层中。使用 astype()函数将 0~255 的像素点整数值变为浮点数类型，并归一化到 0~1。

由于 y_train 和 y_test 中存储的都是每条记录的标签，即 0~9 的整数，因此需要使用 to_categorical()函数将多分类问题的类别值编码成对应的向理，如同我们在机器学习中对类别型特征所做的处理一样。得到的 y_train 和 y_test 分别是 60 000×10 和 10 000×10 的二维数组，第一维表示记录数量，第二维表示分类结果，例如，[0,0,1,0,0,0,0,0,0,0]表示分类结果为 2。

```
# convert class vectors to binary class matrices
y_train=keras.utils.to_categorical(y_train, num_classes)
y_test=keras.utils.to_categorical(y_test, num_classes)
```

接下来定义模型，在一个串联结构的模型中，依次添加相应的网络层。

```
# 使用 Sequential()函数定义一个串联结构的模型
使用 add()函数向模型中添加网络层
model = Sequential()
# 添加一个全连接层，包含 512 个神经元，激活函数为 relu，接受大小为 784 的输入层
model.add(Dense(512, activation='relu', input_shape=(784,)))
# 添加一个 Dropout 层，用于防止过拟合，上一层的输出有 0.2 的概念被忽略
model.add(Dropout(0.2))
# 再添加一个全连接层，包含 512 个神经元，激活函数为 relu
model.add(Dense(512, activation='relu'))
# 再添加一个 Dropout 层
model.add(Dropout(0.2))
# 最后添加一个全连接层，包含 10 个神经元，即输出层
# 使用 softmax 激活函数，对 10 个神经元的输出进行归一化
# 即可得到图片内容对应 10 个数字的概率
model.add(Dense(10, activation='softmax'))
```

使用 summary()查看模型总结，可以查看模型中每一层网络的类型、输出形状、所涉及的参数数量，以及模型所需的参数总数量。

```
model.summary()
```

使用 compile()函数编译模型，需要指定模型所用的损失函数、优化算法、评估指标，这里分别设置为多分类交叉熵、RMSprop 算法、正确率。

```
model.compile(loss='categorical_crossentropy',
              optimizer=RMSprop(),
              metrics=['accuracy'])
```

使用 fit()函数在训练集上训练模型，需要指定 batch_size 和 epochs 两个训练参数，verbose 用于指定训练过程中打印提示信息的方式，这里还使用到测试集作为校验数据，在训

练过程中实时地根据校验数据优化训练的方向。训练完毕后，再使用 evaluate()函数在测试集上评估模型的性能。

```
history = model.fit(x_train, y_train,
                    batch_size=batch_size,
                    epochs=epochs,
                    verbose=1,
                    validation_data=(x_test, y_test))
score=model.evaluate(x_test, y_test, verbose=0)
print('Test loss:', score[0])
print('Test accuracy:', score[1])
```

代码运行结果如图 11-11 所示，每一轮训练结束后，都会打印出当前的模型在训练集和校验集上的损失函数值和正确率。可以看到，随着训练轮数的增加，模型在训练集上的损失函数值逐渐减小，正确率逐渐提升，说明模型确实随着训练不断得到了优化。然而，模型在校验集上的表现不及训练集那么好，因为模型参数都是根据训练集数据进行调整的。在训练深度学习模型时，如果训练轮数太少，模型训练不够，则可能会造成欠拟合，最终的模型不足以捕捉输入特征和输出标签之间的关联；如果训练轮数太多，模型训练过度，则可能会造成过拟合，最终的模型在训练集上表现很好，但是在校验集和测试集上的性能却令人失望。因此，设计模型时，需要考虑丰富的结构和参数组合，训练模型时也需要尝试多种不同的训练参数配置。

```
60000/60000 [==============================] - 12s - loss: 0.0233 - acc: 0.9939 -
val_loss: 0.1046 - val_acc: 0.9813
Epoch 16/20
60000/60000 [==============================] - 13s - loss: 0.0204 - acc: 0.9943 -
val_loss: 0.1335 - val_acc: 0.9803
Epoch 17/20
60000/60000 [==============================] - 11s - loss: 0.0210 - acc: 0.9945 -
val_loss: 0.1127 - val_acc: 0.9823
Epoch 18/20
60000/60000 [==============================] - 11s - loss: 0.0189 - acc: 0.9953 -
val_loss: 0.1070 - val_acc: 0.9838
Epoch 19/20
60000/60000 [==============================] - 12s - loss: 0.0192 - acc: 0.9949 -
val_loss: 0.1079 - val_acc: 0.9835
Epoch 20/20
60000/60000 [==============================] - 13s - loss: 0.0155 - acc: 0.9959 -
val_loss: 0.1106 - val_acc: 0.9840
Test loss: 0.11057504117
Test accuracy: 0.984
```

图 11-11　全连接层手写数字识别模型运行结果

最终，使用 mnist_mlp.py 中定义的模型可以在测试集上实现 98.4%左右的二分类准确率，即便和人工识别分类相比，也已经是很好的结果了。完整代码请参考 mnist_mlp.py。

11.4.3 CNN 实现

下面介绍在 mnist_cnn.py 中，如何使用 CNN 来实现手写数字识别模型。从一开始的说明介绍中可以看到，在 12 轮训练之后，模型在测试集上可以达到 99.25%的二分类准确率，并且尚有很大的调参提升空间。在 K520 上进行训练，每轮需要耗时 16 秒。

我们主要关注代码中和 CNN 相关的部分，其他内容和上一个代码都是大同小异的。首先引入相关的包，在上一个代码的基础上，这里还包括了 Conv2D 和 MaxPooling2D，分别对应二维卷积层和二维最大池化层。

```
import keras
from keras.datasets import mnist
from keras.models import Sequential
from keras.layers import Dense, Dropout, Flatten
from keras.layers import Conv2D, MaxPooling2D
from keras import backend as K
```

加载 MNIST 数据后，由于 TensorFlow 和 Theano 对图像数据的要求不同，TensorFlow 要求图像数据的四个维度分别为记录数、行数、列数、通道数，而 Theano 则要求四个维度分别为记录数、通道数、行数、列数，因此需要根据 Keras 当前使用的后端，使用 reshape()函数处理成相应的形状。

```
 # the data,shuffled and split between train and test sets
(x_train, y_train), (x_test, y_test) = mnist.load_data()

if K.image_data_format()=='channels_first':
    x_train = x_train.reshape(x_train.shape[0], 1, img_rows, img_cols)
    x_test = x_test.reshape(x_test.shape[0], 1, img_rows, img_cols)
    input_shape = (1, img_rows, img_cols)
else:
    x_train = x_train.reshape(x_train.shape[0], img_rows, img_cols, 1)
    x_test = x_test.reshape(x_test.shape[0], img_rows, img_cols, 1)
    input_shape = (img_rows, img_cols, 1)
```

定义模型的结构，主要包括两次卷积、一次最大池化，之后接上全连接层并输出。

```
model = Sequential()
# 第一个参数为卷积的层数，使用 32 层卷积
# 第二个参数 kernel_size 为卷积窗口的大小
```

```
model.add(Conv2D(32,kernel_size=(3,3),
                 activation='relu',
                 input_shape=input_shape))
# 再次卷积，使用 64 层卷积
model.add(Conv2D(64, (3,3), activation='relu'))
# 最大池化，池化窗口大小为 2 乘 2
model.add(MaxPooling2D(pool_size=(2,2)))
model.add(Dropout(0.25))
# 将上一层全部神经元"压平"，变成一维
model.add(Flatten())
# 添加一层包含 128 个神经元的全连接层
model.add(Dense(128, activation='relu'))
model.add(Dropout(0.5))
#添加一层包含 10 个神经元的全连接层作为输出层，激活函数为 softmax
model.add(Dense(num_classes, activation='softmax'))
```

之后再依次进行 compile()、fit()和 evaluate()即可，完整代码请参考 mnist_cnn.py。由于涉及了 CNN，虽然模型涉及的参数变少了，但是模型每轮的训练时间会更久一些，不过最后可以达到 99.25%的二分类正确率。

11.4.4 RNN 实现

最后介绍在 mnist_irnn.py 中如何使用 RNN 实现手写数字识别模型。模型经过 900 轮训练后达到了 93%的正确率，性能远不及全连接层和 CNN，说明 RNN 相对而言并不适合于处理手写数字识别问题。首先引入相关的包，这里使用到了 SimpleRNN。

```
import keras
from keras.datasets import mnist
from keras.models import Sequential
from keras.layers import Dense,Activation
from keras.layers import SimpleRNN
from keras import initializers
from keras.optimizers import RMSprop
```

加载数据，并将 x_train 的形状处理为 60 000×784×1，将 x_test 的形状处理为 10 000×784×1，因为 RNN 接受的输入应当是向量序列。在 reshape()函数中使用-1 表示该维度的大小由总数据量和其他维度确定。

```
# the data,shuffled and split between train and test sets
```

```
(x_train, y_train), (x_test, y_test) = mnist.load_data()

x_train = x_train.reshape(x_train.shape[0], -1, 1)
x_test = x_test.reshape(x_test.shape[0], -1, 1)
x_train = x_train.astype('float32')
x_test = x_test.astype('float32')
x_train /= 255
x_test /= 255
print('x_trainshape:', x_train.shape)
print(x_train.shape[0], 'train samples')
print(x_test.shape[0], 'test samples')
```

定义模型的结构，首先使用 SimpleRNN()添加一层 RNN，然后再加上一层全连接层作为输出层。

```
model = Sequential()
model.add(SimpleRNN(hidden_units,
                    activation='relu',
                    input_shape=x_train.shape[1:]))
model.add(Dense(num_classes))
model.add(Activation('softmax'))
```

之后再依次进行 compile()、fit()和 evaluate()即可，完整代码请参考 mnist_irnn.py。

11.4.5 实战总结

我们在 Keras 中，通过全连接层、CNN 和 RNN 实现了多种手写数字识别模型并取得了不错的二分类结果，充分感受到深度学习在图片分类这一问题上的巨大潜力。尽管如此，依然很难评价一个模型是否足够“好”。

模型离不开数据。在同一个训练集上训练不同的模型，在测试集上可以得到不同的性能；同一个模型，使用不同的训练集进行训练之后，在同一个测试集上的表现也会有所差异。即便是一个学习能力很强的模型，如果没有充足而且高质量的训练数据，模型的参数依然无法得到最优化的调整；即便是一份充足而且高质量的训练数据，如果模型的学习能力不够强，依然无法捕捉到输入特征和输出标签之间的关联。即便以上两项条件都满足，我们依然无法保证训练好的模型，在任何测试集上都能取得同样好的性能，因为测试集的组成和质量也是千差万别、参差不齐的。

为了在具体的实际应用中取得尽可能好的结果，我们需要常怀一颗谦卑之心，就像人的成功离不开先天的能力、后天的努力、生活中的境遇一样，我们需要准备更好、更充足的训练数据，探索更好更强大的学习模型，并且在各种各样的测试集上评估模型的性能。

在深度学习的浪潮大热之际，心浮气躁之人不在少数，甚至有这样的人，在一个很小、很局部、很片面的数据集上取得了不错的结果之后，便大呼自己突破了某一领域长久以来的瓶颈。这是我们在探索人工智能，尝试用机器学习所能带来的裨益时，应当尽力避免的。保持谦卑、虚怀若谷、戒骄戒躁，人工智能、机器学习和深度学习这些终将改变人类生活方式的技术和思潮，才能走得更稳更远。

第 12 章

数据的故事

12.1 如何讲一个好的故事

当我们完成了一项精彩的数据工程之后，接下来一件重要并且有意义的事情，便是将我们的工作与他人分享。

我把数据讲给你听

12.1.1 为什么要做 PPT

我们已经具备了丰富的理论知识和实战经验，通过自己的不懈努力完成了一项不错的数据作品，编程技术、逻辑思维等方面的能力都得到了很好的锻炼。除此之外，还应当掌握一定的组织能力和演讲口才，能够将我们的工作简明扼要而又充满吸引力地分享给别人，讲清楚我们工作的主要内容和核心亮点，获得他们的理解和认同。

在很多场景都会用到 PPT 展示我们的成果，试想一下：

- 你做了很多数据工作，需要准备一份 PPT 并参加不久之后的答辩展示。
- 答辩现场会有很多评委，如参加公司汇报时的领导、参加比赛时的评分人、参加融资时的投资人，甚至还会有许多围观群众，他们的目光都注视在你身上。
- 时间非常有限，你只有 10 分钟可以演讲，超时直接停止。

那么，应该如何尽可能完整而恰当地展示我们的工作，抓住评委和观众的眼球并得到他们的积极认可？

12.1.2 讲一个好的故事

PPT 不应当只是工作量的堆积，而是应该有一个好的故事，循循善诱、逐步深入地吸引别人的注意力。

首先应当确实有充足而且丰富的内容。巧妇难为无米之炊，如果我们工作量很少或者完全没有可供展示的成果，那么即使讲得天花乱坠也只能显得十分空洞。在做 PPT 时可以遵循一个完整的故事框架，包括问题背景、问题痛点、应用场景、需求分析、理论核心、技术实现、商业价值、可行性分析等。

- 问题背景：为故事提供一个背景，划清工作的边界。
- 问题痛点：为什么我们要做这些工作，是什么痛点让我们的工作变得迫切而必不可少。
- 应用场景：我们的工作在哪些场景可以派上用场，尽量考虑得丰富全面一些。
- 需求分析：从用户的角度思考，分析在不同的应用场景下，我们的工作能解决用户的哪些需求。
- 理论基础：我们的工作不是盲目的，其背后应当有科学正确的理论基础作为支撑。
- 技术实现：用常用而且合适的技术和工具，将理论上可行的内容实现为真实可见的成果。
- 商业价值：当项目涉及落地时，应当能够持续产生稳定可观的商业价值。
- 可行性分析：项目进一步发展所需的数据、经费、时间、成本、资源等条件都应当符合实际条件并且确实可行。

在涵盖了以上基本要素的前提下，还应当有一个贯穿始终的核心。可以是一种算法，一个模型，或者一件产品，将以上各部分内容都串联起来。这一核心应当不落俗套，避免大多数人凭第一直觉便能想到的内容，在创新的同时不能太过天马行空，应当基于实际、切实可行。所有的工作都为了实现这一核心而服务，避免漫无目的地堆积工作量，否则即使每部分都很精彩，整体仍然会给人一盘散沙的感觉。

12.1.3 用颜值加分

PPT 具备了丰富的内涵之后，还需要搭配足够的颜值才能进一步锦上添花。如何设计和美化 PPT 是一门艺术，同样的内容以不同的形式呈现，所达到的分享效果可能相差甚远。

对于 PPT 中的文字，应当尽量避免一些看起来很不舒服的字体，如比较尖锐或者带棱角的字体。相较之下，使用微软雅黑、苹果丽黑等字体会产生更加平滑、规整、和谐的感觉。

配色同样是十分重要的一环，PPT 中的文字、背景、图形等内容都可以配置颜色，不同内容的颜色搭配在一起，也应当相辅相成、和谐自然。优秀的配色可以让 PPT 成为一件使人赏心悦目的艺术作品，而失败的配色则会加大观众阅读的困难、严重影响阅读的体验。可以根据作品内容确定主题色系，并使用该色系的渐变色进行不同内容的配色，同时注意保持文字和背景颜色的对比差，从而使得文字清晰易辨认。

应当合理安排每页 PPT 上的内容，避免出现过多文字。使用 PPT 分享的核心在于演讲而不是阅读，观众的注意力应当更多地放在倾听演讲者上，如果屏幕上堆积了过多文字，势必会让人产生应接不暇、不知所云的感觉。因此，只需要在 PPT 上放一些提纲挈领、直击要点的关键词或关键句即可，让观众一看便明白每页 PPT 讨论的重点，从而有更多的时间和注意力去倾听演讲者所说的话。每页 PPT 可以根据文字相应地搭配一些图片或图标，使得页面内容更多丰富多样，进一步改善阅读体验。

最后，合理整齐的页面布局对 PPT 而言至关重要。确定了以上页面元素之后，需要对页面整体布局进行规划，然后将每个元素摆放至对应位置，注意保持适当的页面边距以及元素之间的边距，使得整体布局错落有致、元素之间合理对齐，给人浑然一体、整齐、自然的呈现效果。PPT 的不同页面最好尝试不同的布局，增加一些变化和多样性，避免重复使用同一种页面布局造成的单调和枯燥。

12.1.4 总结

社会发展的速度越来越快，对所需人才也提出了越来越高的要求。近年来全栈的概念很火，说明了我们确实需要从各个方面去提升自己的能力，技术、设计、逻辑、领导、创新等，同时又有一两个自己最为擅长的领域，就如同掌握 Python 的同时也了解其他多门语言一样。只有这样，我们在和他人合作时，才能更好地把握全局并划清每个人的边界，更高效地专注于自己的任务上。最后，永远保持一颗谦卑之心，做终身学习者，在不断地学习过程中提升自己的能力。

尽管我们都希望成为优秀的全栈数据工程师，甚至成为涵盖数据、开发、设计、产品、运维等各个方面的大全栈，但毕竟术业有专攻，人的时间和精力也极为有限，与其孤身前行、艰苦尝试，不如找到优秀靠谱的伙伴一起合作，彼此取长补短、互相学习，往往能将事情做得更好，并且有利于更快地提升自己。

12.2 实战：有内容有颜值的分享

在这一节中，笔者简单分享一下自己参加过的几场比赛，从每场比赛的答辩 PPT 中总结自己的成长。

12.2.1 SODA

第一个是 2015 年的 SODA（Shanghai Open Data Apps）大赛，即上海开放数据创新大赛。笔者的作品名称是“大型活动大规模人群的识别和疏散”，基于大赛提供的公交、地铁、出租车等开源数据，从宏观、微观、介观三个尺度识别大型活动大规模人群的聚集，并以一次具体的足球比赛为例进行疏散模型研究。当时觉得用黑色作为主题颜色会显得比较高端，PPT 封面如图 12-1 所示。

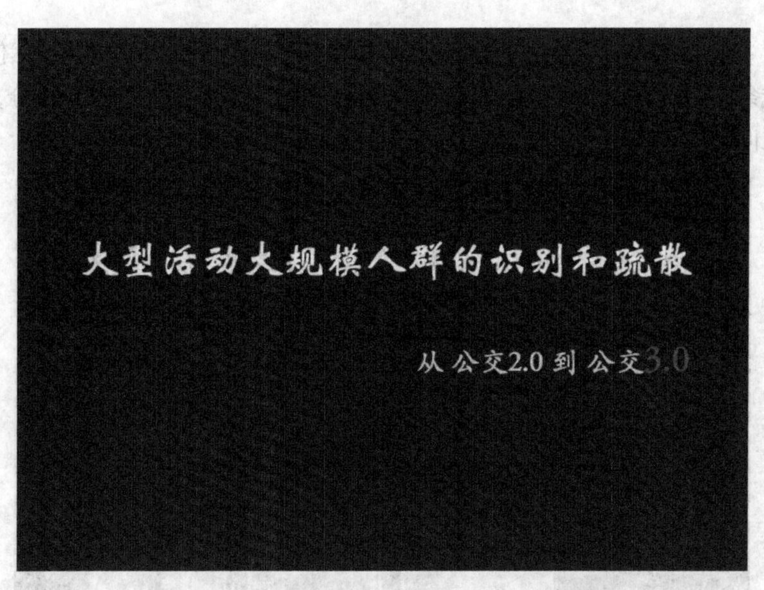

图 12-1　大型活动大规模人群的识别和疏散

图 12-2 是作品的整体摘要，包括全集数据统计分析、多源数据多尺度行为分析、公交 3.0。可以看出当时已经具备一定的页面布局意识，在组织 PPT 文字时主要也是使用一些关键词，但在字体、配色等内容上做得比较失败。黑色的背景，搭配乱七八糟、不明所以的各种颜色，让人晕头转向。

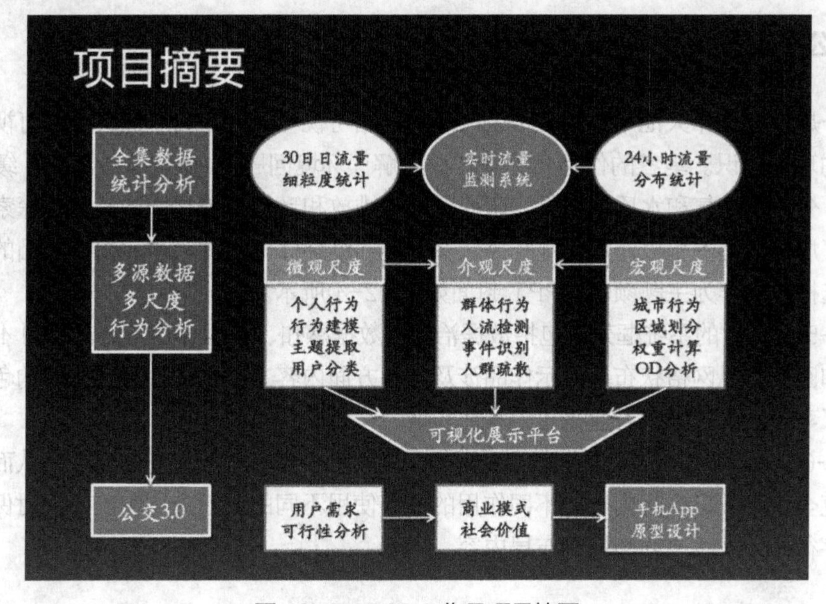

图 12-2　SODA 作品项目摘要

图 12-3 是作品的产品设计，提出了公交 3.0 的概念并进行了阐述。虽然使用了一些布局、形状和线条，但页面上文字数量还是过多，只是将大段文字拆成了多个部分，而且文字颜色和背景色之间的区分度不高，容易给阅读造成困难。

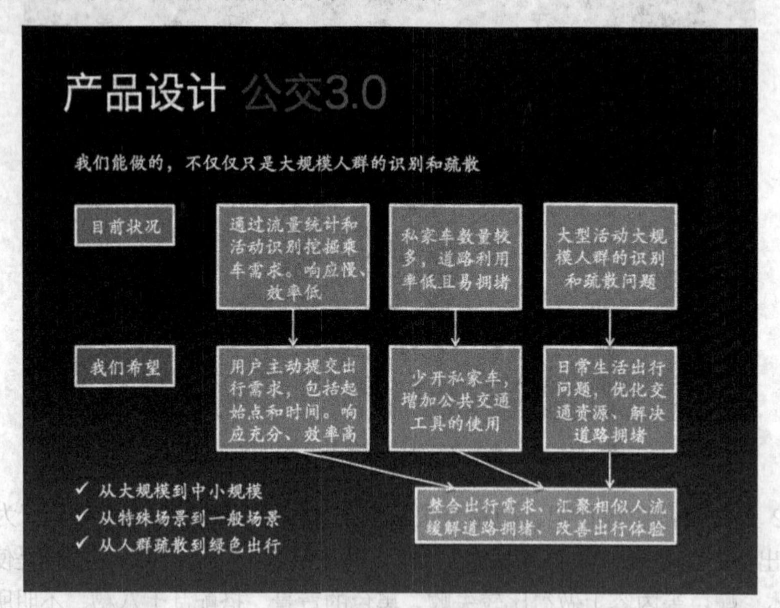

图 12-3 SODA 作品产品设计

12.2.2 公益云图

第二个是 2016 年天池举办的公益云图环境数据可视化大赛，希望通过数据可视化的技术唤醒公众的环保意识。笔者的作品名称是"深度解读环境问题"，从理解、溯源、缓解、共创四个角度，分析了空气和水质的现状，研究了企业排放和环境污染之间的关系，探索了风雨对于改善空气质量所起的积极作用，呼吁公众参与到共创环保的行动中来。由于作品的主题是环保，因此选择绿色作为主题颜色，PPT 封面如图 12-4 所示。

图 12-5 是作品的系统框架，包括数据治理、数据感知、数据表达、数据共创 4 个部分，搭配形状和图片，以网格状布局展示作品涉及的各方面内容。颜色使用渐变递进的色彩组合，字体选择了苹果丽黑，整体看起来更为舒适和谐。

图 12-6 是作品的在线可视化，将可视化网页的全部内容拼接成背景图片，从而能够一目了然地概览全部在线可视化内容。不同作用的文字使用不同的配色分别突出，同时保持了文本居中、文字行距、文字之间空白等布局内容。

深度解读 环境问题

理解 溯源 缓解 共创

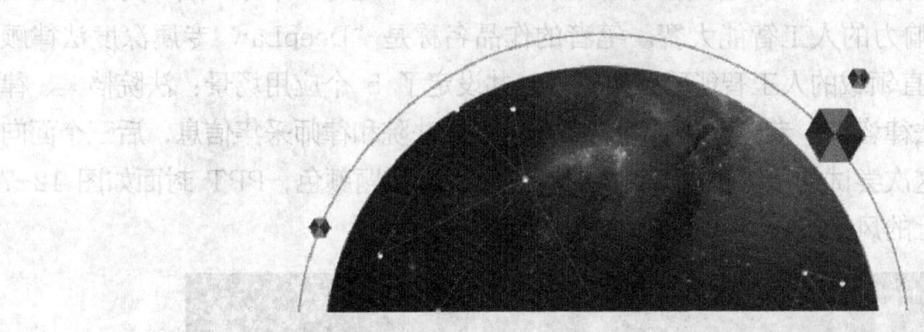

图 12-4　深度解读环境问题

■ 系统框架

图 12-5　公益云图作品系统框架

图 12-6　公益云图作品在线可视化

12.2.3 上海 BOT

第三个是 2016 年的上海 BOT 大数据应用大赛，自 2016 年起每年举办一届，力争成为国内一流、具有国际影响力的人工智能大赛。笔者的作品名称是“DeepLaw 专属深度法律顾问”，即专注于法律垂直领域的人工智能聊天机器人，共设定了 5 个应用场景：法院档案、律师智库、随便唠唠、法律咨询、专业问答，前两个分别面向法院和律师采集信息，后三个面向公众解决法律问题。这次尝试使用暖色系，因此选择红色作为主题颜色，PPT 封面如图 12-7 所示，选了一张高大上的风景图作为背景。

图 12-7　DeepLaw 专属深度法律顾问

图 12-8 是作品的理论框架，包括数据层、理解层、模型层、应用层 4 个部分，同样是结合使用文字、图片、形状，不过尝试了新的页面布局。依旧使用渐变色彩组合和苹果丽黑字体，整体看起来层层递进、逐步深入。

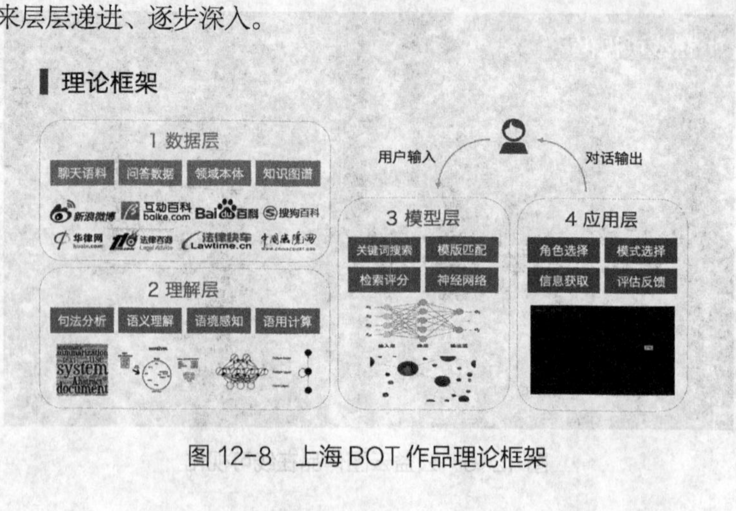

理论框架
1 数据层
聊天语料　问答数据　领域本体　知识图谱
2 理解层
句法分析　语义理解　语境感知　语用计算
用户输入　对话输出
3 模型层
关键词搜索　模版匹配　检索评分　神经网络
4 应用层
角色选择　模式选择　信息获取　评估反馈

图 12-8　上海 BOT 作品理论框架

图 12-9 是作品的技术流程，用简明扼要的关键词概括了作品中涉及的各方面技术，具体解释和细节展开则通过演讲进行阐述。每项技术上标注的形状指明了技术所属类别，标注的数字则说明了技术应用场景，综合考虑了布局、形状、颜色、图标等多项元素，使得页面整体看起来清爽简洁而且内容充实。

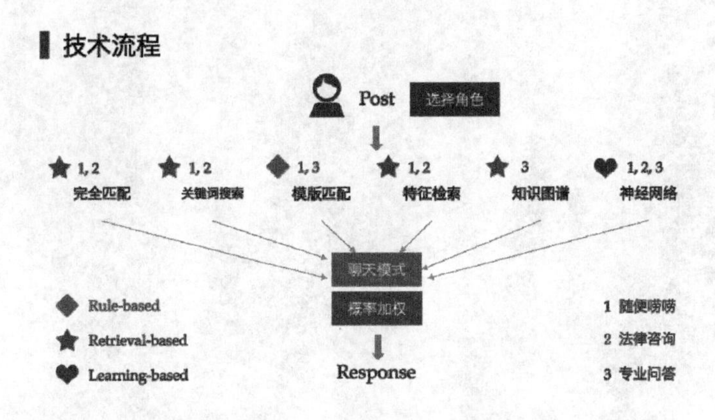

图 12-9　上海 BOT 作品技术流程

12.2.4　总结

以上三项比赛作品的详细内容和答辩 PPT 都可以在笔者的个人博客（http://zhanghonglun.cn/blog/project/）上找到，通过比较 3 个 PPT 的内容和外观能看出较为明显的改善和进步，多次现场答辩经验也使得演讲口才等能力得到了锻炼。

参加比赛可以很好地考验和提升自我能力。学得再多，不如动手一战，将自己掌握的各方面技术，在时间限制和比赛压力等条件作用下，通过自身努力实现丰富出色的作品，并在决赛路演现场展示自我、斩获荣誉。一方面积累个人经历、沉淀个人影响力，另一方面激励自己不断学习、追求实现更好的自己。